普通高等教育电气类规划教材

# 电气控制与西门子PLC 应用技术

郭明良　主编　任思璟　李忠勤　副主编

U0301553

SIEMENS
PLC

化学工业出版社
·北京·

**图书在版编目（CIP）数据**

电气控制与西门子 PLC 应用技术/郭明良主编. —北京：
化学工业出版社，2018.3
ISBN 978-7-122-31511-3

Ⅰ.①电⋯　Ⅱ.①郭⋯　Ⅲ.①工程机械-电气控制
②PLC 技术　Ⅳ.①TU6②TM571.61

中国版本图书馆 CIP 数据核字（2018）第 025855 号

责任编辑：高墨荣　　　　　　　　　　　文字编辑：孙凤英
责任校对：王素芹　　　　　　　　　　　装帧设计：史利平

出版发行：化学工业出版社（北京市东城区青年湖南街 13 号　邮政编码 100011）
印　　装：北京市白帆印务有限公司
787mm×1092mm　1/16　印张 15½　字数 376 千字　2018 年 7 月北京第 1 版第 1 次印刷

购书咨询：010-64518888（传真：010-64519686）　售后服务：010-64518899
网　　址：http://www.cip.com.cn
凡购买本书，如有缺损质量问题，本社销售中心负责调换。

定　　价：49.00 元

前言
Preface

　　电气控制系统是实现工业生产、科学研究及其他各个领域自动化的重要手段之一，在国民经济各行业中的许多部门得到广泛应用。可编程控制器（PLC）应用技术是在 20 世纪 60 年代诞生并开始发展起来的一种新型工业控制装置，它是综合了计算机技术、自动控制技术和通信技术的一门新兴技术，具有通用性强、可靠性高、能适应恶劣的工业环境、指令系统简单、编程简便易学、体积小、维修方便等一系列优点，广泛应用于机械制造、冶金、采矿、建材、石油、化工、汽车、电力、造纸、纺织、环保等各个行业的控制中。

　　本书以西门子 S7-200 系列 PLC 为对象，系统、全面地介绍 PLC 的组成、工作原理、指令系统、通信技术和系统设计方法等知识。全书共分 10 章。第 1 章介绍了常用低压电器；第 2 章介绍了电气控制基础；第 3 章介绍了典型机械设备电气控制系统；第 4 章介绍了可编程控制器的基础知识；第 5 章讲述了 S7-200 PLC 的基本指令及应用；第 6 章讲述了 S7-200 PLC 的功能指令及应用；第 7 章介绍了 STEP 7-Micro/WIN 编程软件；第 8 章介绍了 PLC 的通信与自动化通信网络；第 9 章介绍了 PLC 基本实验；第 10 章介绍了 WinCC flexible 入门。本书编写过程中，突出理论联系实际，内容由浅入深，层次分明，通俗易懂，便于自学。

　　本书可作为理工科自动化、机电一体化等专业高校学生的教学用书和参考用书，也可供从事相关领域技术工作的工程技术人员学习参考。

　　本书由郭明良主编，任思璟、李忠勤副主编。全书共 10 章，第 1～3 章由刘宏洋编写，第 4～6 章由李忠勤编写，第 7～9 章由任思璟编写，第 10 章由张锐编写。本书由谢子殿主审。郭明良负责统稿。

　　由于水平有限，时间仓促，对于本书中的疏漏以及不妥之处，恳请读者批评指正。

编者

目 录
Contents

## 第1章 常用低压电器    1

**1.1 ▶ 低压电器的基本知识** ································ 1

   1.1.1 低压电器的分类 ································ 1

   1.1.2 低压电器的型号表示法 ···················· 1

   1.1.3 低压电器的主要技术参数 ·················· 2

   1.1.4 低压电器的选用原则 ······················ 2

   1.1.5 低压电器的电磁机构 ······················ 3

   1.1.6 低压电器的触点及灭弧方法 ··············· 5

**1.2 ▶ 低压开关** ·········································· 7

   1.2.1 刀开关 ···································· 7

   1.2.2 低压断路器 ································ 9

**1.3 ▶ 熔断器** ············································ 12

   1.3.1 熔断器的组成、工作原理及特性 ··········· 12

   1.3.2 熔断器的类型及使用 ······················ 13

   1.3.3 熔断器的符号及型号含义 ·················· 14

**1.4 ▶ 主令电器** ·········································· 14

   1.4.1 常用主令电器的类型及适用场合 ··········· 14

   1.4.2 主令电器的符号及型号含义 ··············· 16

   1.4.3 主令电器的使用 ·························· 17

**1.5 ▶ 接触器** ············································ 17

   1.5.1 交流接触器 ································ 17

   1.5.2 直流接触器 ································ 18

   1.5.3 接触器的类型及主要技术参数 ············· 18

   1.5.4 接触器的使用 ···························· 20

**1.6 ▶ 继电器** ············································ 20

   1.6.1 常用继电器的类型及工作原理 ············· 20

   1.6.2 继电器的符号及型号含义 ·················· 23

　　　　1.6.3　继电器的使用 ……………………………………………………… 23

　　思考与练习 ……………………………………………………………………… 24

**第 2 章　电气控制基础**　　　25

　2.1 ▶ 控制元器件符号 ………………………………………………………… 25

　2.2 ▶ 电气原理图的绘制原则 ………………………………………………… 26

　　　　2.2.1　电气原理图的绘制原则 ……………………………………… 26

　　　　2.2.2　图上位置的表示方法 ………………………………………… 27

　2.3 ▶ 电路图分析 ……………………………………………………………… 28

　　　　2.3.1　电气控制线路分析 …………………………………………… 28

　　　　2.3.2　电气原理图的阅读分析 ……………………………………… 29

　2.4 ▶ 三相笼型异步电动机启动控制 ………………………………………… 31

　　　　2.4.1　全压启动控制线路 …………………………………………… 32

　　　　2.4.2　电动机的点动控制线路 ……………………………………… 32

　　　　2.4.3　电动机的正反转控制线路 …………………………………… 33

　　　　2.4.4　自动往复行程控制线路 ……………………………………… 34

　2.5 ▶ 三相异步电动机的制动控制 …………………………………………… 34

　　　　2.5.1　反接制动控制线路 …………………………………………… 35

　　　　2.5.2　能耗制动控制线路 …………………………………………… 36

　　思考与练习 ……………………………………………………………………… 37

**第 3 章　典型机械设备电气控制系统**　　　38

　3.1 ▶ 钻床电气控制电路 ……………………………………………………… 38

　　　　3.1.1　电力拖动特点与控制要求 …………………………………… 38

　　　　3.1.2　电气控制电路分析 …………………………………………… 38

　3.2 ▶ X62W 型卧式万能铣床电气控制电路 ………………………………… 41

　　　　3.2.1　电力拖动特点与控制要求 …………………………………… 41

　　　　3.2.2　电气控制电路分析 …………………………………………… 41

　3.3 ▶ M7120 型平面磨床的电气控制电路 …………………………………… 45

　　　　3.3.1　电力拖动形式和控制要求 …………………………………… 45

　　　　3.3.2　电气控制电路分析 …………………………………………… 46

　　思考与练习 ……………………………………………………………………… 48

**第 4 章　可编程控制器的基础知识**　　　49

　4.1 ▶ PLC 概述 ………………………………………………………………… 49

4.1.1　PLC 的定义 ·································· 49

4.1.2　PLC 的产生与发展 ···················· 49

4.1.3　PLC 的特点 ······························· 51

4.2 ▶ PLC 的组成及工作原理 ······················· 52

4.2.1　PLC 的基本结构 ······················· 52

4.2.2　PLC 的工作原理 ······················· 55

4.3 ▶ PLC 的性能指标和编程语言 ················· 57

4.3.1　PLC 的性能指标 ······················· 57

4.3.2　PLC 的编程语言 ······················· 58

4.4 ▶ S7-200 PLC 概述 ······························· 59

4.4.1　S7-200 PLC 的技术性能指标 ······ 59

4.4.2　I/O 点的地址分配与接线 ············ 61

4.5 ▶ S7-200 PLC 的内部元件 ······················ 63

4.5.1　S7-200 PLC 的编程软元件 ·········· 63

4.5.2　S7-200 的寻址方式 ···················· 73

思考与练习 ··············································· 75

## 第 5 章　S7-200 PLC的基本指令及应用　　76

5.1 ▶ S7-200 的程序结构 ······························· 76

5.2 ▶ S7-200 的位逻辑指令 ··························· 77

5.3 ▶ S7-200 的定时器和计数器指令 ·············· 83

5.4 ▶ 比较指令 ··········································· 91

5.5 ▶ 程序控制类指令 ·································· 93

思考与练习 ··············································· 106

## 第 6 章　S7-200 PLC的功能指令及应用　　108

6.1 ▶ 传送指令 ··········································· 108

6.2 ▶ S7-200 的运算指令 ······························ 111

6.2.1　四则运算指令 ···························· 111

6.2.2　逻辑运算 ································· 118

6.3 ▶ 移位指令 ··········································· 122

6.4 ▶ 表功能指令 ········································ 128

6.5 ▶ S7-200 的特殊功能指令 ······················ 131

6.5.1 中断指令 ……………………………………………… 131

6.5.2 高速计数器 …………………………………………… 136

**思考与练习** ………………………………………………… 144

## 第 7 章 STEP 7-Micro/WIN编程软件 145

7.1 ▶ **编程软件概述** ……………………………………… 145

7.1.1 编程软件的安装与项目的组成 ………………………… 145

7.1.2 通信参数的设置与在线连接的建立 …………………… 148

7.1.3 帮助功能的使用与 S7-200 的出错处理 ………………… 150

7.2 ▶ **程序的编写与传送** ………………………………… 152

7.2.1 编程的准备工作 ……………………………………… 152

7.2.2 编写与传送用户程序 ………………………………… 153

7.2.3 数据块的使用 ………………………………………… 156

7.3 ▶ **用编程软件监控与调试程序** ……………………… 157

7.3.1 基于程序编辑器的程序状态监控 ……………………… 157

7.3.2 用状态表监控与调试程序 …………………………… 159

7.3.3 用状态表强制改变数值 ……………………………… 161

7.3.4 在 RUN 模式下编辑用户程序 ………………………… 161

7.3.5 调试用户程序的其他方法 …………………………… 162

7.4 ▶ **使用系统块设置 PLC 的参数** …………………… 162

7.4.1 断电数据保持的设置 ………………………………… 162

7.4.2 创建 CPU 密码 ……………………………………… 163

7.4.3 输出表与输入滤波器的设置 ………………………… 165

7.4.4 脉冲捕捉功能与后台通信时间的设置 ………………… 166

7.5 ▶ **S7-200 PLC 仿真软件的使用** …………………… 167

**思考与练习** ………………………………………………… 169

## 第 8 章 PLC的通信与自动化通信网络 170

8.1 ▶ **计算机通信概述** …………………………………… 170

8.1.1 串行通信 ……………………………………………… 170

8.1.2 串行通信的端口标准 ………………………………… 171

8.2 ▶ **计算机通信的国际标准** …………………………… 172

8.2.1 开放系统互连模型 …………………………………… 172

8.2.2 IEEE 802 通信标准 ………………………………… 173

8.2.3 现场总线及其国际标准 ……………………………… 175

8.3 ▶ 西门子的工业自动化通信网络 …………………………………………… 176

8.4 ▶ S7-200 的通信功能与串行通信网络 …………………………………… 177

    8.4.1　S7-200 的网络通信协议 ………………………………………… 177

    8.4.2　S7-200 的通信功能 ……………………………………………… 179

    8.4.3　S7-200 的串行通信网络 ………………………………………… 180

8.5 ▶ S7-200 的通信指令 …………………………………………………… 182

    8.5.1　网络读写指令 …………………………………………………… 182

    8.5.2　发送指令与接收指令 …………………………………………… 184

8.6 ▶ 使用自由端口模式的计算机与 PLC 的通信 …………………………… 188

8.7 ▶ Modbus 协议在通信中的应用 ………………………………………… 191

    8.7.1　Modbus RTU 通信协议 ………………………………………… 191

    8.7.2　基于 Modbus RTU 主站协议的通信 …………………………… 191

    8.7.3　基于 Modbus RTU 从站协议的通信 …………………………… 194

思考与练习 ………………………………………………………………… 197

第 9 章　PLC基本实验　　198

9.1 ▶ 继电器类指令实验 …………………………………………………… 198

    9.1.1　实验目的 ………………………………………………………… 198

    9.1.2　实验任务 ………………………………………………………… 198

    9.1.3　实验步骤 ………………………………………………………… 198

9.2 ▶ 计时器类指令实验 …………………………………………………… 200

    9.2.1　实验目的 ………………………………………………………… 200

    9.2.2　实验任务 ………………………………………………………… 200

    9.2.3　实验步骤 ………………………………………………………… 200

9.3 ▶ 计数器指令实验 ……………………………………………………… 203

    9.3.1　实验目的 ………………………………………………………… 203

    9.3.2　实验任务 ………………………………………………………… 203

    9.3.3　实验步骤 ………………………………………………………… 203

9.4 ▶ 微分指令、锁存器指令实验 ………………………………………… 205

    9.4.1　实验目的 ………………………………………………………… 205

    9.4.2　实验任务 ………………………………………………………… 205

    9.4.3　实验步骤 ………………………………………………………… 205

9.5 ▶ 移位指令实验 ………………………………………………………… 208

    9.5.1　实验目的 ………………………………………………………… 208

    9.5.2　实验任务 ………………………………………………………… 208

    9.5.3　实验步骤 ………………………………………………………… 209

9.6 ▶ 算术指令和模拟量输入指令实验 ················· 212
    9.6.1  实验目的 ················· 212
    9.6.2  实验任务 ················· 212
    9.6.3  实验步骤 ················· 212

9.7 ▶ 特殊功能指令实验 ················· 214
    9.7.1  实验目的 ················· 214
    9.7.2  实验任务 ················· 214
    9.7.3  实验步骤 ················· 214

思考与练习 ················· 216

## 第 10 章   WinCC flexible入门    217

10.1 ▶ WinCC flexible 概述 ················· 217
    10.1.1  WinCC flexible 简介 ················· 217
    10.1.2  WinCC flexible 的安装 ················· 218
    10.1.3  WinCC flexible 的用户接口 ················· 221
    10.1.4  鼠标的使用方法与技巧 ················· 224

10.2 ▶ 一个简单的例子 ················· 226
    10.2.1  创建项目 ················· 226
    10.2.2  变量的生成与组态 ················· 228
    10.2.3  画面的生成与组态 ················· 228
    10.2.4  指示灯与文本域的生成和组态 ················· 229
    10.2.5  按钮的生成与组态 ················· 231

10.3 ▶ 项目的运行与模拟 ················· 233
    10.3.1  WinCC flexible 运行系统简介 ················· 233
    10.3.2  模拟调试的方法 ················· 234

思考与练习 ················· 234

## 参考文献    235

# 常用低压电器

## 1.1 低压电器的基本知识

### 1.1.1 低压电器的分类

（1）按用途分

① 低压配电电器　包括刀开关、转换开关、熔断器等，主要用于低电压配电系统中，实现电能的输送和分配，以及系统保护。要求这类电器动作准确、工作可靠、稳定性能良好。

② 低压控制电器　包括接触器、继电器及各种主令电器等，主要用于电气控制系统，要求这类电气工作准确可靠、操作频率高、寿命长，而且体积小、质量轻。

（2）按动作性质分

① 自动电器　依靠电器本身的参数变化或外来信号（如电流、电压、温度、压力、速度、热量等）而自动接通、分断电路或使电动机进行正转、反转及停止等动作，如接触器及各种继电器等。

② 手动电器　依靠外力（人工）直接操作来进行接通、分断电路等动作，如各种开关、按钮等。

（3）按低压电器的执行机理分

① 有触点电器　具有动触点和静触点，利用触点的接触和分离来实现电路的通断。

② 无触点电器　没有触点，主要利用晶体管的开关效应及导通或截止来实现电路的通断。

### 1.1.2 低压电器的型号表示法

国产常用低压电器的全型号组成形式如下：

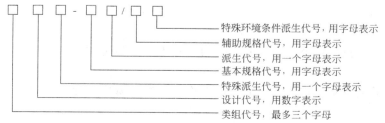

特殊环境条件派生代号，用字母表示
辅助规格代号，用字母表示
派生代号，用一个字母表示
基本规格代号，用字母表示
特殊派生代号，用一个字母表示
设计代号，用数字表示
类组代号，最多三个字母

### 1.1.3  低压电器的主要技术参数

（1）额定电压

① 额定工作电压  规定条件下，保证电器正常工作的工作电压值。

② 额定绝缘电压  规定条件下，用来度量电器及其部件的绝缘强度、电器间隙和漏电距离的标称电压值。除非另有规定，一般为电器最大额定工作电压。

③ 额定脉冲耐受电压  反映电器当其所在系统发生最大过电压时所能耐受的能力。额定绝缘电压和额定脉冲耐受电压共同决定绝缘水平。

（2）额定电流

① 额定工作电流  在规定条件下，保证开关电器正常工作的电流值。

② 约定发热电流  在规定条件下试验时，电器处于非封闭状态下，开关电器在 8h 工作制下，各部件温升不超过极限值时所能承载的最大电流。

③ 约定封闭发热电流  电器处于封闭状态下，在所规定的最小外壳内，开关电器在 8h 工作制下，各部件的温升不超过极限值时所承载的最大电流。

④ 额定持续电流  在规定的条件下，开关电器在长期工作制下，各部件的温升不超过极限值时所承载的最大电流。

（3）操作频率与通电持续率

开关电器每小时内可能实现的最高操作循环次数称为操作频率。通电持续率是电器工作于断续周期工作制时有载时间与工作周期之比，通常以百分数表示。

（4）机械寿命和电寿命

机械开关电器在需要修理或更换机械零件前所能承受的无载操作次数，称为机械寿命。在正常工作条件下，机械开关电器无须修理或更换零件的负载操作次数称为电寿命。

对于有触点的电器，其触点在工作中除机械磨损外，尚有比机械磨损更为严重的电磨损。因而，电器的电寿命一般小于其机械寿命。设计电器时，要求其电寿命为机械寿命的 20%～50%。

### 1.1.4  低压电器的选用原则

目前，国产低压电器大约有 130 多个系列，品种规格繁多。国家对低压电器的设计和制造有严格的标准。选用的一般原则如下。

（1）安全

安全可靠是对任何电器的基本要求，保证电路和用电设备的可靠运行是正常生活与生产的前提。例如用手操作的低压电器要确保人身安全，金属外壳要有明显接地标志等。

（2）经济

经济性包括电器本身的经济价值和使用该种电器产生的价值。前者要求合理适用，后者必须保证运行可靠，不能因故障而引起各类经济损失。

（3）选用低压电器的注意事项

① 明确控制对象的分类和使用环境。

② 明确有关的技术数据，如控制对象的额定电压、额定功率、操作特性、启动电流倍数和工作制等。

③ 了解电器的正常工作条件，如周围温度、湿度、海拔高度、振动及防御有害气体等方面的能力。

④ 了解电器的主要技术性能，如用途、种类、控制能力、通断能力和使用寿命等。

### 1.1.5　低压电器的电磁机构

电磁机构是各种自动化电磁式电器的感测部件，由线圈、铁芯和衔铁组成，如图 1-1 所示。当线圈通入电流之后，铁芯和衔铁的端面上出现了不同极性的磁极，彼此相吸，使衔铁向铁芯运动，由联动机构带动触点动作。电磁机构实质上是电磁铁的一种。

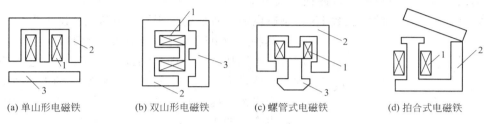

| (a) 单山形电磁铁 | (b) 双山形电磁铁 | (c) 螺管式电磁铁 | (d) 拍合式电磁铁 |

图 1-1　电磁机构的几种结构形式
1—线圈；2—铁芯；3—衔铁

（1）铁芯和衔铁的结构形式

常用的铁芯和衔铁的结构形式有山字形、螺管式和拍合式几种。

① 山字形电磁铁　山字形电磁铁有单山字形和双山字形之分。这种结构形式的电磁铁多用于交流继电器、交流接触器以及其他交流电磁机构的电磁系统。

② 螺管式电磁铁　多用作牵引电磁铁和自动开关的操作电磁铁，但也有少数过电流继电器采用这种形式的电磁铁。

③ 拍合式电磁铁　广泛用于直流继电器和直流接触器，有时也用于交流继电器。

（2）线圈

线圈是电磁铁的"心脏"，是产生磁通的源泉。按通入线圈的电源的种类不同，可分为直流线圈和交流线圈。根据励磁的需要，线圈可分为串联和并联两种，前者称为电流线圈，后者称为电压线圈。电流线圈串接在主电路中，电流较大，所以常用扁铜条或粗铜线绕制，匝数也较少；电压线圈并接在电源上，匝数多，阻抗也大，但电流较小，所以常用绝缘较好的电磁线绕制。

从结构上来看，线圈可分为有骨架的和无骨架的两种。交流电磁铁的线圈多为有骨架式，因为考虑到铁芯中有磁滞损耗和涡流损耗，不仅很难帮助线圈散热，而且有可能把热量传给线圈。直流电磁铁的线圈则多是无骨架的。

（3）电磁吸力与吸力特性

电磁铁线圈通电后，铁芯吸引衔铁的力称为电磁吸力，用 $F$ 表示。吸力的大小与气隙的截面积及气隙中的磁感应强度的平方成正比，如式（1-1）所示。

$$F = \frac{S_0 B_0^2}{2\mu_0} \tag{1-1}$$

式中　$B_0$——气隙中的磁感应强度，T；

　　　$S_0$——磁极截面积，$m^2$；

　　　$\mu_0$——真空磁导率，H/m；

　　　$F$——电磁吸引力，N。

① 直流电磁铁的吸力特性　直流电磁铁在衔铁被吸合前后，其电磁吸力是不相同的。因为直流电磁铁励磁电流的大小与所加电源电压 $U$ 及线圈电阻 $R$ 有关。在 $U$ 与 $R$ 均不变时，电流 $I$ 是定值。电磁铁未吸合时，磁路中有空气隙，磁路中的磁阻变大，使得磁通 $\Phi$ 减小，磁感应强度 $B$ 减小；电磁铁吸合后，气隙减小了，则磁通 $\Phi$ 增大，磁感应强度 $B$ 增大。由式(1-1) 可知，在直流电磁铁吸合过程中，电磁吸力不断地增大，完全吸合时的电磁吸力最大。

根据以上分析，可以绘出电磁铁的吸力特性——电磁吸力 $F$ 与气隙 $\delta$ 的关系，如图 1-2 所示，它是在电磁线圈的安匝数 $IN$（励磁电流与匝数的乘积）为恒值的情况下得到的。

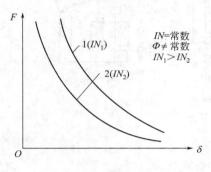

图 1-2　直流线圈的电磁铁的
吸力特性

其特点为电磁吸力与气隙大小的平方成反比，气隙越大，电磁吸力越小；反之，气隙越小，电磁吸力越大。显然，当气隙 $\delta$ 相同时，安匝数大的电磁铁，其电磁吸力也大。即其吸力特性（图 1-2 中的曲线 1）位于匝数少者（图 1-2 中的曲线 2）的上方。

由电磁铁的吸力特性可知，电磁线圈的励磁电压的升高和降低，即励磁电流的增大和减小以及衔铁行程的增大和变小，都将影响到电磁铁的吸力特性，从而影响到电磁铁的工作性能。

② 交流电磁铁的吸力特性　交流电磁铁的线圈电压是按正弦规律变化的，因而气隙中的磁感应强度也按正弦规律变化。即 $B_0 = B_m \sin \omega t$，将此式代入式(1-1)，可得交流电磁铁吸力瞬时值的表达式如式(1-2) 所示。

$$F' = \frac{1}{2}F_m - \frac{1}{2}F_m \cos 2\omega t \tag{1-2}$$

其中，$F_m = B_m^2 S_0 / (2\mu_0)$ 是电磁吸力的最大值。电磁吸力大小取决于电流变化的一个周期内电磁吸力的平均值。若以 $F$ 表示，如式(1-3) 所示。

$$F = \frac{1}{T}\int_0^T F' \mathrm{d}t = \frac{B_m^2}{4\mu_0}S_0 \tag{1-3}$$

从式(1-3) 可知，交流电磁铁的电磁吸力与磁感应强度最大值的平方成正比，与气隙截面积成正比。

由式(1-2) 可知，交流电磁铁电磁吸力的大小是随时间变化的，可用图 1-3 的曲线表示。当磁通为零时，电磁吸力也为零；当磁通 $\Phi$ 为最大值时，电磁吸力达最大值。当电磁吸力小于作用在衔铁上弹簧的反作用力时，衔铁将从与铁芯闭合处被拉开；当电磁吸力大于弹簧反作用力时，衔铁又被吸合。随着电磁吸力的脉动，使衔铁产生了振动。衔铁频繁振动，既产生了噪声，又使铁芯的接触处有磨损，降低了电磁铁的使用寿命。为了消除衔铁的振动，在电磁铁铁芯的某一端装一短路铜环，如图 1-4 所示。短路环将铁芯中心的磁通分成两个部分，即穿过短路环的 $\Phi_1$ 和不穿过短路环的 $\Phi_2$。$\Phi_1$ 使铜环产生感应电动势和电流，阻止 $\Phi_1$ 的变化，使铁芯中的两部分磁通所产生的电磁吸力就不会为零，从而消除了衔铁的振动。

交流电磁铁 $\Phi_m = U/(4.44fN)$，磁通 $\Phi_m$ 与电源电压 $U$ 成正比，与电源频率 $f$、线圈

匝数 $N$ 成反比。当 $f$、$N$ 为定值时，$\Phi_m$ 只取决于电压 $U$，电源电压 $U$ 一定时，磁通几乎是不变的，也就是说交流电磁铁在吸合前后的 $\Phi_m$ 值是不变的，所以电磁吸力也不变。考虑到漏磁通的影响，其吸力随气隙的减小略有增加。交流电磁铁的吸力特性如图 1-5 所示。

由于交流电磁铁在吸合前磁路的磁阻大，而吸合后磁路的磁阻小，因此使得吸合前的磁动势比吸合后的磁动势要大。所以吸合前的励磁电流大，吸合后的励磁电流小。

（4）吸力特性和反力特性的配合

电磁铁中的衔铁除受到电磁吸力的作用外，还受到系统阻力的作用。阻力包括使衔铁返回到原位的恢复弹簧的反作用力、触点弹簧的反作用力以及可动部分的重力等。这些力统称为反作用力。

吸力特性使电磁产生的电磁力与其气隙之间的关系（图 1-6 的曲线 1），反作用力特性则是作用于衔铁的反作用力与气隙之间的关系（图 1-6 中的曲线 2）。

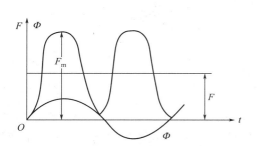

图 1-3 交流电磁铁的电磁吸力曲线

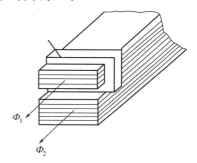

图 1-4 短路环

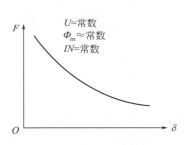

图 1-5 交流电磁铁的吸力特性

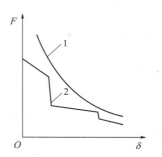

图 1-6 吸力特性与反力特性的配合

为了使电磁机构工作正常，其吸力特性与反力特性必须配合得当。即在衔铁吸合过程中，吸力应大于反作用力；反之在衔铁释放时，反作用力应大于吸力。

### 1.1.6 低压电器的触点及灭弧方法

（1）电器的触点

触点是用来接通或断开电路的，其结构形式很多。按其接触形式有点接触、线接触和面接触三种。如图 1-7 所示。

点接触允许通过的电流较小，常用于继电器电路或辅助触点。线接触和面接触允许通过的电流较大，常用于大电流的场合，如刀开关、接触器的主接触点等。为减少接触电阻，使接触更加可靠，需在触点间施加一定的压力。压力一般是靠反作用弹簧或触点本身的弹性变形而得。

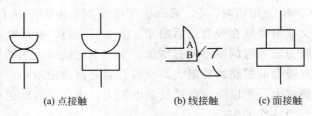

(a) 点接触　　　　　(b) 线接触　　　(c) 面接触

图 1-7　触点的三种接触形式

如图 1-8 所示分别为不同接触形式的触点结构形式。图 1-8（a）为采用点接触的桥式触点，图 1-8（b）为采用面接触的桥式触点，图 1-8（c）为采用线接触的指形触点。

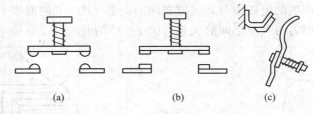

(a)　　　　　　　　(b)　　　　　　　(c)

图 1-8　触点的结构形式

（2）电弧的产生

当触点间刚出现断口时，两触点间距离极小，电场强度极大，在高热和强电场作用下，金属内部的自由电子从阴极表面逸出，奔向阳极，这些自由电子在电场中运动时撞击中性气体分子，使之激励和游离，产生正离子和电子，这些电子在强电场作用下继续向阳极移动时还要撞击其他中性分子。因此，在触点间隙中产生了大量的带电粒子，使气体导电形成了热的电子流即电弧。电弧产生高温并发出强光，将触点烧损，并使电路的切断时间延长，严重时会引起火灾或其他事故，因此应采取灭弧措施。

（3）常用灭弧方法

① 电动力灭弧　一般用于交流接触器等交流电器。如图 1-9 所示是一种桥式结构双断口触点系统。触点 1 和触点 2 在弧区内产生图 1-9 所示的磁场，根据左手定则，电弧电流要受到一个指向外侧的力 $F$ 的作用而向外运动，迅速离开触点而熄灭。电弧的这种运动，一是会使电弧本身被拉长，二是电弧穿越冷却介质时要受到较强的冷却作用，这都有助于熄灭电弧。最主要的还是两断口处的每一电极旁，在交流电过零时都能出现 $150 \sim 250\text{V}$ 的介质绝缘强度。

② 窄缝灭弧　一般都带灭弧罩，灭弧罩通常用耐弧陶土、石棉水泥或耐弧塑料制成。其作用有二：一是引导电弧纵向吹出，借此防止发生相间短路；二是使电弧与灭弧室的绝缘壁接触，从而迅速冷却，增强去游离作用，迫使电弧熄灭。如图 1-10 所示，灭弧罩的绝缘壁之间的缝隙有大有小，凡是宽度比电弧直径小的缝（图中缝宽 $\delta_1$ 小于电弧直径 $d_2$ 处）称为窄缝；反之，宽度比电弧直径大的缝（图 1-10 中缝宽 $\delta_2$ 大于电弧直径处 $d_2$ 处）称为宽缝。窄缝可将电弧弧柱直径压缩（如压缩为 $d_1$），使电弧同缝壁紧密接触，加强冷却和降低游离作用，同时也加大了电弧运动的阻力，使其运动速度下降，缝壁温度上升，并在壁面产生表面放电。总之，缝宽的大小需要综合考虑。目前，有采用数个窄缝的多纵缝灭弧室，它将电弧引入纵缝，分劈成若干股直径较小的电弧，以增强灭弧作用。

③ 栅片灭弧　触点分断时产生的电弧在磁吹力和电动力作用下被拉长后，推向一组静止的金属片，这组金属片称为栅片，它们彼此间是互相绝缘的。电弧进入栅片后，被分割成一段段串联的电弧，而每一栅片又相当于一个电极，使每段短弧上的电压达不到燃弧电压，同时栅片还具有冷却作用，致使电弧迅速熄灭，如图 1-11 所示。

④ 磁吹灭弧　灭弧装置设有与触点串联的磁吹线圈，电弧在吹弧线圈的作用下受力拉长，加速了冷却而熄灭，如图 1-12 所示。

为了加强灭弧效果，往往同时采用几种灭弧措施。

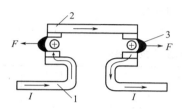

图 1-9　双断口结构的电动力吹弧效应
1—静触点；2—动触点；3—电弧

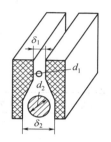

图 1-10　窄缝灭弧室的断面

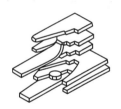

图 1-11　栅片灭弧

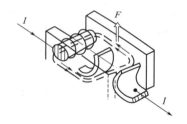

图 1-12　磁吹灭弧

## 1.2　低压开关

低压开关是一种用来隔离、转换以及接通和分断电路的控制电器。

### 1.2.1　刀开关

刀开关是低压配电电器中结构最简单、应用最广泛的电器，主要用在低压成套配电装置中，作为不频繁地手动接通和分断交直流电路或作隔离开关用，也可以用于不频繁地接通与分断额定电流以下的负载，如小型电动机等。

（1）瓷底胶盖刀开关

① 用途　瓷底胶盖刀开关即开启式负荷开关，适用于交流 50Hz，额定电压单相 220V、三相 380V，额定电流至 100A 的电路中，作为不频繁地接通和分断有负载电路与小容量线路的短路保护之用。其中三极开关适当降低容量后，可作为小型电动机手动不频繁操作的直接启动及分断用。常用的有 HK1 和 HK2 系列，HK2 系列开启式负荷开关（又称瓷底胶盖刀开关）的结构如图 1-13 所示。

HK2 系列开启式负荷开关的主要技术参数如表 1-1 所示。

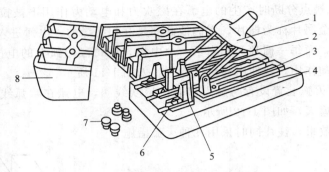

图 1-13　HK2 系列瓷底胶盖刀开关

1—瓷柄；2—动触点；3—出线座；4—瓷底座；5—静触点；6—进线座；7—胶盖紧固螺钉；8—胶盖

表 1-1　HK2 系列开启式负荷开关的主要技术参数

| 型号规格 | 额定电压/V | 极数 | 额定电流/A | 型号规格 | 额定电压/V | 极数 | 额定电流/A |
|---|---|---|---|---|---|---|---|
| HK2-100/3 | 380 | 3 | 100 | HK2-60/2 | 220 | 2 | 60 |
| HK2-60/3 | 380 | 3 | 60 | HK2-30/2 | 220 | 2 | 30 |
| HK-30/3 | 380 | 3 | 30 | HK-15/2 | 220 | 2 | 15 |
| HK2-15/3 | 380 | 3 | 15 | HK2-10/2 | 220 | 2 | 10 |

② 瓷底胶盖刀开关的型号及含义：

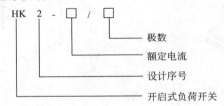

极数
额定电流
设计序号
开启式负荷开关

（2）组合开关

组合开关又称转换开关，也是一种刀开关。不过它的刀片（动触片）是转动的，组合性强，可组成各种不同的线路。

① 用途　组合开关一般适用于机床电气控制线路中作为电源的引入开关，也可以用来不频繁地接通和断开电路、断通电源和负载以及控制 5kW 以下的小容量异步电动机的正反转和星三角启动。

② 结构　组合开关有单极、双极和三极之分，由若干个动触点及静触点分别装在数层绝缘件内组成，动触点随手柄旋转而改变其通断位置。顶盖部分由滑板、凸轮、扭簧及手柄等零件构成操作机构。由于该机构采用了扭簧储能结构，从而能快速闭合及分断开关，使开关闭合和分断的速度与手动操作无关，提高了产品的通断能力。其结构图如图 1-14 所示。

③ 常用类型　常用的组合开关有 HZ5、

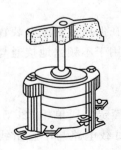

(a) 外形　　　　(b) 结构示意图

图 1-14　HZ10 系列组合开关

1—手柄；2—转轴；3—弹簧；4—凸轮；5—绝缘垫板；
6—动触片；7—静触片；8—接线柱；9—绝缘杆

HZ10 和 HZW（3LB、3ST1）系列。其中 HZW 系列主要用于三相异步电动机负荷启动、转向以及作主电路和辅助电路转换之用，可全面代替 HZ10、HZ12、LW5、LW6、HZ5-S 等转换开关。

HZ10 系列组合开关的主要技术参数如表 1-2 所示。

表 1-2    HZ10 系列组合开关的主要技术参数

| 型号 | 用途 | 交流电流/A | | 直流电流/A | | 次数 |
| --- | --- | --- | --- | --- | --- | --- |
| | | 接通 | 断开 | 接通 | 断开 | |
| HZ10-10（1、2、3 极） | 作配电电器用 | 10 | 10 | 10 | | 10000 |
| HZ10-25（2、3 极） | | 25 | 25 | 25 | | 15000 |
| HZ10-60（2、3 极） | 作控制交流电动机用 | 60 | 60 | 60 | | 5000 |
| HZ10-10（3 极） | | 60 | 10 | | | 5000 |
| HZ10-25（3 极） | | 150 | 25 | | | |

④ 组合开关的型号及图形文字符号    组合开关的型号含义：

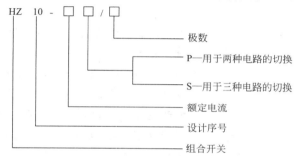

刀开关及组合开关的图形及文字符号如图 1-15 所示。

（3）刀开关使用注意问题

使用开启式负荷开关时，必须垂直安装在控制屏或开关板上，绝不允许倒装，以防手柄因自重落下，引起误合闸。接线时应把电源线接在上端，负载线接在下端，并装接熔丝作为短路和严重过载保护。开启式负荷开关不宜带负载操作，若带小功率负载操作时，分合闸动作应迅速，使电弧较快熄灭。使用组合开关时，将其安装在控制屏面板上，面板外只能看到转换手柄，其他部分均在屏内，操作频率不能过高，一般每小时不宜超过 5～20 次，当用于电动机正反转控制时，应在电动机完全停转后，方可允许反向启动，否则容易烧坏开关或造成弧光短路事故。

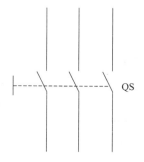

图 1-15    刀开关及组合开关的图形及文字符号

## 1.2.2    低压断路器

低压断路器又称自动空气开关或自动空气断路器，主要用于低压动力线路中。它相当于刀闸开关、熔断器、热继电器和欠压继电器的组合，是一种自动切断电路故障的保护电器。

（1）低压断路器的主要技术指标

① 额定电压    额定电压分额定工作电压、额定绝缘电压和额定脉冲电压。

断路器的额定工作电压在数值上取决于电网的额定电压等级，我国电网标准规定为 AC

220V、380V 及 1140V，DC 220V、440V 等。应该指出，同一断路器可以规定在几种额定工作电压下使用，但相应的通断能力并不相同。

额定绝缘电压是设计断路器的电压值。一般情况下，额定绝缘电压就是断路器的最大额定工作电压。

开关电器工作时，要承受系统中所发生的过电压，因此，开关电器（包括断路器）的额定电压参数中给定了额定脉冲耐压值，其数值应大于或等于系统中出现的最大过电压峰值。额定绝缘电压和额定脉冲电压共同决定了开关电器的绝缘水平。

② 额定电流　断路器额定电流就是过电流脱扣器的额定电流，一般是指断路器的额定持续电流。

③ 通断能力　开关电器在规定的条件下（电压、频率及交流电路的功率因数和直流电路的时间常数），能在给定的电压下接通和分断的最大电流值，也称为额定短路通断能力。

④ 分断时间　指切断故障电流所需的时间，它包括固有的断开时间和燃弧时间。

（2）塑料外壳式低压断路器

低压断路器按其用途和结构特点可分为框架式低压断路器、塑料外壳式低压断路器、直流快速低压断路器和限流式低压断路器等。下面主要介绍塑料外壳式低压断路器。

塑料外壳低压断路器又称装置式低压断路器或塑壳式低压断路器。一般用作配电线路的保护开关，以及电动机和照明线路的控制开关等。

塑料外壳低压断路器有一绝缘塑料外壳，触点系统、灭弧室及脱扣器等均安装于外壳内，而手动把柄露在正面壳外，可手动或电动分合闸，具有较高的分断能力和动稳定性以及比较完善的选择性保护功能。我国目前生产的塑料式断路器有 DZ5、DZ10、DZX10、DZ1、DZ15、DZX19 及 DZ20 等系列产品，其中 DZX10 和 DZX19 系列为限流式断路器，二者均是利用短路电流通过结构特殊的触点回路时，产生的巨大电动斥力实现迅速分断来达到限流的目的，它能在 4～5ms 内使短路电流不再增长，8～10ms 内可全部分断电路。

另外，塑壳式断路器还有引进美国西屋公司制造技术的 H 系列以及德国西门子公司制造技术的 DZ108 系列等。

DZ20 系列塑壳式低压断路器的主要技术参数如表 1-3 所示。

表 1-3　DZ20 系列塑壳式低压断路器的主要技术参数

| 型号 | 额定电压/V | 壳架额定电流/A | 断路器额定电流 $I_N$/A | 瞬时脱扣器整定电流倍数 |
| --- | --- | --- | --- | --- |
| DZ20Y-100 | | 100 | 16,20,25<br>32,40,50<br>63,80,100 | 配电用 $10I_N$<br>保护电机用 $12I_N$ |
| DZ20J-100 | | | | |
| DZ20G-100 | | | | |
| DZ20Y-225 | 380/220 | 225 | 100,125<br>160,180<br>200,225 | 配电用 $5I_N$,$10I_N$<br>保护电机用 $12I_N$ |
| DZ20J-225 | | | | |
| DZ20G-225 | | | | |
| DZ20Y-400 | | 400 | 250,315<br>350,400 | 配电用 $10I_N$<br>保护电机用 $12I_N$ |
| DZ20J-400 | | | | |
| DZ20G-400 | | | | |
| DZ20Y-630 | | 630 | 400,500,630 | 配电用 $5I_N$,$10I_N$ |
| DZ20J-630 | | | | |

（3）低压断路器的结构及工作原理

低压断路器主要由触电系统、操作机构和保护元件三部分组成。主触点由耐弧合金制成，采用灭弧栅片灭弧；操作机构较复杂，故障时自动脱扣，触点通断瞬时动作与手柄操作速度无关。其工作原理如图1-16所示。

图中1、2为断路器的三副主触点（1为动触点，2为静触点），它们串联在被控制的三相电路中。当按下接通按钮14时，外力使锁扣3克服压力弹簧16的斥力，将固定在锁扣上的动触点1和静触点2闭合，并由锁扣锁住扣钩4，使开关处于接通状态。当开关接通电源后，电磁脱扣器、热脱扣器及欠电压脱扣器若无异常反应，开关运行正常。

当线路发生短路或严重过载电流时，短路电流超过瞬时脱扣整定值，电磁脱扣器6产生足够大的吸力，将衔铁8吸合并撞击杠杆7，使扣钩4绕转轴座5向上转动与锁扣3脱开，锁扣在压力弹簧16的作用下，将三副主触点分断，切断电源。

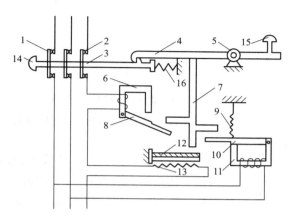

图1-16 低压断路器原理示意图

1—动触点；2—静触点；3—锁扣；4—扣钩；5—转轴座；
6—电磁脱扣器；7—杠杆；8—电磁脱扣器衔铁；
9—拉力弹簧；10—欠压脱扣器衔铁；11—欠压脱扣器；
12—热双金属片；13—热元件；14—接通按钮；
15—停止按钮；16—压力弹簧

当线路发生一般性过载时，过载电流虽不能使电磁脱扣器动作，但能使热元件13产生一定的热量，促使双金属片12受热向上弯曲，推动杠杆7使扣钩与锁扣脱开，将主触点分断。

欠压脱扣器11的工作过程与电磁脱扣器恰恰相反，当线路电压正常时，欠压脱扣器11产生足够的吸力，克服拉力弹簧9的作用与衔铁10吸合，衔铁与杠杆脱离，锁扣与扣钩才得以锁住，主触点方能闭合，当线路上的电压全部消失或电压降到某一数值时，欠压脱扣器吸力消失或减小，衔铁拉力弹簧拉开并撞击杠杆，主电路电源被分断。同样道理，在无电源电压或电压过低时，自动空气开关也不能接通电源。正常分断电路时，按下停止按钮15即可。

自动空气断路器集控制和多种保护功能于一身，用途广泛，除能完成接通和分断电路外还能对电路或电气设备发生的短路、严重过载及欠压等进行保护，同时也可用于不频繁启动的电动机。

DZ20系列塑壳式低压断路器的型号含义：

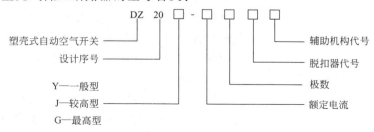

自动空气断路器的图形和文字符号如图1-17所示。

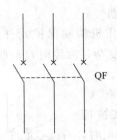

图 1-17　自动空气断路器的图形和文字符号

（4）使用自动空气断路器时应注意事项

① 安装前先检查其脱扣器的整定电流是否与被控线路、电动机等的额定电流相符，核实有关参数，满足要求方可安装。

② 应按规定垂直安装，连接导线要按规定截面选用。

③ 操作机构在使用一定次数后，应添加润滑剂。

④ 定期检查触点系统，保证触点接触良好。

## 1.3　熔断器

### 1.3.1　熔断器的组成、工作原理及特性

（1）组成

熔断器是一种最简单有效的保护电器，主要由熔体和安装熔体的熔管两部分组成。熔体是熔断器的核心部分，常作成丝状或片状，其材料有两类，如铅锡合金、锌等；另一类材料为高熔点材料，如银、铜、铝等。

（2）工作原理

熔断器使用时，串联在所保护的电路中。当电路正常工作时，熔体允许通过一定大小的电流而不熔断；当电路发生短路或严重过载时，熔体中流过很大的故障电流，当电流产生的热量使熔体温度上升到熔点时，熔体熔断切断电路，从而达到保护电气设备的目的。

电气设备的电流保护主要有过载延时保护和短路瞬时保护。过载延时保护和短路瞬时保护不仅电流倍数不同，两者的差异也很大。从特性上看，过载延时保护需要反时限保护特性，短路瞬时保护则需要瞬时保护特性。从参数要求方面看，过载延时保护要求熔化系数小，发热时间常数大；短路瞬时保护则要求较大的限流系数、较小的发热时间常数、较高的分断能力和较低的过电压。从工作原理看，过载延时保护动作的物理过程主要是熔化过程，而短路瞬时保护则主要是电弧的熄灭过程。

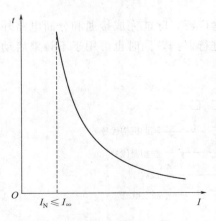

图 1-18　熔断器的安秒特性

（3）特性

熔断器的主要特性为熔断器的安秒特性，即熔断器的熔断时间 $t$ 与熔断电流 $I$ 的关系曲线。因 $t \propto 1/I^2$，熔断器安秒特性如图 1-18 所示。图中 $I_\infty$ 为最小

熔化电流或称临界电流，即通过熔体的电流小于此电流时不会熔断。所以选择的熔体额定电流 $I_N$ 应小于 $I_\infty$。通常 $I_\infty/I_N=1.5\sim 2$，称为熔化系数。该系数反映熔断器在过载时的保护特性。要使熔断器能保护较小过载电流，熔化系数应低些。为避免电动机启动时的短时过电流，熔体熔化系数应高些。

### 1.3.2 熔断器的类型及使用

（1）类型

常用熔断器的主要类型有 RC1A 系列瓷插式熔断器、RL1 系列螺旋式熔断器、RM10 系列无填料封闭管式熔断器、RT0 系列有填料封闭管式熔断器等。

（2）使用

RC1A 系列瓷插式熔断器的结构如图 1-19 所示，一般适用于交流 50Hz、额定电压 380V、额定电流 200A 以下的低电压线路末端或分支电路中，作为电气设备的短路保护及一定程度上的过载保护之用。

RL1 系列螺旋式熔断器的外形及结构如图 1-20 所示，主要适用于控制箱、配电屏、机床设备及振动较大的场合，作为短路保护元件。

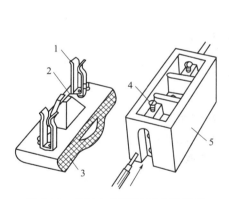

图 1-19　RC1A 系列瓷插式熔断器

1—动触点；2—熔丝；3—瓷盖；

4—静触点；5—瓷底

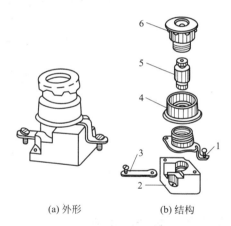

(a) 外形　　(b) 结构

图 1-20　RL1 系列螺旋式熔断器

1—上接线端；2—瓷底；3—下接线端；

4—瓷套；5—熔断器；6—瓷帽

RM10 系列无填料封闭管式熔断器的外形及结构如图 1-21 所示，一般适用于低压电网和成套配电装置中，作为导线、电缆及较大容量电气设备的短路或连续过载时的保护。

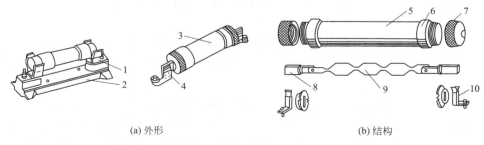

(a) 外形　　　　　　　　　　　　(b) 结构

图 1-21　RM10 系列无填料封闭管式熔断器

1,4—夹座；2—底座；3—熔管；5—硬质绝缘管；6—黄铜套管；7—黄铜帽；8—插刀；9—熔体；10—夹座

RT0 系列有填料封闭管式熔断器的外形及结构如图 1-22 所示，主要适用于短路电流很大的电力网络或低压配电装置中。

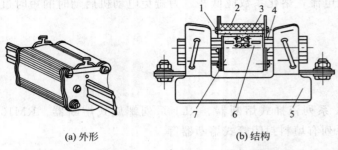

(a) 外形          (b) 结构

图 1-22   RT0 系列有填料封闭管式熔断器

1—熔断指示器；2—石英砂填料；3—指示器熔丝；
4—插刀；5—底座；6—熔体；7—熔管

图 1-23   熔断器的图形及文字符号

### 1.3.3 熔断器的符号及型号含义

熔断器的图形及文字符号如图 1-23 所示。

型号含义：

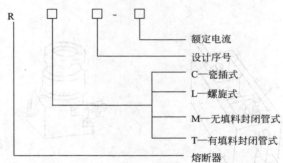

- 额定电流
- 设计序号
- C—瓷插式
- L—螺旋式
- M—无填料封闭管式
- T—有填料封闭管式
- 熔断器

## 1.4 主令电器

主令电器是在自动控制系统中用来发送控制指令或信号的操纵电器。

### 1.4.1 常用主令电器的类型及适用场合

常用主令电器有按钮、行程开关、万能转换开关、凸轮控制器等。

（1）按钮

按钮主要是在控制电路中，发出手动指令去控制其他电器（接触器、继电器等），再由其他电器去控制主电路，或者转移各种信号。以 LA18、LA19 系列为例，其外形及结构如图 1-24 所示。

LA18 系列按钮采用积木式结构，触点数目可按需要拼装，一般装成二常开、二常闭，也可根据需要装成一常开、一常闭至六常开、六常闭。其按钮的结构形式可分为按钮式、紧急式、旋钮式及钥匙式等。LA19、LA20 系列有带指示灯和不带指示灯两种，前者按钮帽用透明塑料制成，兼作指示灯罩。为了标明各个按钮的作用，避免误操作，通常将按钮帽做成不同的颜色，以示区别，其颜色有红、绿、黑、黄、白等。一般以红色表示停止按钮，绿色表示启动按钮。

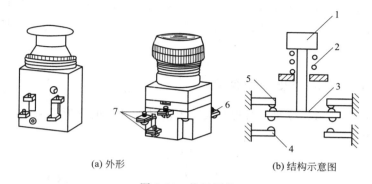

(a) 外形 　　　　　　(b) 结构示意图

图 1-24　按钮开关

1—按钮帽；2—复位弹簧；3—动触点；4—常开触点的静触点；5—常闭触点的静触点；6,7—触点接线柱

（2）行程开关

行程开关主要用来限制机械运动的位置或行程，使运动机械按一定位置或行程自动停止、反向运动、变速运动或自动往返运动等。以 JLXK1 系列为例，其结构及动作原理如图 1-25 所示。

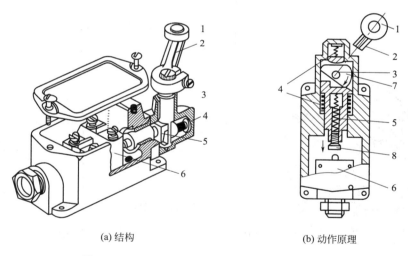

(a) 结构 　　　　　　　(b) 动作原理

图 1-25　JLXK1 系列行程开关结构和动作原理

1—滚轮；2—杠杆；3—转轴；4—复位弹簧；5—撞块；6—微动开关；7—凸轮；8—调节螺钉

当运动机械的挡铁撞到行程开关的滚轮上时，传动杠杆连同转轴一起转动，使凸轮推动撞块，当撞块被压到一定位置时，推动微动开关快速运动，使其常闭触点分断，常开触点闭合；当滚轮上的挡铁移开后，复位弹簧就使行程开关各部分恢复原始位置，这种自动恢复的行程开关是依靠本身的复位弹簧来复原的，在生产机械中应用较为广泛。

（3）万能转换开关

万能转换开关是一种多挡式、控制多回路的主令电器，一般可作为各种配电装置的远距离控制，也可作为电压表、电流表的转换开关，还可以作为小容量电动机（2.2kW 以下）的启动、调速、换向之用。常用的有 LW5、LW6 等系列。LW6 系列开关由操作机构、面板、手柄及数个触点座等主要部件组成，用螺栓组装成一个整体。其操作位置有 2～12 个，触点底座有 1～10 层，其中每层底座均可装三对触点，并由底座中间的凸轮进行控制。由于每层凸轮可做成不同的形状，因此，当手柄转到不同位置时，通过凸轮的作用，可使各对触点按所需要的规律接通和分断。如图 1-26 所示为 LW6 系列万能转换开关中某一层的结构示意图。

### 1.4.2 主令电器的符号及型号含义

图 1-27～图 1-29 分别为按钮、行程开关、万能转换开关的图形及文字符号。

按钮的型号含义：

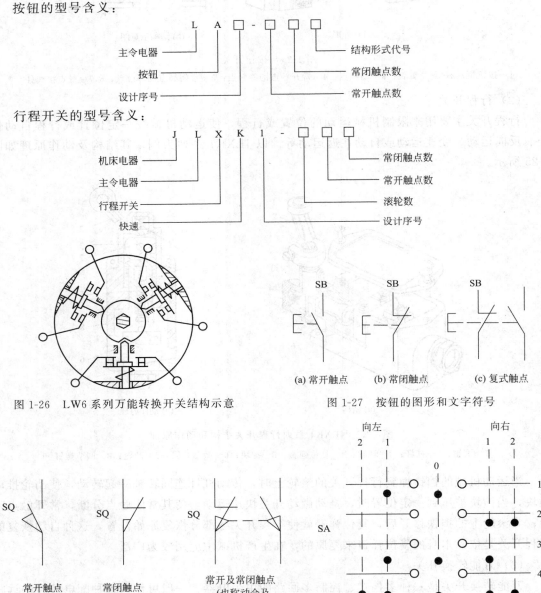

行程开关的型号含义：

图 1-26 LW6 系列万能转换开关结构示意

图 1-27 按钮的图形和文字符号

(a) 常开触点　　(b) 常闭触点　　(c) 复式触点

图 1-28 行程开关的图形和文字符号

常开触点（也称动合触点）　常闭触点（也称动断触点）　常开及常闭触点（也称动合及动断触点）

图 1-29 万能转换开关的图形和文字符号

### 1.4.3 主令电器的使用

使用按钮时，应注意触点间的清洁，防止油污、杂质进入造成短路或接触不良等事故，在高温场合下使用的按钮，安装时应加紧固垫圈，或在接线柱螺钉处加绝缘套管。带指示灯的按钮不宜长时间通电，在使用中，设法降低灯泡电压，以延长其使用寿命。使用行程开关时，其安装位置要准确，防止尘垢造成接触不良或接线松脱产生误动作。

## 1.5 接触器

接触器是一种用来频繁地接通或断开交直流主电路及大容量控制电路的自动切换电器。主要用于控制电动机、电热设备、电焊机、电容器组等。它还具有低电压释放保护功能，并适用于频繁操作和远距离控制，是电力拖动自动控制线路中使用最广泛的电气元件。

接触器按其主触点通过电流的种类不同，可分交流接触器和直流接触器。

### 1.5.1 交流接触器

（1）结构

如图 1-30 所示为交流接触器的外形与结构示意图。交流接触器由以下四部分组成：

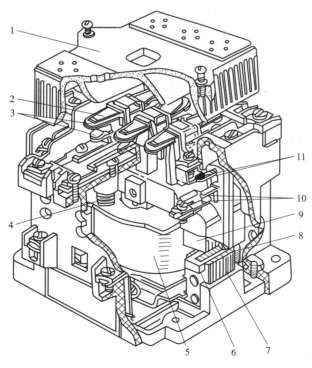

图 1-30　CJ0-20 型交流接触器

1—灭弧罩；2—触点压力弹簧片；3—主触点；4—反作用弹簧；

5—线圈；6—短路环；7—静铁芯；8—弹簧；

9—动铁芯；10—辅助常开触点；11—辅助常闭触点

① 电磁机构　电磁机构由线圈、动铁芯（衔铁）和静铁芯组成。对于 CJ0、CJ10 系列交流接触器，大都采用衔铁直线运动的双 E 型直动式电磁机构，而 CJ12、CJ12B 系列交流接触器采用衔铁绕轴转动的拍合式电磁机构。

② 触点系统　包括主触点和辅助触点。主触点用于通断主电路，通常为三对（三极）常开触点。辅助触点用于控制电路，起电气联锁作用，故又称联锁触点，一般常开、常闭各两对。

③ 灭弧装置　容量在 10A 以上的接触器都有灭弧装置，对于小容量的接触器，常采用双断口触点灭弧、电动力灭弧、相间弧板隔弧及陶土灭弧罩灭弧。对于大容量的接触器，采用窄缝灭弧装置及栅片灭弧。

④ 其他部件　包括反作用弹簧、缓冲弹簧、触点压力弹簧、传动机构及外壳等。

（2）工作原理

当线圈通电后，线圈电流产生磁场，使静铁芯产生电磁吸力将衔铁吸合。衔铁带动触点动作，使常闭触点断开，常开触点闭合。当线圈断电时，电磁吸力消失，衔铁在反作用弹簧力的作用下释放，各触点随之复位。

### 1.5.2　直流接触器

直流接触器的结构和工作原理基本上与交流接触器相同。在结构上也是由电磁机构、触点系统和灭弧装置等部分组成。但电磁机构方面有不同之处。其主触点常采用滚动接触的指形触点，通常为一对或两对。由于直流电弧比交流电弧难以熄灭，为此，直流接触器常采用磁吹式灭弧装置灭弧。

### 1.5.3　接触器的类型及主要技术参数

（1）类型

常用的交流接触器有 CJ10 系列，是全国统一设计产品，可取代 CJ0、CJ8 等系列老产品；CJ12、CJ12B 系列，可取代 CJ1、CJ2、CJ3 等系列老产品。如表 1-4 所示为 CJ10 系列交流接触器的技术数据。

常用的直流接触器有 CZ0 系列，也是全国统一设计产品，可取代 CZ1、CZ3、CZ5 等系列。其技术数据如表 1-5 所示。

接触器型号含义：

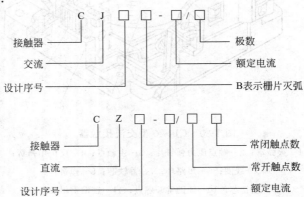

**表 1-4 CJ10 系列交流接触器技术数据**

| 型 号 | 额定电压值 $U_N$/V | 额定电流值 $I_N$/A | 可控制电动机最大功率值 $P_{max}$/kW | | | 最大操作频率 /(次/h) | 线圈消耗功率值 /$\frac{V \cdot A}{W}$ | | 机械寿命 /万次 | 电气寿命 /万次 |
|---|---|---|---|---|---|---|---|---|---|---|
| | | | 220V | 380V | 500V | | 启动 | 吸持 | | |
| CJ10-5 | | 5 | 1.2 | 2.2 | 2.2 | | $\frac{35}{—}$ | $\frac{6}{2}$ | | |
| CJ10-10 | | 10 | 2.2 | 4 | 4 | | $\frac{65}{—}$ | $\frac{11}{5}$ | | |
| CJ10-20 | | 20 | 5.5 | 10 | 10 | | $\frac{140}{—}$ | $\frac{22}{9}$ | | |
| CJ10-40 | 380/500 | 40 | 11 | 20 | 20 | 600 | $\frac{230}{—}$ | $\frac{32}{12}$ | 300 | 60 |
| CJ10-60 | | 60 | 17 | 30 | 30 | | $\frac{485}{—}$ | $\frac{95}{26}$ | | |
| CJ10-100 | | 100 | 30 | 50 | 50 | | $\frac{760}{—}$ | $\frac{105}{27}$ | | |
| CJ10-150 | | 150 | 43 | 75 | 75 | | $\frac{950}{—}$ | $\frac{110}{28}$ | | |

**表 1-5 CZ0 系列直流接触器技术数据**

| 型 号 | 额定电压值 $U_N$/V | 额定电流值 $I_N$/A | 额定操作频率 /(次/h) | 主触点型式及数目 | | 辅助触点型式及数目 | | 吸引线圈电压值 $U$/V | 吸引线圈消耗功率值 $P$/W |
|---|---|---|---|---|---|---|---|---|---|
| | | | | 常开 | 常闭 | 常开 | 常闭 | | |
| CZ0-40/20 | | 40 | 1200 | 2 | — | 2 | 2 | | 22 |
| CZ0-40/02 | | 40 | 600 | — | 2 | 2 | 2 | | 24 |
| CZ0-100/10 | | 100 | 1200 | 1 | — | 2 | 2 | | 24 |
| CZ0-100/01 | | 100 | 600 | — | 1 | 2 | 1 | | 24 |
| CZ0-100/20 | | 100 | 1200 | 2 | — | 2 | 2 | | 30 |
| CZ0-150/10 | | 150 | 1200 | 1 | — | 2 | 2 | | 30 |
| CZ0-150/01 | 440 | 150 | 600 | — | 1 | 2 | 1 | 24、48 110、220 440 | 25 |
| CZ0-150/20 | | 150 | 1200 | 2 | — | 2 | 2 | | 40 |
| CZ0-250/10 | | 250 | 600 | 1 | — | 5（其中一对常开，另 4 对可任意组合成常开或常闭） | | | 31 |
| CZ0-250/20 | | 250 | 600 | 2 | — | | | | 40 |
| CZ0-400/10 | | 400 | 600 | 1 | — | | | | 28 |
| CZ0-400/20 | | 400 | 600 | 2 | — | | | | 43 |
| CZ0-600/10 | | 600 | 600 | 1 | — | | | | 50 |

（2）主要技术参数

① 额定电压 接触器铭牌上的额定电压是指主触点的额定电压。交流有 127V、220V、380V、500V；直流有 110V、220V 和 440V。

② 额定电流 接触器铭牌上的额定电流是指主触点的额定电流。有 5A、10A、20A、40A、60A、100A、150A、250A、400A 和 600A。

③ 吸引线圈的额定电压 交流有 36V、110V（127V）、220V 和 380V，直流有 24V、48V、220V 和 440V。

④ 电气寿命和机械寿命　以"万次"表示。

⑤ 额定操作频率　以"次/h"表示。

### 1.5.4　接触器的使用

接触器使用中一般应注意以下几点：

① 核对接触器的铭牌数据是否符合要求。

② 一般应安装在垂直面上，而且倾斜角不得超过 5°，否则会影响接触器的动作特性。

③ 安装时应按规定留有适当的飞弧空间，以免飞弧烧坏相邻器件。

④ 检查接线正确无误后，应在主触点不带电的情况下，先使电磁线圈通电分合数次，检查其动作是否可靠，然后才能正式投入使用。

⑤ 使用时，应定期检查各部件，要求可动部分无卡住、紧固件无松脱、触点表面无积垢、灭弧罩不得破损、温升不得过高等。

## 1.6　继电器

继电器是一种根据电或非电信号的变化来接通或断开小电流电路的自动控制电器。其输入量可以是电流、电压等电量，也可以是温度、时间、速度等非电量，而输出则是触点的动作或电参数的变化。

### 1.6.1　常用继电器的类型及工作原理

常用继电器的主要类型有电压继电器、电流继电器、中间继电器、时间继电器、热继电器和速度继电器等。这里以 JZ7 系列中间继电器、JS7 系列时间继电器、JR16 系列热继电器、JY1 系列速度继电器等为例，介绍常用继电器的工作原理。

（1）中间继电器

中间继电器原理与接触器相同，只是其触点系统中无主、辅触点之分，触点容量相同。中间继电器的触点容量较小，对于电动机额定电流不超过 5A 的电气控制系统，也可以替换接触器来控制，所以，中间继电器也是小容量的接触器。

中间继电器主要适用以下两方面。

① 当电压或电流继电器触点容量不够时，可借助中间继电器来控制，用中间继电器作为执行元件，这时中间继电器被当作一级放大器使用。

② 当其他继电器或接触器触点数量不够时，可利用中间继电器来切换多条电路。

（2）时间继电器

时间继电器主要适用于需要按时间顺序进行控制的电气控制系统中，它接收控制信号后，使触点能够按要求延时动作。

JS7 系列时间继电器的动作原理如图 1-31 所示。

当线圈 1 通电后，衔铁 3 被铁芯 2 吸合，活塞杆 6 在塔形弹簧 7 的作用下，带动活塞 13 及橡胶膜 9 向上移动，由于橡胶膜下方气室稀薄而形成负压，因此活塞杆 6 只能缓慢地向上移动，其移动的速度视进气孔的大小而定，可通过调节螺杆 11 进行调整。经过一定的延时时间后，活塞杆能移动到最上端，这时通过杠杆 15 带动微动开关 14，使其常闭触点断开，

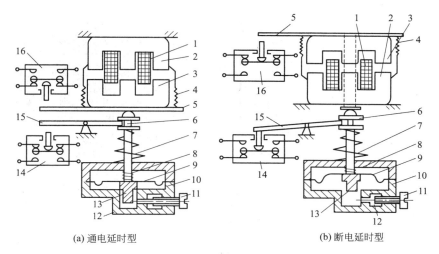

图 1-31  JS7 系列时间继电器的动作原理

1—线圈；2—铁芯；3—衔铁；4—压力弹簧；5—推板；6—活塞杆；7—塔形弹簧；

8—弱弹簧；9—橡胶膜；10—空气室壁；11—调节螺杆；12—进气孔；

13—活塞；14,16—微动开关；15—杠杆

常开触点闭合，起到通电延时作用。

当线圈 1 断电时，电磁吸力消失，衔铁 3 在压力弹簧 4 的作用下释放，并通过活塞杆将活塞 13 推向下端，这时橡胶膜 9 下方气室内的空气通过橡胶膜 9、弱弹簧 8、活塞 13 的肩部所形成的单向阀，迅速地从橡胶膜上方的气室缝隙中排掉。因此杠杆 15 和微动开关 14 能迅速复位。

在线圈 1 通电和断电时，微动开关 16 在推板 5 的作用下，都能瞬时动作，为时间继电器的瞬动触点。

断电延时型时间继电器，显然是将通电延时型时间继电器的电磁机构翻转 180°而成。

（3）热继电器

热继电器主要应用于电动机的过载保护、断相保护、电流不平衡的保护及其他电气设备发热状态的控制。

JR16 系列热继电器的工作原理示意及结构如图 1-32 所示。

工作时，热元件 1 与电动机定子绕组串联，绕组电流即为流过热元件的电流。电动机正常运行时，热元件产生的热量虽然能使双金属片 2 发生弯曲，但还不足以使继电器动作。当电动机过载时，流过热元件的电流增大，热元件产生的热量增加，使双金属片弯曲位移增大，经过一定时间后，双金属片 2 推动导板 3 使继电器触点动作，切断电动机控制电路。

（4）速度继电器

速度继电器主要由转子、定子和触点三部分组成，转子是一个圆柱形永久磁铁，定子是一个笼型空心圆环，由硅钢片叠成，并装有笼型绕组。JY1 系列速度继电器的外形及结构如图 1-33 所示，其转子 4 与电动机轴相连。当电动机转动时，速度继电器的转子随之转动，定子内的短路绕组 10 便切割磁场，产生感应电动势，从而产生感应电流，此电流与旋转的转子磁场作用产生转矩，于是定子开始转动。当转到一定角度时，装在定子轴上的摆杆 7 推动簧片 8 动作，使常闭触点分断，常开触点闭合。当电动机转速低于某一值时，定子产生的转矩减小，触点在弹簧片作用下复位。

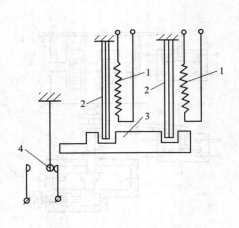

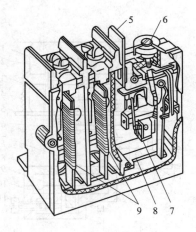

(a) 工作原理示意　　　　　　　　　　　　(b) 结构

图 1-32　JR16 系列热继电器

1—热元件；2—双金属片；3—导板；4—触点；5—复位按钮；

6—调整整定电流装置；7—常闭触点；

8—动作机构；9—热元件

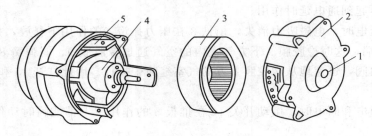

(a) 外形

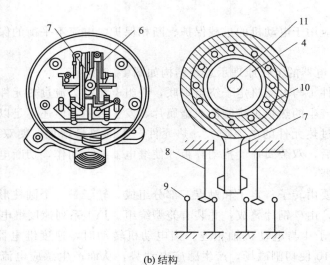

(b) 结构

图 1-33　JY1 系列速度继电器

1—连接头；2—端盖；3—定子；4—转子；5—可动支架；6—触点；

7—胶木摆杆；8—簧片；9—静触点；10—绕组；11—轴

通常当速度继电器转轴转速达到 120r/min 以上时，触点即动作；当转轴转速低于 100r/min 时，触点即复位。转速在 3000～3600r/min 以下能可靠地工作。

### 1.6.2 继电器的符号及型号含义

图 1-34～图 1-37 分别为中间继电器、时间继电器、热继电器和速度继电器的图形及文字符号。

中间继电器的型号含义：

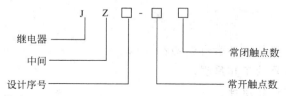

时间继电器的型号含义：

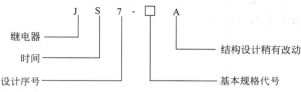

热继电器的型号含义：

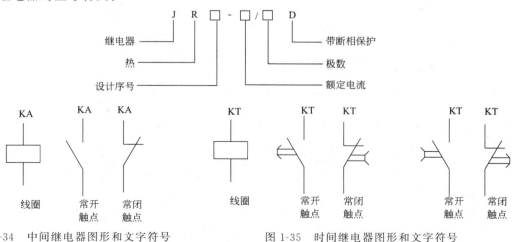

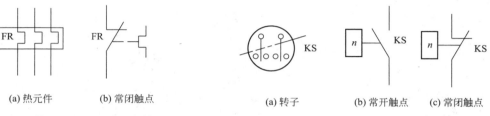

图 1-34　中间继电器图形和文字符号　　　　图 1-35　时间继电器图形和文字符号

图 1-36　热继电器图形和文字符号　　　　图 1-37　速度继电器图形和文字符号

### 1.6.3 继电器的使用

使用继电器时，应注意以下几点：

① 仔细核对继电器的铭牌数据是否符合要求;

② 检查继电器活动部分是否动作灵活、可靠;

③ 消除部件表面污垢;

④ 检查安装是否到位、牢固;

⑤ 检查接线是否正确、使用导线是否符合规格;

⑥ 使用过程中应定期检查,发现不正常现象,立即处理。

### 思考与练习

1-1 低压电器的主要技术参数有哪些?

1-2 简述低压断路器的工作原理。

1-3 简述熔断器的工作原理。

1-4 常用的主令电器有哪些?

1-5 常用的继电器的类型有哪些?

# 电气控制基础

一个电气系统或一种电气装置是由各种元器件组成的，在主要以简图形式表达的电气图中，无论是表示构成、功能或电气接线等，都不可能一一画出各种元器件的外形结构，通常是用一种简单的图形符号表示的。但是在大多数情况下，在同一系统中，或在同一个图中有两个以上作用不同的同一类型电器，显然在一个图上用一个符号来表示是不严格的，还必须在符号旁边标注不同的文字符号以示区别不同用途的电器，使人们一看就知道其名称、功能、状态、特征及安装位置等信息。

## 2.1 控制元器件符号

电气控制线路图是电气工程技术的通用语言，它由各种电气元件的图形符号、文字符号组成。为了便于交流与沟通，国家标准局参照国际电工委员会（IEC）颁布的有关文件，制定了我国电气设备有关国家标准，颁布了 GB/T 4728—2008～2009《电气图用图形符号》、GB/T 5094—2003～2005、GB/T 20939—2007 一位、两位文字符号与旧符号的对照。设计电气图中的图形符号、文字符号必须符合最新的国家标准。

（1）图形符号

通常用于图样或其他文件以表示一个设备或概念的图形、标记或字符，统称为图形符号。它由一般符号、符号要素、限定符号等组成。

① 一般符号　用以表示一类产品或此类产品特征的一种通常很简单的符号，称为一般符号。如电动机的一般符号为⊛，＊号用 M 代替表示电动机，用 G 代替可表示发电机。

② 符号要素　一种具有确定意义的简单图形，必须同其他图形组合以构成一个设备或概念的完整符号。如电动机符号Ⓜ就是由表示装置的符号○要素加上英文名称的字头 M 组成的。

③ 限定符号　用以提供附加信息的一种加在其他符号上的符号，称为限定符号。限定符号一般不能单独使用，但它可以使图形符号更具多样性。例如，在电阻器一般符号的基础上加上不同的限定符号，则可得到可变电阻器、压敏电阻器、热敏电阻器等。

（2）文字符号

① 单字母符号　单字母符号采用拉丁字母将各种电气设备、装置和元器件划分为23大

类，每大类有一个专用单字母符号表示，如 R 表示电阻器类，Q 表示电力电路的开关器件等。

② 双字母符号　双字母符号是由单字母符号与另一字母组成，其组合形式应以单字母符号在前、另一个字母在后的次序列出。如 GB 表示蓄电池，G 为电源的单字母符号。双字母符号可以较详细和更具体地表述电气设备、装置和元器件的名称。

③ 辅助文字符号　辅助文字符号是用以表示电气设备、装置和元器件以及线路的功能、状态和特征的。通常也是由英文单词的前一两个字母构成。例如 RD 表示红色（Red），F 表示快速（Fast）。

辅助文字符号一般放在基本文字符号的后边，构成组合文字符号，如 Y 是电气操作的机械器件类的基本文字符号，B 是表示制动的辅助文字符号，则 YB 是制动电磁铁的组合符号。辅助文字符号也可单独使用，如 OFF 表示关闭。

④ 补充文字符号　在电气图和其他电气技术文件中，若基本文字符号和辅助文字符号不够使用，可按文字符号组成规律和下述原则予以补充。

a. 在不违背前面所述原则的基础上，可采用国际标准中规定的电气技术文字符号。

b. 在优先采用规定的单字母符号、双字母符号和辅助文字符号的前提下，可补充有关的双字母符号和辅助文字符号。

c. 文字符号应按有关电气名词术语国家标准或专业标准中规定的英文术语缩写而成。对基本文字符号不得超过两位字母，对辅助文字符号一般不能超过三位字母。

d. 因 I、O 易同 1 和 0 混淆，因此不允许单独作为文字符号使用。

e. 文字符号的字母采用拉丁字母大写正体字。

## 2.2　电气原理图的绘制原则

系统图和框图，对于从整体上理解系统或装置的基本组成和主要特征是十分重要的。然而，要达到深入理解电气作用原理，进行电气接线，分析和计算电路特性，还必须有另一种图，这就是电气原理图。

用图形符号并按工作顺序排列，详细表示电路、设备或成套装置的全部基本组成和连接关系，而不考虑其实际位置的简图，称为电气原理图。

### 2.2.1　电气原理图的绘制原则

① 原理图一般分为主电路和辅助电路两部分。主电路就是从电源到电动机通过的路径。辅助电路包括控制电路、照明电路、信号电路及保护电路等，由继电器和接触器的线圈、继电器的触点、接触器的辅助触点、按钮、照明灯、信号灯、控制变压器等电气元件组成。

② 控制系统内的全部电机、电器和其他器械的带电部件，都应在原理图中表示出来。

③ 原理图中各电气元件不画实际的外形图，而采用国家规定的统一标准图形符号和文字符号。

④ 原理图中各个电气元件和部件在控制线路中的位置，应根据便于读图和功能顺序的原则安排。同一电气元件的各个部分可以不画在一起。例如，接触器、继电器的线圈和触点

可以不画在一起或一张图上。

⑤ 图中元件、器件和设备的可动部分，都按没有通电和没有外力作用时的开关状态画出。

⑥ 原理图的绘制应布局合理、排列均匀，可以水平布置，也可以垂直布置。

⑦ 电气元件应按功能布置，相关功能器件应尽量画在一起；也可以按工作顺序排列，其布局顺序应该是从上到下，从左到右。电路垂直布置时，类似项目宜横向对齐；水平布置时，类似项目应纵向对齐。例如，图 2-1 中，由于线路采用垂直布置，接触器线圈应横向对齐。

⑧ 电气原理图中，有直接联系的交叉导线连接点，要用黑圆点表示；无直接联系的交叉导线连接点不画黑圆点。

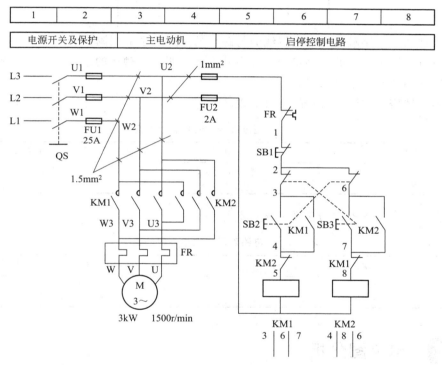

图 2-1　三相异步电动机可逆运行电气原理图

## 2.2.2　图上位置的表示方法

在绘制和阅读、使用电路图时，往往需要确定元器件、连接线等的图形符号在图上的位置。

在供使用、维护的技术文件（如说明书）中，有时需要对某一元件或器件作注释、说明，为了找到图中相应的元器件的图形符号，也需要注明这些符号在图上的位置。

图上位置的表示方法采用图幅分区法。图幅分区法是在图的边框处竖边方向用拉丁字母编号，横边方向用阿拉伯数字编号，编号顺序从左上角为分区编号的起始位置。图幅分区后，相当于在图上建立了一个坐标。项目和连接的位置可用如下方式表示：

① 用行的代号表示；

② 用列的代号表示；

③ 用区的代号表示。区的代号为字母和数字的组合，字母在前，数字在后。

在具体使用时，对水平布置的电路，一般只需要标明行的标记；对垂直布置的电路，一般只需要标明列的标记；复杂的电路需要标明组合标记。图 2-1 中只标明了列的标记。

在图 2-1 中，图区编号下方的电源开关及保护等字样，表明它对应的下方元件或电路的功能，使读者能清楚地知道某个元件或某部分电路的功能，以利于理解全部电路的工作原理。

图 2-1 中 KM1 和 KM2 线圈下方的标注（如下所示）是接触器 KM1 和 KM2 相对应触点的索引。它表示接触器 KM1 的主触点在图区 3，动合辅助触点在图区 6，动断辅助触点在图区 7；接触器 KM2 的主触点在图区 4，动合辅助触点在图区 8，动断辅助触点在图区 6。

电气原理图中，接触器和继电器线圈与触点的从属关系应用附图表示，即在原理图中相应线圈的下方，给出触点的文字符号，并在其下面注明相应触点的索引代号，对未使用的触点用"×"标明，有时也可以省略。

接触器上述表示方法中各栏的含义见表 2-1。

表 2-1　接触器表示方法中各栏的含义

| 左栏 | 中栏 | 右栏 |
| --- | --- | --- |
| 主触点所在图区号 | 辅助动合触点所在图区号 | 辅助动断触点所在图区号 |

继电器表示方法中各栏的含义见表 2-2。

表 2-2　继电器表示方法中各栏的含义

| 左栏 | 右栏 |
| --- | --- |
| 动合触点所在图区号 | 动断触点所在图区号 |

## 2.3　电路图分析

### 2.3.1　电气控制线路分析

分析电气控制线路是通过对各种技术资料的分析来掌握控制线路的工作原理、技术指标、使用方法、维护要求等。分析的具体内容和要求主要包括以下方面：

（1）设备说明书

设备说明书由机械（包括液压部分）与电气两部分组成。在分析时首先阅读这两部分说明书，了解以下内容：

① 设备的构造，主要技术指标，机械、液压启动部分的工作原理。

② 电气传动方式，电机、执行电器的数目、规格型号、安装位置、用途及控制要求。

③ 设备的使用方法，各操作手柄、开关、旋钮、指示装置的布置以及在控制线路中的作用。

④ 与机械、液压部分直接关联的电器（行程开关、电磁阀、电磁离合器、传感器）的位置、工作状态及与机械、液压部分的关系、在控制中的作用等。

（2）电气控制原理图

这是控制线路分析的中心内容。电气控制原理图由主电路、控制电路、辅助电路、保护及联锁环节以及特殊控制电路等部分组成。

在分析电气原理图时，必须与阅读其他技术资料结合起来。例如，各电动机及执行元件的控制方式，位置及作用，各种与机械有关的位置开关、主令电器的状态等，只有通过阅读说明书才能了解。

在原理图分析中还可以通过所选用的电气元件的参数，分析出控制线路的主要参数和技术指标，如可估计出各部分的电流电压值，以便在调试和检修中合理地使用仪表。

（3）电气设备的总装接线图

阅读分析总装接线图，可以了解系统的组成分布状况、各部分的连接方式、主要电气部件的布置、安装要求、导线和穿线管的规格型号等。

阅读分析总装接线图要与阅读说明书、电气原理图结合起来。

（4）电气元件布置图与接线图

这是制造、安装、调试和维护电气设备必需的技术资料。在调试、检修中可通过布置图和接线图方便地找到各个电气元件和测试点，进行必要的调试、检测和维护保养。

### 2.3.2 电气原理图的阅读分析

在仔细阅读设备说明书，了解电气控制系统的总体结构，电机电器的分布状况及控制要求等内容之后，便可以分析电气原理图了。

（1）方法与步骤

① 分析主电路　从主电路入手，根据每台电动机和执行电器的控制要求去分析各电动机和执行电器的控制内容。

② 分析控制电路　根据主电路中各电动机和执行电器的控制要求，逐一找出电器中的控制环节，将控制线路化整为零，按功能不同划分成若干个局部控制线路来进行分析。如果控制线路较复杂，则可先排除照明、显示等与控制关系不密切的电路，以便集中精力进行分析。控制电路一定要分析透彻。分析控制电路的最基本方法是查线读图法。

③ 分析辅助电路　辅助电路包括执行元件的工作状态显示、电源显示、参数测定、照明和故障报警等部分，辅助电路中很多部分是由控制电路中的元件来控制的，所以分析辅助电路时，还要回头来对照控制电路进行分析。

④ 分析联锁与保护环节　生产机械对于安全性、可靠性有很高的要求。实现这些要求，除了合理地选择拖动、控制方案以外，在控制线路中还设置了一系列电气保护和必需的电气联锁。

⑤ 分析特殊控制环节　在某些控制线路中，设置了一些与主电路、控制电路关系不密切、相对独立的某些特殊环节，如产品计数装置、自动检测装置、晶闸管触发电路、自动调温装置等。这些部分往往自成一个小系统，其读图分析的方法可参照上述分析过程，并灵活运用所学过的电子技术、变流技术、自控系统、检测与转换等知识逐一分析。

⑥ 总体检查　经过化整为零，逐步分析了每一局部电路的工作原理以及各部分之间的

控制关系之后，还必须用集零为整的方法，检查整个控制线路，看是否有遗漏。特别要从整体角度去进一步检查和理解各控制环节之间的联系，清楚地理解原理图中每一个电气元件的作用、工作过程及主要参数。

（2）分析举例

现以 C630 普通车床的控制线路为例，说明生产机械电气控制线路的分析过程。

普通车床是一种应用极为广泛的金属切削机床，能够车削外圆、内圆、端面和螺纹等，并可用钻头、铰刀、镗刀进行加工。

① 主要结构和运动形式　普通车床主要由床身、主轴变速箱、进给器、溜板箱、刀架、尾架、丝杆和光杆等部分组成。其结构如图 2-2 所示。

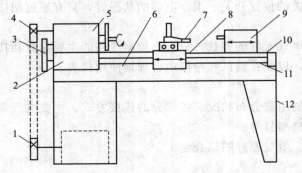

图 2-2　普通车床结构示意图

1,4—皮带轮；2—进给箱；3—挂轮架；5—主轴箱；

6—床身；7—刀架；8—溜板；9—尾架；

10—丝杆；11—光杆；12—床腿

车床有两种主要运动，一种是轴上的卡盘或顶尖带着工件的旋转运动，称为主运动；另一种是溜板带着刀架的直线运动，称为进给运动。

为了加工螺纹等工件，主轴需要正反转，主轴的转速应随工件的材料、尺寸、工艺要求及刀具的种类不同而变化，所以要求能在相当宽的范围内进行调节。

刀架的进给运动由主轴电动机带动，由走刀箱调节加工时的纵向和横向进给量。

② 电力拖动和控制的要求　从车床的加工工艺出发，对拖动控制有以下要求：

a. 主拖动电动机选用不调速的笼型异步电动机，主轴采用机械调速，其正反转采用机械方法实现。

b. 主电动机采用直接启动方式。

c. 车削加工时，为防止刀具和工件的温度过高，需要用冷却液冷却，因此要装一台冷却泵。

d. 主电动机和冷却泵电动机应具有必要的短路和过载保护，冷却泵因过载停止时，不允许主电动机工作，以防工件和刀具损坏。

e. 应具有安全的局部照明设备。

③ 电气控制线路分析　C630 型普通车床的电气控制线路如图 2-3 所示，对其工作原理分析如下：

a. 主电路分析　主电路中有两台电动机，M1 为主轴电动机，M2 为冷却泵电动机，采用 QS1 作电源开关，接触器 KM 的主触点来控制 M1 的启动和停止。转换开关 QS2 控制 M2 的启动和停止。

b. 控制电路分析　控制电路采用 380V 交流电源供电，只要按动启动按钮 SB2、KM 线圈得电，位于 6 区的 KM 自锁触点闭合自锁，位于 2 区的 KM 主触点闭合，M1 启动。

M1 通电后，合上 QS2，冷却泵立即启动。

按下 SB1，两台电动机停止。

c. 辅助电路分析　照明电路采用 36V 安全电压，由变压器 TC 供给，QS3 控制照明电路。

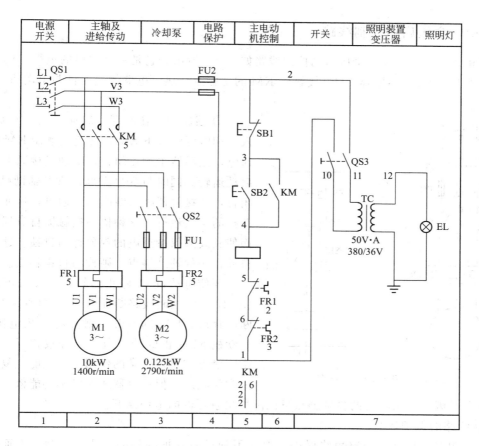

图 2-3　C630 型普通车床电气控制线路图

d. 保护环节分析　熔断器 FU1、FU2 分别对 M2 和控制线路进行短路保护，因向车床供电的电源开关要装熔断器，所以 M1 未用熔断器进行短路保护。热继电器 FR1、FR2 分别对 M1、M2 进行过载保护，其触点串联在 KM 线圈回路中，M1、M2 中任一台电动机过载，热继电器的常闭触点打开，KM 都将失电使两台电动机停止工作。

e. 总体检查　分析完成后，再进行总体检查。

在以上分析中，我们采用的是查线读图法，即从执行线路——电动机着手，从主线路上看有哪些控制元件的触点，根据其组合规律看其控制方式。然后在控制线路中由主线路控制元件的主触点的文字符号找到有关的控制环节。接着从启动按钮开始，查对线路，观察元件的触点信号是如何控制其他元件动作的，然后查看这些被带动的控制元件的触点是如何控制执行电器或其他控制元件动作的。

查线读图分析法是分析电气原理图的最基本方法，应用也最广泛。此外还有图示分析法、逻辑分析法，一般只用来进行局部的电路原理图的分析或配合查线读图法使用。

## 2.4　三相笼型异步电动机启动控制

三相笼型异步电动机由于结构简单、价格便宜、坚固耐用等一系列优点获得了广泛的应用。它的控制线路都是由继电器、接触器、按钮等有触点电器组成的。

### 2.4.1　全压启动控制线路

三相笼型异步电动机全压启动控制线路如图 2-4 所示。它是一个常用的最简单的控制线路，由刀开关 QS、熔断器 FU、接触器 KM 的主触点、热继电器的热元件与电动机 M 构成主线路。

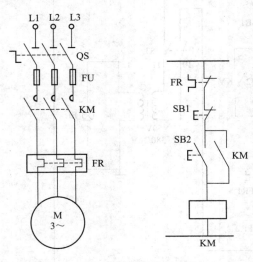

图 2-4　全压启动控制线路

① 线路的工作原理　启动时，合上 QS，引入三相电源。按下 SB2，交流接触器 KM 的线圈通电，接触器主触点闭合，电动机接通电源直接启动运转。同时与 SB2 并联的常开辅助触点 KM 闭合，使接触器吸引线圈继续通电，从而保持电动机的连续运行。这种依靠接触器自身辅助触点而使其线圈保持通电的现象称为自锁。这一对起自锁作用的辅助触点，则称为自锁触点。

要使电动机 M 停止运转，只要按下停止按钮 SB1，将控制线路断开即可。这时接触器 KM 断电释放，KM 的常开主触点将三相电源切断，电动机 M 停止旋转。当手松开按钮后，SB1 的常闭触点在复位弹簧的作用下，虽能恢复到原来的常闭状态，但接触器线圈已不再能依靠自锁触点通电了，因为原来闭合的自锁触点早已随着接触器的断电而断开。

② 线路的保护环节

a. 熔断器 FU 作为线路短路保护，但达不到过载保护的目的。这是因为一方面熔断器的规格必须根据电动机启动电流大小作适当选择，另一方面还要考虑熔断器保护特性的反时限特性和分散性。所谓分散性，是指各种规格的熔断器的特性曲线差异较大，即使是同一种规格的熔断器，其特性曲线也往往有很大不同。

b. 热继电器具有过载保护作用。由于热继电器的热惯性比较大，即使热元件流过几倍额定电流，热继电器也不会立即动作。因此在电动机启动时间不太长的情况下，热继电器是经得起电动机启动电流冲击而不动作的。只有在电动机长时间过载下 FR 才动作，断开控制电路，使接触器断电释放，电动机停止旋转，实现电动机过载保护。

c. 欠压保护与失压保护是依靠接触器本身的电磁机构来实现的。当电源电压由于某种原因而严重欠压或失压时，接触器的衔铁自行释放，电动机停止旋转。而当电源电压恢复正常时，接触器线圈也不能自动通电，只有在操作人员再次按下启动按钮 SB2 后电动机才会启动，这又叫零压保护。

控制线路具备了欠压和失压保护能力之后，有如下三个方面的优点：

第一，防止电压严重下降时电动机低压运行。

第二，避免电动机同时启动而造成的电网电压严重下降。

第三，防止电源电压恢复时，电动机突然启动运转造成设备和人身事故。

### 2.4.2　电动机的点动控制线路

生产实际中，有的生产机械需要点动控制，还有些生产机械在进行调整工作时采用点动控制。实现点动控制的几种电气控制线路如图 2-5 所示。

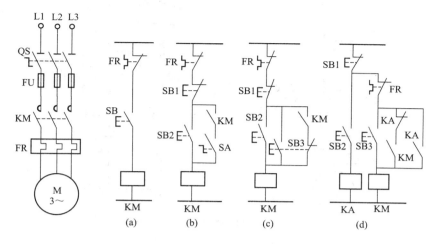

图 2-5　实现点动的几种控制线路

　　① 最基本的点动控制线路　如图 2-5（a）所示，当按下点动启动按钮 SB 时，接触器 KM 通电吸合，主触点闭合，电动机接通电源。当手松开按钮时，接触器 KM 断开释放，主触点断开，电动机被切断电源而停止旋转。

　　② 带手动开关 SA 的点动控制线路　如图 2-5（b）所示，当需要点动时将开关 SA 打开，操作 SB2 即可实现点动控制。当需要连续工作时合上 SA，将自锁触点接入，即可实现连续控制。

　　③ 利用复合按钮实现点动的控制线路　如图 2-5（c）所示。点动控制时，按下点动按钮 SB3，其常闭触点先断开自锁电路，常开触点后闭合，接下来接通启动控制电路，KM 线圈通电，主触点闭合，电动机启动旋转。当松开 SB3 时，KM 线圈断电，主触点断开，电动机停止转动。若需要电动机连续运转，则按启动按钮 SB2 即可，停机时需按停止按钮 SB1。

　　④ 利用中间继电器实现点动的控制线路　如图 2-5（d）所示，利用点动启动按钮 SB2 控制中间继电器 KA，KA 的常开触点并联在 SB3 两端，控制接触器 KM，再控制电动机实现点动，当需要连续控制时按下 SB3 按钮即可，当需要停止时按下 SB1 按钮。

### 2.4.3　电动机的正反转控制线路

　　在生产加工过程中，往往要求电动机能够实现可逆运行。如机床工作台的前进与后退，主轴的正转与反转，起重机吊钩的上升与下降等，这就要求电动机可以正反转。由电动机原理可知，若将接至电动机的三相电源进线中的任意两相对调，即可使电动机反转。所以可逆运行控制线路实质上是两个方向相反的单向运行线路，但为了避免误动作引起电源相间短路，又在这两个相反方向的单向运行线路中加设必要的互锁。

　　电动机正反转控制线路如图 2-6 所示。该图为利用两个接触器的常闭触点 KM1、KM2 起相互控制作用，即利用一个接触器通电时，其常闭辅助触点的断开来锁住对方线圈的电路。这种利用两个接触器的常闭辅助触点互相控制的方法叫作互锁，而两对起互锁作用的触点便叫作互锁触点。

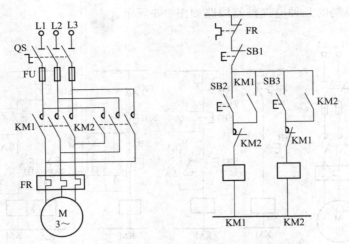

图 2-6　三相异步电动机正反转控制线路

### 2.4.4　自动往复行程控制线路

在生产实践中，有些生产机械的工作台需要自动往复运动，如龙门刨床、导轨磨床等。最基本的自动往复循环控制线路如图 2-7 所示，它是利用行程开关实现往复运动控制。

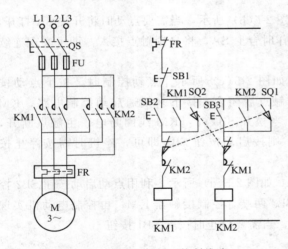

图 2-7　自动往复循环控制线路

限位开关 SQ1 放在左端需要反向的位置，而 SQ2 放在右端需要反向的位置，机械挡铁要装在运动部件上。启动时，利用正向或反向启动按钮，如按正转按钮 SB2，KM1 通电吸合并自锁，电动机作正向旋转带动机床运动部件左移，当运动部件移至左端并碰到 SQ1 时，将 SQ1 压下，其常闭触点断开，切断 KM1 接触器线圈电路，同时其常开触点闭合，接通反转接触器 KM2 线圈电路，此时电动机由正向旋转变为反向旋转，带动运动部件向右移动，直到压下 SQ2 限位开关，电动机由反转又变成正转，这样驱动部件进行往复的循环运动。

由上述控制情况可以看出，运动部件每经过一个自动往复循环，电动机要进行两次反接制动过程，将出现较大的反接制动电流和机械冲击。因此，这种线路只适用于容量较小、循环周期较长、电动机转轴具有足够刚性的拖动系统中。另外，在选择接触器容量时应比一般情况下选择的容量大一些。

利用限位开关除了可实现往复循环之外，还可实现控制进给运动到预定点后自动停止的限位保护等电路，其应用相当广泛。

## 2.5　三相异步电动机的制动控制

三相异步电动机从切除电源到完全停止旋转，由于惯性的关系，总要经过一段时间，这往往不能适应某些生产机械工艺的要求。如万能铣床、卧式镗床、组合机床等，无论是从提高生产效率，还是从安全及准确停车等方面考虑，都要求电动机能迅速停车，要求对电动机进行制动控制。制动方法一般有两大类：机械制动和电气制动。机械制动是用机械装置来强迫电动机迅速停车；电气制动实质上是在电动机停车时，产生一个与原来旋转方向相反的制动转矩，迫使电动机转速迅速下降。下面我们着重介绍电气制动控制线路，它包括反接制动和能耗制动。

### 2.5.1 反接制动控制线路

反接制动是利用改变电动机电源的相序，使定子绕组产生相反方向的旋转磁场，因而产生制动转矩的一种制动方法。

由于反接制动时，转子与旋转磁场的相对速度接近于两倍的同步转速，定子绕组中流过的反接制动电流相当于全电压直接启动时电流的两倍，因此反接制动特点之一是制动迅速，效果好，冲击大，通常仅用于10kW以下的小容量电动机。为了减小冲击电流，通常要求在电动机主电路中串接一定的电阻以限制反接制动电流，这个电阻称为反接制动电阻。反接制动电阻的接线方法有对称和不对称两种接法，显然采用对称电阻接法可以在限制制动转矩的同时，也限制了制动电流，而采用不对称制动电阻的接法，只是限制了制动转矩，未加制动电阻的那一相，仍具有较大的电流。反接制动的另一要求是在电动机转速接近于零时，及时切断反相序电源，以防止反向再启动。

反接制动的关键在于电动机电源相序的改变，且当转速下降接近于零时，能自动将电源切除。为此采用了速度继电器来检测电动机的速度变化。在 $120\sim3000\mathrm{r/min}$ 范围内速度继电器触点动作，当转速低于 $100\mathrm{r/min}$ 时，其触点恢复原位。如图 2-8 所示为反接制动的控制线路。

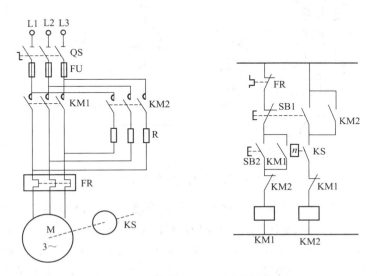

图 2-8  电动机单向反接制动控制线路

启动时，按下启动按钮 SB2，接触器 KM1 通电并自锁，电动机 M 通电旋转。在电动机正常运转时，速度继电器 KS 的常开触点闭合，为反接制动做好了准备。停车时，按下停止按钮 SB1，其常闭触点断开，接触器 KM1 线圈断电，电动机 M 脱离电源，由于此时电动机的惯性还很高，KS 的常开触点依然处于闭合状态，所以 SB1 常开触点闭合时，反接制动接触器 KM2 的线圈通电并自锁，其主触点闭合，使电动机定子绕组得到与正常运转相序相反的三相交流电源，电动机进入反接制动状态，使电动机转速迅速下降，当电动机转速接近于零时，速度继电器常开触点复位，接触器 KM2 线圈电路被切断，反接制动结束。

### 2.5.2 能耗制动控制线路

所谓能耗制动，就是在电动机脱离三相交流电源之后，定子绕组上加上一个直流电压，即通入直流电流，利用转子感应电流与静止磁场的作用以达到制动的目的。根据能耗制动时间控制原则，可用时间继电器进行控制，也可以根据能耗制动速度原则，用速度继电器进行控制。

如图 2-9 所示为时间原则控制的能耗制动控制线路。在电动机正常运行的时候，若按下停止按钮 SB1，电动机由于 KM1 断电释放而脱离三相交流电源，而直流电源则由于接触器 KM2 线圈通电，KM2 主触点闭合而加入定子绕组，时间继电器 KT 线圈与 KM2 线圈同时通电并自锁，于是电动机进入能耗制动状态。当其转子的惯性速度接近于零时，时间继电器延时打开的常闭触点断开接触器 KM2 线圈电路。KM2 常开辅助触点的作用是为了考虑 KT 线圈断线或机械卡住故障时，电动机在按下按钮 SB1 后电动机能迅速制动，两相的定子绕组不致长期接入能耗制动的直流电流。该线路具有手动控制能耗制动的能力，只要使停止按钮 SB1 处于按下的状态，电动机就能实现能耗制动。

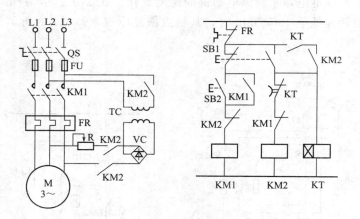

图 2-9　时间原则控制的能耗制动控制线路

图 2-10 所示为速度原则控制的能耗制动控制线路。该线路与图 2-9 所示的控制线路基本相同，这里仅是控制电路中取消了时间继电器 KT 的线圈及其触点电路，而在电动机轴端安装了速度继电器 KS，并且用 KS 的常开触点取代了 KT 延时打开的常闭触点。该线路中的电动机在刚刚脱离三相交流电源时，由于电动机转子的惯性速度仍然很高，速度继电器 KS 的常开触点仍然处于闭合状态，因此接触器 KM2 线圈能够依靠 SB1 按钮的按下通电自锁。于是，两相定子绕组获得直流电源，电动机进入能耗制动。当电动机转子的惯性速度接近零时，KS 常开触点复位，接触器 KM2 线圈断电而释放，能耗制动结束。

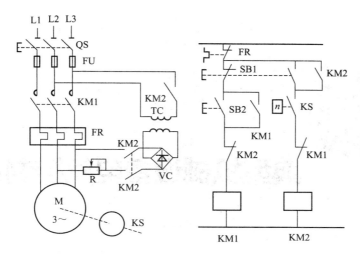

图 2-10　速度原则控制的能耗制动控制线路

 **思考与练习**

2-1　电气原理图的绘制原则是什么？

2-2　电气原理图的阅读分析方法与步骤有哪些？

2-3　三相异步电动机全压启动控制线路原理是什么？

2-4　三相异步电动机正反转控制线路原理是什么？

2-5　三相异步电动机制动控制线路原理是什么？

# 典型机械设备电气控制系统 ▶▶

## 3.1 钻床电气控制电路

钻床是一种用途广泛的机床，按机床的结构形式可分为：立式钻床、台式钻床和摇臂钻床等。其中摇臂钻床的主轴可以在水平面上调整位置，使刀具对准被加工孔的中心，而工件则固定不动，因而应用较广。本节以 Z3040 摇臂钻床为例，分析其控制电路。Z3040 摇臂钻床的结构如图 3-1所示。

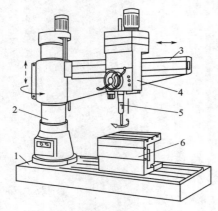

图 3-1　摇臂钻床结构图
1—底座；2—立柱；3—摇臂；
4—主轴箱；5—主轴；6—工件

### 3.1.1　电力拖动特点与控制要求

（1）电力拖动
整台机床由四台异步电动机驱动，分别是主轴电动机、摇臂升降电动机、液压泵电动机及冷却电动机。

（2）控制要求
① 四台电动机的容量均较小，故采用直接启动方式。

② 摇臂升降电动机和液压泵电动机均能实现正反转。当摇臂上升或下降到预定的位置时，摇臂能在电气或机械夹紧装置的控制下，自动夹紧在外立柱上。

③ 电路中应具有必要的保护环节。

### 3.1.2　电气控制电路分析

Z3040 型摇臂钻床的电气控制原理图如图 3-2 所示，其工作原理分析如下。

（1）主电路分析
主电路中有四台电动机。M1 是主轴电动机，带动主轴旋转和使主轴作轴向进给运动，作单方向旋转。M2 是摇臂升降电动机，可作正反向运行。M3 是液压泵电动机，其作用是供给夹紧装置压力油，实现摇臂和立柱的夹紧和松开，可作正反向运行。M4 是冷却泵电动

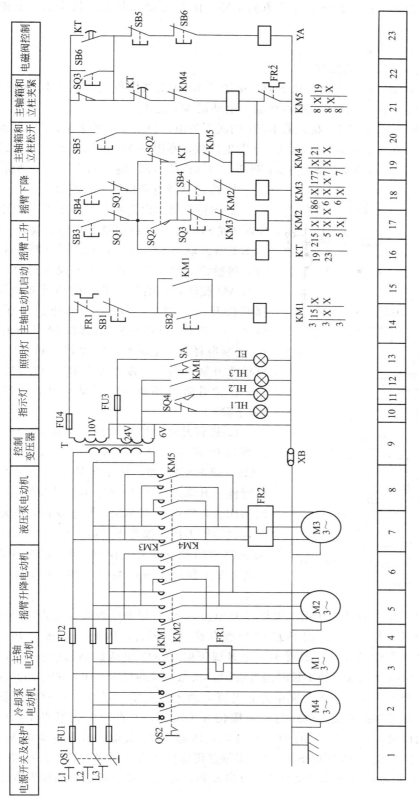

图 3-2　Z3040 摇臂钻床电气控制原理图

机，供给钻削时所需的冷却液，作单方向旋转，由开关 QS2 控制。机床的总电源由组合开关 QS1 控制。

（2）控制电路分析

① 主轴电动机 M1 的控制

a. M1 的启动　按下启动按钮 SB2，接触器 KM1 的线圈得电，位于 15 区的 KM1 自锁触点闭合，位于 3 区的 KM1 主触点接通，电动机 M1 旋转。

b. M1 的停止按下 SB1，接触器 KM1 的线圈失电，位于 3 区的 KM1 常开触点断开，电动机 M1 停转。在 M1 的运转过程中，如发生过载，则串在 M1 电源回路中的过载元件 FR1 动作，使其位于 14 区的常闭触点 FR1 断开，同样也使 KM1 的线圈失电，电动机 M1 停转。

② 摇臂升降电动机 M2 的控制

a. 摇臂升降的启动原理　按上升（或下降）按钮 SB3（或 SB4），时间继电器 KT 得电吸合，位于 19 区的 KT 常开触点和位于 23 区的延时断开常开触点闭合，接触器 KM4 和电磁铁 YA 同时得电，液压泵电动机 M3 旋转，进给压力油，推动活塞和菱形块，使摇臂松开（如图 3-3 所示）。松开到位压限位开关 SQ2，位于 19 区的 SQ2 的常闭触点断开，接触器 KM4 断电释放，电动机 M3 停转。同时位于 17 区的 SQ2 常开触点闭合，接触器 KM2（或 KM3）得电吸合，摇臂升降电动机 M2 启动运转，带动摇臂上升（或下降）。

b. 摇臂升降的停止原理　当摇臂上升（或下降）到所需位置时，松开按钮 SB3（或 SB4），接触器 KM2（或 KM3）和时间继电器 KT 失电，M2 停转，摇臂停止升降。位于 21 区的 KT 动断触点经 1~3s 延时后闭合，使接触器 KM5 得电吸合，电动机 M3 反转，供给压力油。摇臂夹紧后，位于 21 区的压限位开关 SQ3 常闭触点断开，使接触器 KM5 和电磁铁 YA 失电，YA 复位，液压泵电动机 M 停转。摇臂升降结束。

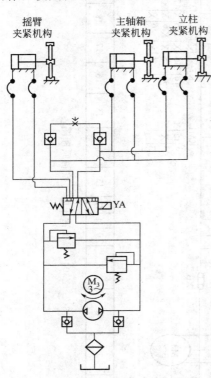

图 3-3　Z3040 钻床夹紧机构液压系统原理图

c. 摇臂升降中各器件的作用　限位开关 SQ2 及 SQ3 用来检查摇臂是否松开或夹紧，如果摇臂没有松开，位于 17 区的 SQ2 常开触点就不能闭合，因而控制摇臂上升或下降的 KM2 或 KM3 就不能吸合，摇臂就不会上升或下降。SQ3 应调整到保证夹紧后能够动作，否则会使液压泵电动机 M3 处于长时间过载运行状态。时间继电器 KT 的作用是保证升降电动机断开并完全停止旋转（摇臂完全停止升降）后才能夹紧。限位开关 SQ1 是摇臂上升或下降至极限位置的保护开关。SQ1 与一般限位开关不同，其两组常闭触点不同时动作。当摇臂升至上限位时，位于 17 区的 SQ1 动作，接触器 KM2 失电，升降电动机 M2 停转，上升运动停止。但是位于 18 区的 SQ1 另一组触点仍保持闭合，所以可按下降按钮 SB4，接触器 KM3 动作，控制摇臂升降电动机 M2 反向旋转，摇臂下降。反之，当摇臂在下极限位置时，控制过程类似。

③ 主轴箱与立柱的夹紧与放松 立柱与主轴箱均采用液压夹紧与松开，且两者同时动作。当进行夹紧或松开时，要求电磁铁 YA 处于释放状态。

按松开按钮 SB5（或夹紧按钮 SB6），接触器 KM4（或 KM5）得电吸合，液压泵电动机 M3 正转或反转，供给压力油。压力油经 2 位 6 通阀（此时电磁铁 YA 处于释放状态）进入立柱夹紧液压缸的松开（或夹紧）油腔和主轴箱夹紧液压缸的松开（或夹紧）油腔，推动活塞和菱形块，使立柱和主轴箱分别松开（或夹紧）。松开后行程开关 SQ4 复位（或夹紧后动作），松开指示灯 HL1（或夹紧指示灯 HL2）亮。

## 3.2　X62W 型卧式万能铣床电气控制电路

铣床主要是用于加工零件的平面、斜面、沟槽等型面的机床，装上分度头以后，可以加工直齿轮或螺旋面，装上回转圆工作台则可以加工凸轮和弧形槽。铣床的种类很多，有卧铣、立铣、龙门铣、仿形铣以及各种专用铣床。X62W 卧式万能铣床是应用最广泛的铣床之一，其结构如图 3-4 所示。

### 3.2.1　电力拖动特点与控制要求

主运动和进给运动之间没有一定的速度比例要求，分别由单独的电动机拖动。

主轴电动机空载时可直接启动。要求有正反转实现顺铣和逆铣。根据铣刀的种类提前预选方向，加工中不变换旋转方向。由于主轴变速机构惯性大，主轴电动机应有制动装置。

根据工艺要求，主轴旋转与工作台进给应有先后顺序控制。加工开始前，先开动主轴，才能进行工作台的进给运动。加工结束时，必须在铣刀停止转动前停止进给运动。

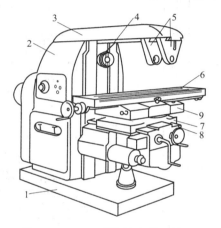

图 3-4　X62W 万能铣床外形简图
1—底座；2—立柱；3—悬梁；4—主轴；
5—刀杆支架；6—工作台；7—床鞍；
8—升降台；9—回转台

进给电动机拖动工作台完成纵向、横向和垂直方向的进给运动，方向选择通过操作手柄改变传动链实现，每种方向要求电动机有正反转运动。任一时刻，工作台只能向一个方向移动，故各方向间要有必要的联锁控制。为提高生产率，缩短调整运动的时间，工作台有快速移动。

### 3.2.2　电气控制电路分析

X62W 型铣床控制电路如图 3-5 所示，包括主电路、控制电路和信号照明电路三部分。

（1）主电路

铣床共有三台电动机拖动。M1 为主轴电动机，用接触器 KM1 直接启动，用倒顺开关 SA5 实现正反转控制，用制动接触器 KM2 串联不对称电阻 R 实现反接制动。M2 为进给电动机，其正、反转由接触器 KM3、KM4 实现，快速移动由接触器 KM5 控制电磁铁 YA 实现；冷却泵电动机 M3 由接触器 KM6 控制。

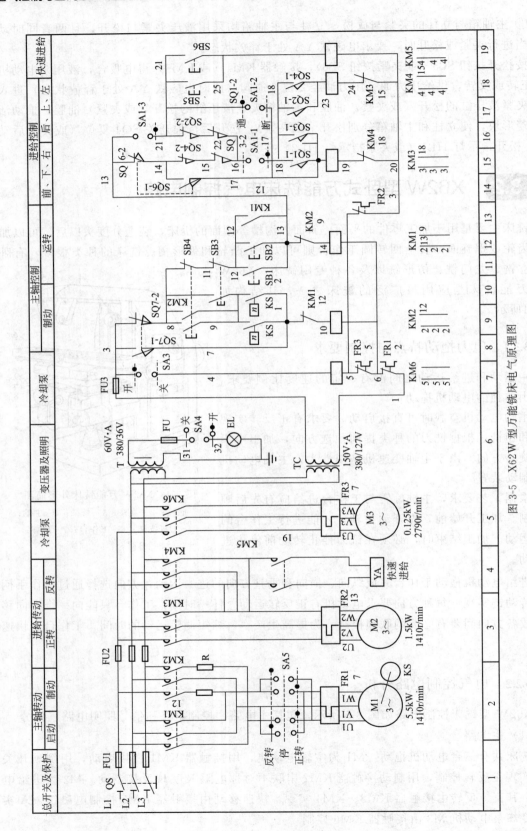

图 3-5 X62W 型万能铣床电气原理图

三台电动机都用热继电器实现过载保护,熔断器 FU2 实现 M2 和 M3 的短路保护,FU1 实现 M1 的短路保护。

(2) 控制电路

控制变压器将 380V 降为 127V 作为控制电源,降为 36V 作为机床照明的电源。

① 主轴电动机的控制

a. 启动　先将转换开关 SA5 扳到预选方向位置,闭合 QS,按下启动按钮 SB1(或 SB2),KM1 得电并自锁,M1 直接启动(M1 升速后,速度继电器的触点动作,为反接制动做准备)。

b. 制动　按下停止按钮 SB3(或 SB4),KM1 失电,KM2 得电,进行反接制动。当 M1 的转速下降至一定值时,KS 的触点自动断开,M1 失电,制动过程结束。

② 进给电动机的控制　工作台进给方向有左右(纵向)、前后(横向)、上下(垂直)运动。这六个方向的运动是通过两个手柄(十字形手柄和纵向手柄)操纵四个限位开关(SQ1~SQ4)来完成机械挂挡,接通 KM3 或 KM4,实现 M2 的正反转而拖动工作台按预选方向进给。十字形手柄和纵向手柄各有两套,分别设在铣床工作台的正面和侧面。

SA1 是圆工作台选择开关,设有接通和断开两个位置,三对触点的通断情况如表 3-1 所示。当不需要圆工作台工作时,将 SA1 置于断开位置;否则,置于接通位置。

a. 工作台左右进给运动的控制　左右进给运动由纵向操纵手柄控制,该手柄有左、中、右三个位置,各位置对应的限位开关 SQ1、SQ2 的工作状态如表 3-2 所示。

**表 3-1　圆工作台选择开关 SA1 触点状态**

| 位置<br>触点 | 接通 | 断开 |
| --- | --- | --- |
| SA1-1 | － | ＋ |
| SA1-2 | ＋ | － |
| SA1-3 | － | ＋ |

注:表中"＋"表示开关接通,"－"表示开关断开。

**表 3-2　左右进给限位开关触点状态**

| 位置<br>触点 | 向左 | 中间(停) | 向右 |
| --- | --- | --- | --- |
| SQ1-1 | － | － | ＋ |
| SQ1-2 | ＋ | ＋ | － |
| SQ2-1 | ＋ | － | － |
| SQ2-2 | － | ＋ | ＋ |

向右运动:主轴启动后,将纵向操作手柄扳向右,挂上纵向离合器,同时压行程开关 SQ1,SQ1-1 闭合,接触器 KM3 得电,进给电动机 M2 正转,拖动工作台向右运动。停止时,将手柄扳回中间位置,纵向进给离合器脱开,SQ1 复位,KM3 断电,M2 停转,工作台停止运动。

向左运动:将纵向操作手柄扳向左,挂上纵向离合器,压行程开关 SQ2,SQ2-1 闭合,接触器 KM4 得电,M2 反转,拖动工作台向左运动。停止时,将手柄扳回中间位置,纵向进给离合器脱开,同时 SQ2 复位,KM4 断电,M2 停转,工作台停止运动。

工作台的左右两端安装有限位撞块，当工作台运行到达终点位置时，撞块撞击手柄，使其回到中间位置，实现工作台的终点停车。

b. 工作台前后和上下运动的控制　工作台前后和上下运动由十字形手柄控制，该手柄有上、下、中、前、后五个位置，各位置对应的行程开关 SQ3、SQ4 的工作状态如表 3-3 所示。

表 3-3　升降、横向限位开关触点状态

| 位置<br>触点 | 向前<br>向下 | 中间(停) | 向后<br>向上 | 位置<br>触点 | 向前<br>向下 | 中间(停) | 向后<br>向上 |
| --- | --- | --- | --- | --- | --- | --- | --- |
| SQ3-1 | + | − | − | SQ4-1 | − | − | + |
| SQ3-2 | − | + | + | SQ4-2 | + | + | − |

向前运动：将十字形手柄扳向前，挂上横向离合器，同时压行程开关 SQ3，SQ3-1 闭合，接触器 KM3 得电，进给电动机 M2 正转，拖动工作台向前运动。

向下运动：将十字形手柄扳向下，挂上垂直离合器，同时压行程开关 SQ3，SQ3-1 闭合，接触器 KM3 得电，进给电动机 M2 正转，拖动工作台下运动。

向后运动：将十字形手柄扳向后，挂上横向离合器，同时压行程开关 SQ4，SQ4-1 闭合，接触器 KM4 得电，进给电动机 M2 反转，拖动工作台向后运动。

向上运动：将十字形手柄扳向上，挂上垂直离合器，同时压行程开关 SQ4，SQ4-1 闭合，接触器 KM4 得电，进给电动机 M2 反转，拖动工作台向上运动。

停止时，将十字形手柄扳向中间位置，离合器脱开，行程开关 SQ3（或 SQ4）复位，接触器 KM3（或 KM4）断电，进给电动机 M2 停转，工作台停止运动。

工作台的上、下、前、后运动都有极限保护，当工作台运动到极限位置时，撞块撞击十字形手柄，使其回到中间位置，实现工作台的终点停车。

c. 工作台的快速移动　工作台的纵向、横向和垂直方向的快速移动由进给电动机 M2 拖动。工作台工作时，按下启动按钮 SB5（或 SB6），接触器 KM5 得电，快速移动电磁铁 YA 通电，工作台快速移动。松开 SB5（或 SB6）时，快速移动停止，工作台仍按原方向继续运动。

若要求在主轴不转的情况下进行工作台快速移动，可将主轴换向开关 SA5 扳到"停止"位置，按下 SB1（或 SB2），使 KM1 通电并自锁。操作进给手柄，使进给电动机 M2 转动，再按下 SB5（或 SB6），接触器 KM5 得电，快速移动电磁铁 YA 通电，工作台快速移动。

d. 进给变速时的运动控制　为使变速时齿轮易于啮合，进给速度的变换与主轴变速一样，有瞬时运动环节。进给变速运动由进给变速手柄配合行程开关 SQ6 实现。先将变速手柄向外拉，选择相应转速；再把手柄用力向外拉至极限位置，并立即推回原位。在手柄拉到极限位置的瞬间，短时压行程开关 SQ6 使 SQ6-2 断开，SQ6-1 闭合，接触器 KM3 短时得电，电动机 M2 短时运转。瞬时接通的电路经 SQ2-2、SQ1-2、SQ3-2、SQ4-2 四个常闭触点，因此只有当纵向进给以及垂直和横向操纵手柄都置于中间位置时，才能实现变速时的瞬时点动，防止了变速时工作台沿进给方向运动的可能。当齿轮啮合后，手柄推回原位时，SQ6 复位，切断瞬时点动电路，进给变速完成。

e. 圆工作台控制　为了扩大机床加工能力，可在工作台上安装圆工作台。在使用圆工作台时，应将工作台纵向和十字形手柄都置于中间位置，并将转换开关 SA1 扳到"接通"

位置。SA1-2 接通，SA1-1、SA1-3 断开。按下按钮 SB1（SB2），主轴电动机启动，同时 KM3 得电，使 M2 启动，带动圆工作台单方向回转，其旋转速度也可通过蘑菇形变速手柄进行调节。KM3 的通电路径为点 21→KM4 常闭触点→KM3 线圈→SA1-2→SQ2-2→SQ1-2→SQ3-2→SQ4-2→SQ6-2→点 12。

③ 冷却泵电动机的控制和照明电路　由转换开关 SA3 控制接触器 KM6 实现冷却泵电动机 M3 的启动和停止。

机床的局部照明由变压器 T 输出 36V 安全电压，由开关 SA4 控制照明灯 EL。

④ 控制电路的联锁　X62W 铣床的运动较多，控制电路较复杂，为安全可靠地工作，必须具有必要的联锁。

a. 主运动和进给运动的顺序联锁　进给运动的控制电路接在接触器 KM1 自锁触点之后，保证了 M1 启动后（若不需要 M1 启动，将 SA5 扳至中间位置）才可启动 M2。而主轴停止时，进给立即停止。

b. 工作台左、右、上、下、前、后六个运动方向间的联锁　六个运动方向采用机械和电气双重联锁。工作台的左、右用一个手柄控制，手柄本身就能起到左、右运动的联锁。工作台的横向和垂直运动间的联锁，由十字形手柄实现。工作台的纵向与横向垂直运动间的联锁，则利用电气方法实现。行程开关 SQ1、SQ2 和 SQ3、SQ4 的常闭触点分别串联后，再并联形成两条通路供给 KM3 和 KM4 线圈。若一个手柄扳动后再去扳动另一个手柄，将使两条电路断开，接触器线圈就会断电，工作台停止运动，从而实现运动间的联锁。

c. 圆工作台和工作台间的联锁　圆工作台工作时，不允许机床工作台在纵、横、垂直方向上有任何移动。圆工作台转换开关 SA1 扳到接通位置时，SA1-1、SA1-3 切断了机床工作台的进给控制回路，使机床工作台不能在纵、横、垂直方向上做进给运动。圆工作台的控制电路中串联了 SQ1-2、SQ2-2、SQ3-2、SQ4-2 常闭触点，所以扳动工作台任一方向的进给手柄，都将使圆工作台停止转动，实现了圆工作台和机床工作台纵向、横向及垂直方向运动的联锁控制。

## 3.3　M7120 型平面磨床的电气控制电路

磨床是用砂轮周边或端面进行加工的精密机床。磨床种类很多，有平面磨床、外圆磨床、内圆磨床、无心磨床及一些专用磨床。平面磨床是用砂轮来磨削加工各种零件的平面的应用最普遍的一种机床。M7120 型平面磨床的结构如图 3-6 所示。

### 3.3.1　电力拖动形式和控制要求

（1）电力拖动形式

M7120 型平面磨床采用分散拖动，共有四台电动机，即液压泵电动机、砂轮电动机、砂轮箱升降电动机和冷却泵电动机，全部采用普通笼型交流电动机。磨床的砂轮、砂轮箱升降和冷却泵不要求调速，工作台往返运动是靠液压传动装置进行的，采用液压无级调速，运行较平稳。换向是通过工作台上的撞块碰撞床身上的液压换向开关来实现的。

（2）控制要求

① 砂轮电动机、液压泵电动机和冷却泵电动机只要求单方向旋转，因容量不大，故采用直接启动。

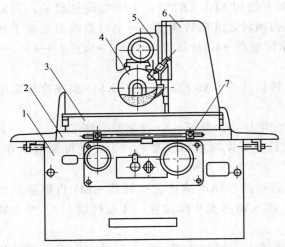

图 3-6　M7120 型平面磨床结构示意图

1—床身；2—工作台；3—电磁吸盘；4—砂轮箱；

5—滑座；6—立柱；7—撞块

② 砂轮箱升降电动机要求能正反转。

③ 冷却泵电动机要求在砂轮电动机运转后才能启动。

④ 电磁吸盘需有去磁控制环节。

⑤ 应具有完善的保护环节，如电动机的短路保护、过载保护、零压保护、电磁吸盘的欠压保护等。

⑥ 有必要的信号指示和局部照明。

### 3.3.2　电气控制电路分析

M7120 型平面磨床的电气控制电路如图3-7 所示。该电路由主电路、控制电路、电磁吸盘控制电路和辅助电路四部分组成。

（1）主电路分析

主电路中有四台电动机。其中 M1 为液压泵电动机，由 KM1 主触点控制；M2 为砂轮电动机，M3 为冷却泵电动机，同由 KM2 的主触点控制；M4 为砂轮箱升降电动机，由 KM3、KM4 的主触点分别控制。FU1 对四台电动机和控制电路进行短路保护，FR1、FR2、FR3 分别对 M1、M2、M3 进行过载保护。砂轮升降电动机因运转时间很短，所以不设置过载保护。

（2）控制电路分析

当电源电压正常时，合上电源总开关 QS1，位于 7 区的电压继电器 KV 的常开触点闭合，便可进行操作。

① 液压泵电动机 M1 的控制　其控制电路位于 6 区 7 区，启动过程为：按下 SB2→KM1 得电→M1 启动；停止过程为：按下 SB1→KM1 失电→M1 停转。运动过程中若 M1 过载，则 FR1 常闭触点分断，M1 停转，起到过载保护作用。

② 砂轮电动机 M2 的控制　其控制电路位于 8 区 9 区，启动过程为：按下 SB4→KM2 得电→M2 启动；停止过程为：按下 SB3→KM2 失电→M2 停转。

③ 冷却泵电动机控制　冷却泵电动机 M3 通过接触器 KM2 控制，因此 M3 与砂轮电动机 M2 是联动控制。按下 SB4 时 M3 与 M2 同时启动，按下 SB3 时 M3 与 M2 同时启动，按下 SB3 时 M3 与 M2 同时停止。FR2 与 FR3 的常闭触点串联在 KM2 线圈回路中，M2、M3 中任一台过载时，相应的热继电器动作，都将使 KM2 线圈失电，M2、M3 同时停止。

④ 砂轮升降电动机控制　其控制电路位于 10 区 11 区，采用点动控制。砂轮上升控制过程为：按下 SB5→KM3 得电→M4 启动正转。当砂轮上升到预定位置时，松开 SB5→KM3 失电→M4 停转。砂轮下降控制过程为：按下 SB6→KM4 得电→M4 启动反转。当砂轮下降到预定位置时，松开 SB6→KM4 失电→M4 停转。

（3）电磁吸盘控制电路分析

电磁吸盘是固定加工工件的一种夹具。它是利用通电线圈产生磁场的特性吸牢铁磁性材料的工件，便于磨削加工。电磁吸盘的内部装有凸起的磁极，磁极上绕有线圈。吸盘的面板也用钢板制成，在面板和磁极之间填有绝磁材料。当吸盘内的磁极线圈通以直流电时，磁极和面板之间形成两个磁极即 N 极和 S 极，当工件放在两个磁极中间时，使磁路构成闭合回

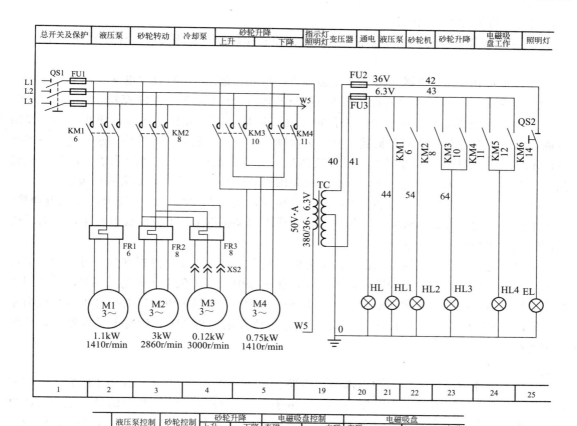

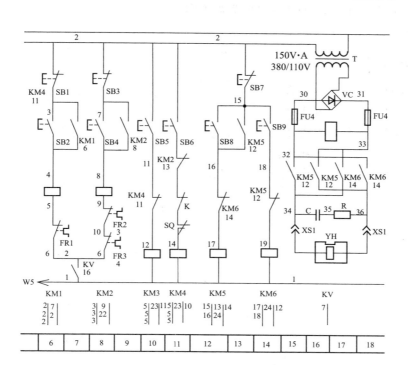

图 3-7 M7120 型平面磨床电气原理图

路，因此就将工件牢固地吸住。

① 电磁吸盘的组成　工作电路包括整流、控制和保护三个部分。位于原理图中的 12～18 区。

整流部分由整流变压器 T 和桥式整流器 VC 组成，输出 110V 直流电压。

② 电磁吸盘充磁的控制过程　按下 SB8→KM5 得电（自锁）→YH 充磁。

③ 电磁吸盘的退磁控制过程　工件加工完毕需取下时，先按下 SB7，切断电磁吸盘的电源，但因为吸盘和工件都有剩磁，所以必须对吸盘和工件退磁。退磁控制过程为：按 SB9→KM6 得电→YH 退磁，此时电磁吸盘线圈通入反方向的电流，以消除剩磁。由于去磁时间太长会使工件和吸盘反向磁化，因此去磁采用点动控制，松开 SB9 则去磁结束。

电磁吸盘是一个较大的电感，当线圈断电瞬间，将会在线圈中产生较大的自感电动势。为防止自感电动势太高而破坏线圈的绝缘，在线圈两端接有 RC 组成的放电回路，用来吸收线圈断电瞬间释放的磁场能量。

当电源电压不足或整流变压器发生故障时，吸盘的吸力不足，这样在加工过程中，会使工件高速飞离而造成事故。为防止这种情况，在线路中设置了欠电压继电器 KV，其线圈并联在电磁吸盘电路中，其常开触点串联在 KM1、KM2 线圈回路中。当电源电压不足或为零时，KV 常开触点断开，使 KM1、KM2 断电，液压泵电动机 M1 和砂轮电动机停转，确保安全生产。

（4）辅助电路分析

辅助电路主要是信号指示和局部照明电路，位于图中 19～25 区，其中 EL 为局部照明灯，由变压器 TC 供电，工作电压为 36V，由手动开关 QS2 控制。其余信号灯也由 TC 供电，工作电压为 6.3V。HL 为电源指示灯；HL1 为 M1 运转指示灯；HL2 为 M2 运转指示灯；HL3 为 M4 运转指示灯；HL4 为电磁吸盘工作指示灯。

## 👤📖 思考与练习

3-1　钻床主电路包括哪些内容？

3-2　试分析钻床电气控制线路。

3-3　铣床主电路包括哪些内容？

3-4　试分析铣床电气控制线路。

3-5　试分析磨床电气控制线路。

# 可编程控制器的基础知识

## 4.1 PLC 概述

### 4.1.1 PLC 的定义

可编程控制器简称 PC（Programmable Controller），它经历了可编程矩阵控制器 PMC（Programmable Matrix Controller）、可编程顺序控制器 PSC（Programmable Sequence Controller）、可编程逻辑控制器 PLC（Programmable Logic Controller）和可编程控制器 PC 几个不同时期。为与个人计算机（PC）相区别，现在仍然习惯称 PLC。

1987 年国际电工委员会 IEC（International Electrical Committee）颁布的 PLC 标准草案中对 PLC 做了如下定义："PLC 是一种专门为在工业环境下应用而设计的数字运算操作的电子装置。它采用可以编制程序的存储器，用来在其内部存储执行逻辑运算、顺序运算、计时、计数和算术运算等操作的指令，并能通过数字式或模拟式的输入和输出，控制各种类型的机械或生产过程。PLC 及其有关的外围设备都应该按易于与工业控制系统形成一个整体，易于扩展其功能的原则而设计。"

PLC 是在继电器控制技术和计算机技术的基础上开发出来的，并逐渐发展成为以微处理器为核心，将自动化技术、计算机技术、通信技术融为一体的新型工业控制装置。目前，PLC 已被广泛应用于各种生产机械和生产过程的自动控制中，成为一种最重要、最普及、应用场合最多的工业控制装置，被公认为现代工业自动化的三大支柱（PLC、机器人、CAD/CAM）之一。

近年来，可编程控制器发展很快，几乎每年都推出不少新系列产品，其功能已远远超出了上述定义的范围。

### 4.1.2 PLC 的产生与发展

在可编程控制器出现以前，在工业电气控制领域中，继电器控制占主导地位，应用广泛。但是继电器控制系统存在体积大、可靠性低、查找和排除故障困难等缺点，特别是其接线复杂、不易更改，对生产工艺变化的适应性差。

1968 年美国通用汽车公司（GM）为了适应汽车型号不断更新、生产工艺不断变化的需要，实现小批量、多品种生产，希望能有一种新型工业控制器，它能做到尽可能减少重新设计和更换继电器控制系统及接线，以降低成本，缩短周期，于是就设想将计算机功能强大、灵活、通用性好等优点与继电器控制系统简单易懂、价格便宜等优点结合起来，制成一种通用控制装置，而且这种装置采用面向控制过程、面向问题的"自然语言"进行编程，使不熟悉计算机的人也能很快掌握使用。通用公司提出了著名的GM十条，具体内容如下：

① 编程简单，可在现场修改和调试程序；

② 维护方便，采用插入式模块结构；

③ 可靠性高于继电器控制系统；

④ 体积小于继电器控制装置；

⑤ 数据可直接送入管理计算机；

⑥ 成本可与继电器控制系统竞争；

⑦ 可直接用 115V 交流电压输入；

⑧ 输出量为 115V、2A 以上，能直接驱动电磁阀、接触器等；

⑨ 通用性强，易于扩展；

⑩ 用户程序存储器容量至少 4KB。

1969 年美国数字设备公司（DEC）根据美国通用汽车公司的这种要求，研制成功了世界上第一台可编程控制器，并在通用汽车公司的自动装配线上试用，取得很好的效果。从此这项技术迅速发展起来。

早期的可编程控制器仅有逻辑运算、定时、计数等顺序控制功能，只是用来取代传统的继电器控制，通常称为可编程逻辑控制器（Programmable Logic Controller）。随着微电子技术和计算机技术的发展，20 世纪 70 年代中期微处理器技术应用到 PLC 中，使 PLC 不仅具有逻辑控制功能，还增加了算术运算、数据传送和数据处理等功能。

20 世纪 80 年代以后，随着大规模、超大规模集成电路等微电子技术的迅速发展，16 位和 32 位微处理器应用于 PLC 中，使 PLC 得到迅速发展。PLC 不仅控制功能增强，同时可靠性提高，功耗、体积减小，成本降低，编程和故障检测更加灵活方便，而且具有通信和联网、数据处理和图像显示等功能，使 PLC 真正成为具有逻辑控制、过程控制、运动控制、数据处理、联网通信等功能的名副其实的多功能控制器。

自从第一台 PLC 出现以后，日本、德国、法国等也相继开始研制 PLC，PLC 得到了迅速的发展。目前，世界上有 200 多家 PLC 厂商，400 多种 PLC 产品，按地域可分成美国、欧洲和日本等三个流派产品，各流派 PLC 产品都各具特色，如日本主要发展中小型 PLC，其小型 PLC 性能先进、结构紧凑、价格便宜，在世界市场上占有重要地位。著名的 PLC 生产厂家主要有美国的 A-B（Allen-Bradly）公司、GE（General Electric）公司，日本的三菱电机（Mitsubishi Electric）公司、欧姆龙（OMRON）公司、松下（Panasonic）公司，德国的西门子（SIEMENS）公司、AEG 公司，法国的 TE（Telemecanique）公司等。

我国的 PLC 研制、生产和应用也发展很快，尤其在应用方面更为突出。在 20 世纪 70 年代末和 80 年代初，我国随国外成套设备、专用设备引进了不少国外的 PLC。此后，在传统设备改造和新设备设计中，PLC 的应用逐年增多，并取得显著的经济效益，PLC 在我国的应用越来越广泛，对提高我国工业自动化水平起到了巨大的作用。目前，我国不少科研单位和工厂在研制和生产 PLC，如辽宁无线电二厂、无锡华光电子公司、上海香岛电机制造公司、厦门 A-B 公司等。

从近年的统计数据看，在世界范围内 PLC 产品的产量、销量、用量高居工业控制装置榜首，而且市场需求量一直以每年 15％的比例上升。PLC 已成为工业自动化控制领域中占主导地位的通用工业控制装置。

随着计算机技术的发展，可编程控制器也同时得到了迅速的发展。微型化、网络化、PC 化和开放性是 PLC 未来发展的主要方向。在基于 PLC 自动化的早期，PLC 体积大而且价格昂贵。但在最近几年，微型 PLC（小于 32 I/O）已经出现，价格只有几百欧元。随着软 PLC（Soft PLC）控制组态软件的进一步完善和发展，安装有软 PLC 组态软件和 PC-Based 控制的市场份额将逐步得到增长。

当前，过程控制领域最大的发展趋势之一就是 Ethernet 技术的扩展，PLC 也不例外。现在越来越多的 PLC 供应商开始提供 Ethernet 接口。可以相信，PLC 将继续向开放式控制系统方向转移，尤其是基于工业 PC 的控制系统。

### 4.1.3　PLC 的特点

与传统的继电器控制相比，PLC 主要有以下优点：

（1）高可靠性

① 所有的 I/O 接口电路均采用光电隔离，使工业现场的外电路与 PLC 内部电路之间电气上隔离。

② 各输入端均采用 R-C 滤波器，其滤波时间常数一般为 10～20ms。

③ 各模块均采用屏蔽措施以防止辐射干扰。

④ 采用性能优良的开关电源。

⑤ 对采用的器件进行严格的筛选。

⑥ 良好的自诊断功能，一旦电源或其他软硬件发生异常情况，CPU 立即采用有效措施以防止故障扩大。

⑦ 大型 PLC 还可以采用由双 CPU 构成冗余系统或有三 CPU 构成表决系统，使可靠性进一步提高。

（2）丰富的 I/O　接口模块

PLC 针对不同的工业现场信号（如交流或直流、开关量或模拟量、电压或电流、脉冲或电位、强电或弱电等），有相应的 I/O 模块与工业现场的器件或设备（如按钮、行程开关、接近开关、传感器及变送器、电磁线圈、控制阀等）直接连接。另外，为了提高操作性能，它还有多种人机对话的接口模块；为了组成工业局部网络，它还有多种通信联网的接口模块等。

（3）采用模块化结构

为了适应各种工业控制需要，除了单元式的小型 PLC 以外，绝大多数 PLC 均采用模块化结构，PLC　的各个部件包括 CPU、电源和 I/O 等均采用模块化设计，由机架及电缆将各模块连接起来，系统的规模和功能可根据用户的需要自行组合。

（4）编程简单易学

PLC 的编程大多采用类似于继电器控制线路的梯形图形式，对使用者来说不需要具备计算机编程的软件知识，因此很容易被一般工程技术人员所理解和掌握。

（5）安装简单维修方便

PLC 不需要专门的机房，可以在各种工业环境下直接运行，使用时只需将现场的各种设备与 PLC 相应的 I/O 端相连接即可投入运行，各种模块上均有运行和故障指示装置，便于用户了解运行情况和查找故障，由于采用模块化结构，因此一旦某模块发生故障，用户可以通过更换模块的方法使系统迅速恢复运行。

## 4.2　PLC 的组成及工作原理

### 4.2.1　PLC 的基本结构

从结构上看，PLC 分为整体式和组合式（模块式）两种。整体式 PLC 包括 CPU 板、I/O 板、显示面板、内存块、电源等，这些元素组合成一个不可拆卸的整体。模块式 PLC 包括 CPU 模块、I/O 模块、内存、电源模块、底板或机架，这些模块可以按照一定规则组合配置。PLC 硬件结构图如图 4-1 所示。

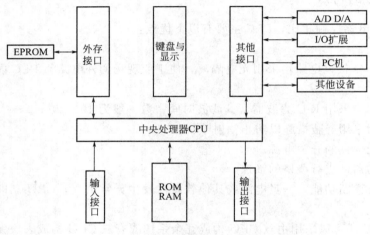

图 4-1　PLC 硬件结构图

（1）CPU

CPU 是 PLC 的核心，起神经中枢的作用，每套 PLC 至少有一个 CPU，它按 PLC 的系统程序赋予的功能接收并存储用户程序和数据，用扫描的方式采集由现场输入装置送来的状态或数据，并存入规定的寄存器中。同时，诊断电源和 PLC 内部电路的工作状态和编程过程中的语法错误等。进入运行后，从用户程序存储器中逐条读取指令，经分析后再按指令规定的任务产生相应的控制信号，去指挥有关的控制电路。

CPU 主要由运算器、控制器、寄存器及数据、控制及状态总线构成，CPU 单元还包括外围芯片、总线接口及有关电路。内存主要用于存储程序及数据，是 PLC 不可缺少的组成单元。

CPU 的控制器控制 CPU 工作，由它读取指令、解释指令及执行指令。但工作节奏由振荡信号控制。运算器用于进行数字或逻辑运算，在控制器指挥下工作。寄存器参与运算，并存储运算的中间结果，它也是在控制器指挥下工作。

CPU 速度和内存容量是 PLC 的重要参数，它们决定着 PLC 的工作速度、I/O 数量及软件容量等，因此限制着控制规模。

CPU 的主要功能如下：

① 接收用户从编程器输入的用户程序，并将它们存入用户存储区；

② 用扫描方式接收源自被控对象的状态信号，并存入相应的数据区（输入映射区）；

③ 用户程序的语法错误检查，并给出错误信息；

④ 系统状态及电源系统的监测；

⑤ 执行用户程序，完成各种数据的处理、传输和存储等功能；

⑥ 根据数据处理的结果，刷新输出状态表，以实现对各种外部设备的实时控制和其他辅助工作（如显示和打印等）。

（2）I/O 模块

PLC 与电气回路的接口，包括输入接口与输出接口两部分。I/O 模块集成了 PLC 的 I/O 接口电路，其输入暂存器反映输入信号状态，输出点反映输出锁存器状态。输入模块将电信号变换成数字信号进入 PLC 系统，输出模块相反。I/O 模块分为开关量输入（DI）、开关量输出（DO）、模拟量输入（AI）、模拟量输出（AO）等模块。下面以开关量输入（DI），开关量输出（DO）模块为例分析输入、输出接口电路。

① 输出接口　常用的 DO 接口类型有三种，继电器输出型、晶体管输出型和晶闸管输出型。

a. 继电器型输出电路如图 4-2 所示。该电路的优点为有触点输出方式，机械寿命大于 $10^6$ 次，可用于直流或低频交流负载回路。缺点是动作速度慢。

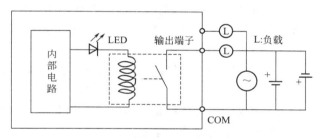

图 4-2　PLC 的继电器输出接口电路

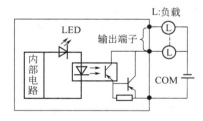

图 4-3　PNP 型晶体管式输出端子接线图

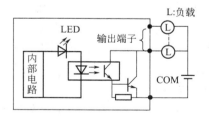

图 4-4　NPN 型晶体管式输出端子接线图

b. 晶体管型输出电路有 PNP 和 NPN 晶体管输出两种形式，分别如图 4-3、图 4-4 所示。该电路主要用于高频小功率交流负载的回路。

c. 晶闸管型输出电路如图 4-5 所示。该电路一般采用三端双向晶闸管作为输出，其耐压较高、负载能力较大，可用于高频大功率交流负载回路。

除此之外，输出接口按电压水平分，分别为 220V AC、110V AC、24V DC 几种模式。

② 输入接口　输入接口通过 PLC 的输入端子

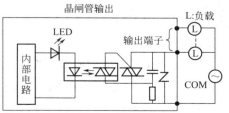

图 4-5　晶闸管型输出端子接线图

接收现场输入设备的控制信号，现场输入信号可以是按钮、限位开关、光电开关、温度开关、行程开关以及传感器输出的开关量等。PLC 输入接口电路将这些信号转换成 CPU 所能接收和处理的数字信号。

PLC 输入接口电路与输入控制设备的连接示意图如图 4-6 所示。

输入信号通过光电耦合器件传送给内部电路，输入信号与内部电路之间并无电的联系，通过这种隔离措施可以防止现场干扰串入 PLC。由于光电耦合器件的发光二极管采用两个反并联，使输入端的信号极性可根据需要任意确定。同时实现了电平的转换，外部为 220V AC 或 24V DC 可转化为 5V DC。而 PLC 的内部工作电压一般为 5V。

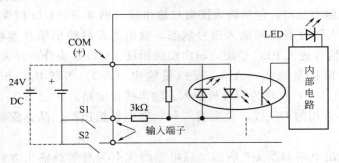

图 4-6  PLC 的输入接口电路

③ 扩展 I/O 口  I/O 扩展接口用来扩展输入、输出点数。当用户所需要的输入、输出触点超过主机的输入、输出触点时，可通过 I/O 扩展接口与 I/O 扩展单元相接，以扩充 I/O 点数。

除了上述通用 I/O 外，还有特殊 I/O 模块，如热电阻、热电偶、A/D、D/A、脉冲等模块。

按 I/O 点数确定模块规格及数量，I/O 模块可多可少，但其最大数受 CPU 所能管理的基本配置的能力，即受最大的底板或机架槽数限制。

（3）存储器

PLC 内部存储器有两类：一类是 RAM（随机存取存储器），可以随时由 PLC 对其进行读出、写入，主要用来存放各种暂存的数据、中间结果及用户程序；另一类是 ROM（只读存储器），CPU 只能从中读取而不能够写入，主要用来存放监控程序及系统内部数据，这些程序及数据在出厂时固化在 ROM 芯片中。

（4）电源模块

PLC 电源用于为 PLC 的中央处理器、存储器等提供工作电源，为了能使 PLC 正常工作，PLC 内部电路使用的电源是整体的能源供给中心，它的好坏直接影响到 PLC 的工作状态和稳定性。因此，通常采用开关式稳压电源供电。同时，有的还为输入电路提供 24V 的工作电源。电源输入类型有：交流电源（220V AC 或 110V AC），直流电源（常用的为 24V DC）。

（5）底板或机架

大多数模块式 PLC 使用底板或机架，其作用是：电气上，实现各模块间的联系，使 CPU 能访问底板上的所有模块；机械上，实现各模块间的连接，使各模块构成一个整体。

（6）PLC 的通信联网

依靠先进的工业网络技术可以迅速有效地收集、传送生产和管理数据，所以网络在自动化系统集成工程中的重要性越来越显著，甚至有人提出"网络就是控制器"的说法。

PLC 具有通信联网的功能，它使 PLC 与 PLC 之间、PLC 与上位计算机以及其他智能设备之间能够交换信息，形成一个统一的整体，实现分散集中控制。多数 PLC 具有 RS-232 接口，还有一些内置有支持各自通信协议的接口。PLC 的通信现在主要采用通过多点接口（MPI）的数据通信、PROFIBUS 或工业以太网进行联网。

（7）辅助设备

PLC 除上述的主要设备外，还有一些辅助设备，这些辅助设备主要包括：

① 编程设备　编程器是 PLC 开发应用、监测运行、检查维护不可缺少的器件，用于编程、对系统作一些设定、监控 PLC 及 PLC 所控制的系统的工作状况，但它不直接参与现场控制运行。小编程器 PLC 一般有手持型编程器，目前一般由计算机（运行编程软件）充当编程器，也就是所定义的系统上位机。

② 人机界面　最简单的人机界面是指示灯和按钮，目前液晶屏（或触摸屏）式的一体式操作员终端应用越来越广泛，由计算机（运行组态软件）充当人机界面非常普遍。

### 4.2.2　PLC 的工作原理

可编程控制器是一种工业控制计算机，故它的工作原理是建立在计算机工作原理基础上的，即是通过执行反映控制要求的用户程序来实现的。但是 CPU 是以分时操作方式来处理各项任务的，计算机在每一瞬间只能做一件事，所以程序的执行是按程序顺序依次完成相应各电器的动作，便成为时间上的串行。由于运算速度极高，各电器的动作似乎是同时完成的，但实际输入/输出的响应是有滞后的。

概括而言，PLC 的工作方式是一个不断循环的顺序扫描工作方式。每一次扫描所用的时间称为扫描周期或工作周期。CPU 从第一条指令开始，按顺序逐条地执行用户程序直到用户程序结束，然后返回第一条指令开始新的一轮扫描。PLC 就是这样周而复始地重复上述循环扫描的。PLC 采用对整个程序巡回执行的工作方式，也称巡回扫描。

执行用户程序时，需要各种现场信息，这些现场信息已接到 PLC 的输入端口。PLC 采集现场信息即采集输入信号有两种方式：第一种，采样输入方式。一般在扫描周期的开始或结束将所有输入信号（输入元件的通/断状态）采集并存放到输入映像寄存器中。执行用户程序所需输入状态均在输入映像寄存器中取用，而不直接到输入端或输入模块去取用。第二种，立即输入方式。随着程序的执行需要哪一个输入信号就直接从输入端或输入模块取用这个输入状态，如"立即输入指令"就是这样，此时输入映像寄存器的内容不变，到下一次集中采样输入时才变化。

同样，PLC 对外部的输出控制也有集中输出和立即输出两种方式。

集中输出方式在执行用户程序时不是得到一个输出结果就向外输出一个，而是把执行用户程序所得的所有输出结果，先后全部存放在输出映像寄存器中，执行完用户程序后所有输出结果一次性向输出端口或输出模块输出，使输出设备部件动作。立即输出方式是在执行用户程序时将该输出结果立即向输出端口或输出模块输出，如"立即输出指令"就是这样，此时输出映像寄存器的内容也更新。

PLC 对输入/输出信号的传送还有其他方式。如有的 PLC 采用输入、输出刷新指令。在需要的地方设置这类指令，可对此电源 ON 的全部或部分输入点信号读入上电一次，以刷新输入映像寄存器内容；或将此时的输出结果立即向输出端口或输出模块输出。又如有的

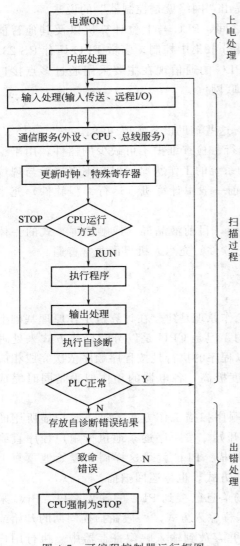

图 4-7 可编程控制器运行框图

PLC 上有输入、输出的禁止功能，实际上是关闭了输入、输出传送服务，这意味着此时的输入信号不读入、输出信号也不输出。

PLC 工作的全过程可用图 4-7 所示的运行框图来表示。

PLC 对用户程序的执行主要按三个扫描过程进行。

（1）输入扫描

在这个过程中，PLC 按扫描方式读入该可编程控制器所有端子上的输入信号（可能有的端子上端没有输入信号，它也作输入），并将这些输入信号存入输入映像区。在本工作周期的执行和输出过程中，输入映像区内的内容还会随实际信号的变化而变化。

由此可见，一般输入映像区中的内容只有在输入扫描阶段才会被刷新，但在有些 PLC 中（例如 F-20M），这个区内的内容在程序执行过程中也允许每隔一定的时间（如 2ms）定时被刷新一次，以取得更为实时的数据。

PLC 在输入扫描过程中一般都以固定的顺序（例如从最小号到最大号）进行扫描，但在一些 PLC 中可由用户确定可变的扫描顺序。例如在一个具有大量输入端口的可编程控制器系统中，可将输入端口分成若干组，每次扫描仅输入其中一组或几组端口的信号，以减少用户程序的执行时间（即减少扫描周期），这样做的后果是输入信号的实时性较差。

（2）执行扫描

在执行用户程序的扫描过程中，PLC 对用户以梯形图方式（或其他方式）编写的程序按从上到下、从左至右的顺序逐一扫描各指令，然后从输入映像区取出相应的原始数据或从输出映像区读取有关数据，然后做由程序确定的逻辑运算或其他数学运算，随后将运算结果存入确定的输出映像区有关单元，但这个结果在整个程序未执行完毕前还会送到输出端口上。

（3）输出扫描

在执行完用户所有程序后，PLC 将输出映像区中的内容同时送入到输出锁存器中（称输出刷新），然后由锁存器经功率放大后去驱动继电器的线圈，最后使输出端子上的信号变为本次工作周期运行结果的实际输出。

根据上述工作特点，可以总结出，PLC 在 I/O 处理方面遵循以下规则：

① 输入状态映像寄存器中的数据，取决于与输入端子板上各输入端相对应的输入锁存器在上一次刷新期间的状态。

② 程序执行中所需的输入、输出状态，由输入状态映像寄存器和输出状态映像寄存器读出。

③ 输出状态映像寄存器的内容，随程序执行过程中与输出变量有关的指令的执行结果而改变。

④ 输出锁存器中的数据，由上一次输出刷新阶段时输出状态映像寄存器的内容决定。

⑤ 输出端子板上各输出端的通断状态，由输出锁存器中的内容决定。

## 4.3 PLC 的性能指标和编程语言

### 4.3.1 PLC 的性能指标

PLC 的性能是由很多性能指标来综合表述的，而 PLC 的种类和型号繁多，因此功能也千差万别。为了能够对 PLC 的性能进行分析，我们通常采用下列指标对 PLC 的性能进行分析。

（1）输入/输出点数（I/O 点数）

I/O 点数即 PLC 的输入/输出端子个数，它是 PLC 的重要性能指标之一。I/O 点数越多表明 PLC 与外部相连接的设备数目越多，控制能力越强。I/O 点数一般包括两个部分，一部分是主机自带的 I/O 端子个数，另一部分是可扩展的最大 I/O 端子个数。如西门子 CPU 224 共有 I/O 触点为 14/10（其中输入 14 点，输出 10 点），同时可连接 7 个扩展模块，最大扩展至 168 点数字量 I/O 点。但并不是说 I/O 越多越好，应以实际应用所需要的点数为准。如果需要控制的目标较少，却选用了 I/O 很多的 PLC，就会造成 I/O 触点的浪费。

（2）程序容量

程序容量决定了用户可以存放程序的长短。在 PLC 中程序是按步存放的，每条指令的长短不同，最短的 1 步，多的有十几步。但每步都占有一个存储单元，一个单元占有两个字节。

（3）扫描速度

PLC 在工作时是按照扫描周期进行循环扫描的，扫描周期由输入采样、程序执行和输出刷新三个阶段组成。而扫描周期的决定因素很多，所以扫描周期的长短决定了 PLC 的运行速度的快慢。在衡量 PLC 的速度时，一般用执行 1000 步指令所需的时间作为衡量 PLC 速度快慢的一项指标，称为扫描速度，单位是 ms/千步。有时也用执行一步指令所需的时间，这时的扫描速度单位是 $\mu s$/步。

（4）指令条数

不同 PLC 的指令条数不同，指令条数越多则 PLC 的功能越强，丰富的指令可以使得编程更加容易。

（5）内部继电器和寄存器

PLC 内部有很多的内部继电器和寄存器，用来存放中间变量。同时还有许多功能是通过特殊寄存器和继电器实现的。有了这些特殊功能继电器和寄存器，编程变得更加容易。因此，功能越强大的 PLC，它的内部继电器和寄存器数目越大，在编程时就越能够为用户提供方便。

（6）特殊功能模块

PLC 除了主控模块外还可以外接各种高级模块来扩展 PLC 的应用范围。目前的高级模块主要有以下几类：A/D、D/A、高速计数器、高速脉冲输出、PID 控制、模糊控制、位置控制、网络通信及物理量转换模块等。这些模块的出现使得 PLC 的功能变得更加强大，甚至可以通过网络通信的方式来对 PLC 进行远程控制。

### 4.3.2 PLC 的编程语言

IEC 1131-3 为 PLC 制定了 5 种标准的编程语言，包括图形化编程语言和文本化编程语言。图形化编程语言包括：梯形图（LD，Ladder Diagram）、功能块图（FBD，Function Block Diagram）、顺序功能图（SFC，Sequential Function Chart）。文本化编程语言包括：指令表（IL，Instruction List）和结构化文本（ST，Structured Text）。IEC 1131-3 的编程语言是 IEC 工作组合理地吸收、借鉴世界范围各 PLC 厂家的编程语言的基础上形成的一套针对工业控制系统的国际编程语言标准，它不但适用于 PLC 系统，还适用于更广泛的工业控制领域，为 PLC 编程语言的全球规范化做出了重要的贡献。

（1）梯形图（LD，Ladder Diagram）语言

梯形图语言是 PLC 首先采用的编程语言，也是 PLC 最普遍采用的编程语言。梯形图编程语言是从继电器控制系统原理图的基础上演变而来的，与继电器控制系统梯形图的基本思想是一致的，只是在使用符号和表达方式上有一定区别。PLC 的设计初衷是为工厂车间电气技术人员而使用的，为了符合继电器控制电路的思维习惯，作为首先在 PLC 中使用的编程语言，梯形图保留了继电器电路图的风格和习惯，成为广大电气技术人员最容易接受和使用的语言。梯形图程序设计语言的特点是：

① 与电气操作原理图相对应，具有直观性和对应性；

② 与原有继电器逻辑控制技术相一致，对电气技术人员来说，易于掌握和学习；

③ 与原有的继电器逻辑控制技术的不同点是，梯形图中的能流（Power Flow）不是实际意义的电流，内部的继电器也不是实际存在的继电器，因此，应用时需与原有继电器逻辑控制技术的有关概念区别对待；

④ 与指令表程序设计语言有一一对应关系，便于相互的转换和程序的检查。

（2）功能块图（FBD，Function Block Diagram）

功能块图采用类似于数字逻辑门电路的图形符号，逻辑直观，使用方便，它有梯形图编程中的触点和线圈等价的指令，可以解决范围广泛的逻辑问题。功能块图程序设计语言有如下特点：

① 以功能模块为单位，从控制功能入手，使控制方案的分析和理解变得容易；

② 功能模块是用图形化的方法描述功能，它的直观性大大方便了设计人员的编程和组态，有较好的易操作性；

③ 对控制规模较大、控制关系较复杂的系统，由于控制功能的关系可以较清楚地表达出来，因此，编程和组态时间可以缩短，调试时间也能减少。

（3）顺序功能图（SFC，Sequential Function Chart）

顺序功能图也称流程图或状态转移图，是一种图形化的功能性说明语言，专用于描述工业顺序控制程序，使用它可以对具有并发、选择等复杂结构的系统进行编程。顺序功能图程序设计语言有如下特点：

① 以功能为主线，条理清楚，便于对程序操作的理解和沟通；

② 对大型的程序，可分工设计，采用较为灵活的程序结构，可节省程序设计时间和调试时间；

③ 常用于系统的规模较大、程序关系较复杂的场合；

④ 只有在活动步的命令和操作被执行，对活动步后的转换进行扫描，因此，整个程序的扫描时间较其他程序编制的程序扫描时间要大大缩短。

（4）指令表（IL，Instruction List）

指令表编程语言类似于计算机中的助记符汇编语言，它是可编程控制器最基础的编程语言，所谓指令表编程，是用一个或几个容易记忆的字符来代表可编程控制器的某种操作功能。指令表程序设计语言有如下特点：

① 采用助记符来表示操作功能，具有容易记忆、便于掌握的特点；

② 在编程器的键盘上采用助记符表示，具有便于操作的特点，可在无计算机的场合进行编程设计；

③ 与梯形图有一一对应关系，其特点与梯形图语言基本类同。

（5）结构化文本（ST，Structured Text）

结构化文本是一种高级的文本语言，可以用来描述功能、功能块和程序的行为，还可以在顺序功能流程图中描述步、动作和转变的行为。结构化文本语言表面上与 PASCAL 语言很相似，但它是一个专门为工业控制应用开发的编程语言，具有很强的编程能力，用于对变量赋值、回调功能和功能块、创建表达式、编写条件语句和迭代程序等。结构化文本程序设计语言有如下特点：

① 采用高级语言进行编程，可以完成较复杂的控制运算；

② 需要有一定的计算机高级程序设计语言的知识和编程技巧，对编程人员的技能要求较高，普通电气人员无法完成。

③ 直观性和易操作性等性能较差；

④ 常被用于采用功能模块等其他语言较难实现的一些控制功能的实施。

## 4.4　S7-200 PLC 概述

S7-200 系列 PLC 是 SIEMENS 公司推出的一种小型 PLC。它以紧凑的结构、良好的扩展性、强大的指令功能、低廉的价格，已经成为当代各种小型控制工程的理想控制器。

S7-200 PLC 包含了一个单独的 S7-200 CPU 和各种可选择的扩展模块，可以十分方便地组成不同规模的控制器。其控制规模可以从几点到几百点。S7-200 PLC 可以方便地组成 PLC-PLC 网络和微机-PLC 网络，从而完成规模更大的工程。

S7-200 的编程软件 STEP 7-Micro/WIN32 可以方便地在 Windows 环境下对 PLC 编程、调试、监控，使得 PLC 的编程更加方便、快捷。可以说，S7-200 可以完美地满足各种小规模控制系统的要求。

### 4.4.1　S7-200 PLC 的技术性能指标

目前 S7-200 系列 PLC 主要有 CPU 221、CPU 222、CPU 224、CPU 224XP 和 CPU 226 五种。档次最低的是 CPU 221，其数字量输入点数有 6 点，数字量输出点数有 4 点，是控制规模最小的 PLC。档次最高的应属 CPU 226，它集成了 24 点输入/16 点输出，共有 40 个数字量I/O，可连接7个扩展模块，最大扩展至248点数字量I/O点或35路模拟量I/O。

S7-200系列PLC五种CPU的外部结构大体相同，如图4-8所示。

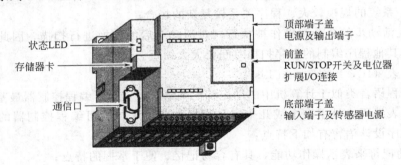

状态LED
存储器卡
通信口

顶部端子盖
电源及输出端子
前盖
RUN/STOP开关及电位器
扩展I/O连接
底部端子盖
输入端子及传感器电源

图4-8　S7-200 PLC外部结构示意图

状态指示灯LED显示CPU所处的工作状态指示。

存储卡接口可以插入存储卡。

通信接口可以连接RS-485总线的通信电缆。

顶部端子盖下边为输出端子和PLC供电电源端子。输出端子的运行状态可以由顶部端子盖下方一排指示灯显示，ON状态对应的指示灯亮。底部端子盖下边为输入端子和传感器电源端子。输入端子的运行状态可以由底部端子盖上方一排指示灯显示，ON状态对应的指示灯亮。

前盖下面有运行/停止开关和接口插座。将开关拨向停止位置时，可编程控制器处于停止状态，此时可以对其编写程序。将开关拨向运行位置时，可编程控制器处于运行状态，此时不能对其编写程序。将开关拨向监控状态，可以运行程序，同时还可以监视程序运行的状态。接口插座用于连接扩展模块实现I/O扩展。

S7-200系列PLC的CPU的主要技术性能指标如表4-1所示。

表4-1　S7-200系列PLC的CPU的主要技术性能指标

| 项目 | CPU 221 | CPU 222 | CPU 224 | CPU 224XP<br>CPU 224XPsi | CPU 226 |
|---|---|---|---|---|---|
| 存储器 | | | | | |
| 用户程序存储器<br>在运行模式下编辑<br>不在运行模式下编辑 | 4096B<br>4096B | | 8192B<br>12288B | 12288B<br>16384B | 16384B<br>24576B |
| 用户数据存储器 | 2048B | | 8192B | 10240B | 10240B |
| I/O | | | | | |
| 数字量I/O | 6输入/4输出 | 8输入/6输出 | 14输入/10输出 | 14输入/10输出 | 24输入/16输出 |
| 模拟量I/O | 无 | | | 2输入/1输出 | 无 |
| 最多允许的扩展模块 | 无 | 2个模块 | 7个模块 | | |
| 脉冲捕捉输入 | 6 | 8 | 14 | | 24 |
| 高速计数器<br>单相 | 共4个计数器<br>4路30kHz | | 共6个计数器<br>6路30kHz | 共6个计数器<br>4路30kHz<br>2路200kHz | 共6个计数器<br>6路30kHz |
| 两相 | 2路20kHz | | 4路20kHz | 3路20kHz<br>1路100kHz | 4路20kHz |

| 项目 | CPU 221 | CPU 222 | CPU 224 | CPU 224XP<br>CPU 224XPsi | CPU 226 |
|---|---|---|---|---|---|
| 脉冲输出(DC) | 2 路 20kHz | | | 2 路 100kHz | 2 路 20kHz |
| 常规 | | | | | |
| 定时器 | 共 256 个定时器;4 个 1ms 定时器;16 个 10ms 定时器;236 个 100ms 定时器 | | | | |
| 计数器 | 256(由超级电容或电池备份) | | | | |
| 内部存储器位<br>掉电保存 | 256(由超级电容或电池备份)<br>112(存储在 EEPROM) | | | | |
| 时间中断 | 2 个,1ms 分辨率时 | | | | |
| 边沿中断 | 4 个上升沿和/或 4 个下降沿 | | | | |
| 模拟电位计 | 1 个,8 位分辨率时 | | 2 个,8 位分辨率时 | | |
| 布尔型执行速度 | 0.22μs/指令 | | | | |
| 集成的通信功能 | | | | | |
| 端口(受限电源) | 一个 RS-485 口 | | 两个 RS-485 口 | | |
| PPI、MPI(从站)波特率 | 9.6kbit/s、19.2kbit/s、187.5kbit/s | | | | |
| 最大站点数 | 每段 32 个站,每个网络 126 个站 | | | | |
| 最大主站数 | 32 | | | | |
| MPI 连接 | 共 4 个,2 个保留(1 个给 PG,1 个给 OP) | | | | |

### 4.4.2  I/O 点的地址分配与接线

(1) I/O 点的地址分配

① 由 CPU 221 组成的基本配置  由 CPU 221 基本单元组成的基本配置可以组成 1 个 6 点数字量输入和 4 点数字量输出的最小系统。

输入点地址为:I0.0、I0.1、…、I0.5。

输出点地址为:Q0.0、Q0.1、…、Q0.3。

② 由 CPU 222 组成的基本配置  由 CPU 222 基本单元组成的基本配置可以组成 1 个 8 点数字量输入和 6 点数字量输出的较小系统。

输入点地址为:I0.0、I0.1、…、I0.7。

输出点地址为:Q0.0、Q0.1、…、Q0.5。

③ 由 CPU 224 组成的基本配置  由 CPU 224 基本单元组成的基本配置可以组成 1 个 14 点数字量输入和 10 点数字量输出的小型系统。

输入点地址为:I0.0、I0.1、…、I0.7,I1.0、I1.1、…、I1.5。

输出点地址为:Q0.0、Q0.1、…、Q0.7,Q1.0、Q1.1。

④ 由 CPU 226 组成的基本配置  由 CPU 226 基本单元组成的基本配置可以组成 1 个 24 点数字量输入和 16 点数字量输出的小型系统。

输入点地址为:I0.0、I0.1、…、I0.7,I1.0、I1.1、…、I1.7,I2.0、I2.1、…、I2.7。

输出点地址为:Q0.0、Q0.1、…、Q0.7,Q1.0、Q1.1、…、Q1.7。

(2) 硬件接线

以 CPU 226 为例,其他型号请参考产品手册。

① DC 输入 DC 输出型  DC 输入端由 1M、0.0、…、1.4 为第 1 组,2M、1.5、…、

2.7 为第 2 组，1M、2M 分别为各组的公共端。

24V DC 的负极接公共端 1M 或 2M。输入开关的一端接到 24V DC 的正极，输入开关的另一端连接到 CPU 226 各输入端。

DC 输出端由 1M、1L＋、0.0、…、0.7 为第 1 组，2M、2L＋、1.0、…、1.7 为第 2 组组成。1L＋、2L＋分别为公共端。

第 1 组 24V DC 的负极接 1M 端，正极接 1L＋端。输出负载的一端接到 1M 端，输出负载的另一端接到 CPU 226 各输出端。第 2 组的接线与第 1 组相似。

对应接线图如图 4-9 所示。

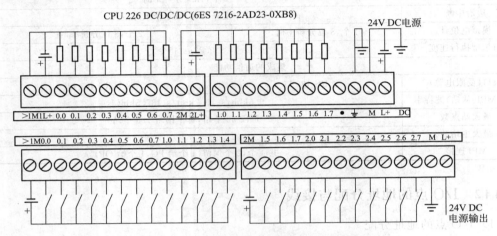

图 4-9　CPU 226 DC/DC/DC 型硬件接线图

② DC 输入继电器输出型　DC 输入端与 CPU 226 的 DC 输入 DC 输出相同。

继电器输出端由 3 组构成，其中 N(－)、1L、0.0、…、0.3 为第 1 组，N(－)、2L、0.4、…、1.0 为第 2 组，N(－)、3L、1.1、…、1.7 为第 3 组。各组的公共端为 1L、2L 和 3L。

第 1 组负载电源的一端 N 接负载的 N(－) 端，电源的另外一端 L(＋) 接继电器输出端的 1L 端。负载的另一端分别接到 CPU 226 各个继电器输出端子。第 2 组、第 3 组的接线与第 1 组相似。

对应接线图如图 4-10 所示。

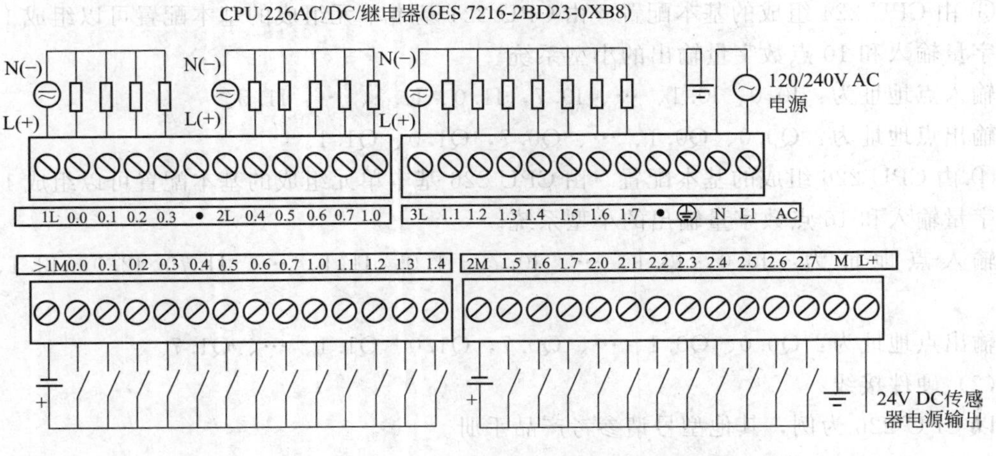

CPU 226AC/DC/继电器(6ES 7216-2BD23-0XB8)

图 4-10　CPU 226 AC/DC/继电器型硬件接线图

## 4.5 S7-200 PLC 的内部元件

PLC 在运行时需要处理的数据一般都根据数据的类型不同、数据的功能不同而把数据分成几类。这些不同类型的数据被存放在不同的存储空间，从而形成不同的数据区。S7-200 的数据区可以分为数字量输入和输出映像区、模拟量输入和输出映像区、变量存储器区、顺序控制继电器区、位存储器区、特殊存储器区、定时器存储器区、计数器存储器区、局部存储器区、高速计数器区和累加器区。

### 4.5.1 S7-200 PLC 的编程软元件

（1）数字量输入和输出映像区

① 数字量输入映像区（I 区）　数字量输入映像区是 S7-200 CPU 为输入端信号状态开辟的一个存储区，用 I 表示。在每次扫描周期的开始，CPU 对输入点进行采样，并将采样值存于输入映像区寄存器中。该区的数据可以是位（1bit）、字节（8bit）、字（16bit）或者双字（32bit）。其表示形式如下。

- 用位表示　　I0.0、I0.1、…、I0.7
　　　　　　　　I1.0、I1.1、…、I1.7
　　　　　　　　　　　…
　　　　　　　　I15.0、I15.1、…、I15.7
　　　　　　　　共 128 点。

输入映像区每个位地址包括存储器标识符、字节地址及位号三部分。存储器标识符为"I"，字节地址为整数部分，位号为小数部分。比如 I1.0 表明这个输入点是第 1 个字节的第 0 位。

- 用字节表示　　IB0、IB1、…、IB15。
共 16 个字节。

输入映像区每个字节地址包括存储器字节标识符、字节地址两部分。字节标识符为"IB"，字节地址为整数部分。比如 IB1 表明这个输入字节是第 1 个字节，共 8 位，其中第 0 位是最低位，第 7 位是最高位。

- 用字表示　　IW0、IW2、…、IW14。
共 8 个字。

输入映像区每个字地址包括存储器字标识符、字地址两部分。字标识符为"IW"，字地址为整数部分。一个字含两个字节，一个字中的两个字节的地址必须连续，且低位字节在一个字中应该是高 8 位，高位字节在一个字中应该是低 8 位。比如，IW0 中的 IB0 应该是高 8 位，IB1 应该是低 8 位。

- 用双字表示　　ID0、ID4、…、ID12
共 4 个双字。

输入映像区每个双字地址包括存储器双字标识符、双字地址两部分。双字标识符为"ID"，双字地址为整数部分。一个双字含四个字节，四个字节的地址必须连续。最低位字节在一个双字中应该是最高 8 位。比如，ID0 中的 IB0 应该是最高 8 位，IB1 应该是次高 8 位，IB2 应该是次低 8 位，IB3 应该是最低 8 位。

② 数字量输出映像区（Q 区）　数字量输出映像区是 S7-200 CPU 为输出端信号状态开辟的一个存储区，用 Q 表示。在扫描周期的结尾，CPU 将输出映像寄存器的数值复制到物理输出点上。该区的数据可以是位（1bit）、字节（8bit）、字（16bit）或者双字（32bit）。其表示形式如下。

　　• 用位表示　　　Q0.0、Q0.1、…、Q0.7

　　　　　　　　　　Q1.0、Q1.1、…、Q1.7

　　　　　　　　　　…

　　　　　　　　　　Q15.0、Q15.1、…、Q15.7

　　　　　　　　　　共 128 点。

输出映像区每个位地址包括存储器标识符、字节地址及位号三部分。存储器标识符为"Q"，字节地址为整数部分，位号为小数部分。比如 Q0.1 表明这个输出点是第 0 个字节的第 1 位。

　　• 用字节表示　　QB0、QB1、…、QB15

　　　　　　　　　　共 16 个字节。

输出映像区每个字节地址包括存储器字节标识符、字节地址两部分。字节标识符为"QB"，字节地址为整数部分。比如 QB1 表明这个输出字节是第 1 个字节，共 8 位，其中第 0 位是最低位，第 7 位是最高位。

　　• 用字表示　　　QW0、QW2、…、QW14

　　　　　　　　　　共 8 个字。

输出映像区每个字地址包括存储器字标识符、字地址两部分。字标识符为"QW"，字地址为整数部分。一个字含两个字节，一个字中的两个字节的地址必须连续，且低位字节在一个字中应该是高 8 位，高位字节在一个字中应该是低 8 位。比如，QW0 中的 QB0 应该是高 8 位，QB1 应该是低 8 位。

　　• 用双字表示　　QD0、QD4、…、QD12

　　　　　　　　　　共 4 个双字。

输出映像区每个双字地址包括存储器双字标识符、双字地址两部分。双字标识符为"QD"，双字地址为整数部分。一个双字含四个字节，四个字节的地址必须连续。最低位字节在一个双字中应该是最高 8 位。比如，QD0 中的 QB0 应该是最高 8 位，QB1 应该是次高 8 位，QB2 应该是次低 8 位，QB3 应该是最低 8 位。

应当指出，实际没有使用的输入端和输出端的映像区的存储单元可以作中间继电器用。

（2）模拟量输入和输出映像区

① 模拟量输入映像区（AI 区）　模拟量输入映像区是 S7-200 CPU 为模拟量输入端信号开辟的一个存储区。S7-200 将测得的模拟值（如温度、压力）转换成 1 个字长的（16bit）的数字量，模拟量输入用区域标识符（AI）、数据长度（W）及字节的起始地址表示。该区的数据为字（16bit）。CPU 221、CPU 222 允许有 16 路模拟量输入，表示为：AIW0、AIW2、…、AIW30。CPU 224、CPU 224XP、CPU 226 允许有 32 路模拟量输入，表示为：AIW0、AIW2、…、AIW62。

应当指出，模拟量输入值为只读数据。

② 模拟量输出映像区（AQ 区）　模拟量输出映像区是 S7-200 CPU 为模拟量输出端信号开辟的一个存储区。S7-200 把 1 个字长（16bit）数字值按比例转换为电流或电压。模拟

量输出用区域标识符（AQ）、数据长度（W）及起始字节地址表示。该区的数据为字（16bit）。CPU 221、CPU 222 允许有 16 路模拟量输出，表示为：AQW0、AQW2、…、AQW30。CPU 224、CPU 224XP、CPU 226 允许有 32 路模拟量输出，表示为：AQW0、AQW2、…、AQW62。

应当指出，模拟量输出值为只写数据。

（3）变量存储器区（V 区）

PLC 执行程序过程中，会存在一些控制过程的中间结果，这些中间数据也需要用存储器来保存。变量存储器就是根据这个实际的要求设计的。变量存储器区是 S7-200  CPU 为保存中间变量数据而建立的一个存储区，用 V 表示。该区的数据可以是位（1bit）、字节（8bit）、字（16bit）或者双字（32bit）。其表示形式如下。

　·用位表示　　V0.0、V0.1、…、V0.7

　　　　　　　　V1.0、V1.1、…、V1.7

　　　　　　　　　　…

　　　　　　　　V10239.0、V10239.1、…、V10239.7

　　　　　　　　共 81920 点。

CPU 221、CPU 222 变量存储器只有 2048 个字节，其变量存储区只能到 V2047.7 位。CPU 224 变量存储器有 8192 个字节，其变量存储区只能到 V8191.7 位。

变量存储器区每个位地址包括存储器标识符、字节地址及位号三部分。存储器标识符为"V"，字节地址为整数部分，位号为小数部分。比如 V1.1 表明这是变量存储器区第 1 个字节的第 1 位。

　·用字节表示　　VB0、VB1、…、VB10239

　　　　　　　　共 10240 个字节。

变量存储器区每个字节地址的表示应该包括存储器字节标识符、字节地址两部分。字节标识符为"VB"，字节地址为整数部分。比如 VB1 表明这个变量存储器字节是第 1 个字节，共 8 位，其中第 0 位是最低位，第 7 位是最高位。

　·用字表示　　VW0、VW2、…、VW10238

　　　　　　　　共 5120 个字。

变量存储器区每个字地址的表示应该包括存储器字标识符、字地址两部分。字标识符为"VW"，字地址为整数部分。一个字含两个字节，一个字中的两个字节的地址必须连续，且低位字节在一个字中应该是高 8 位，高位字节在一个字中应该是低 8 位。比如，VW0 中的 VB0 应该是高 8 位，VB1 应该是低 8 位。

　·用双字表示　　VD0、VD4、…、VD10236

　　　　　　　　共 2560 个双字。

变量存储器区每个双字地址的表示应该包括存储器双字标识符、双字地址两部分。双字标识符为"VD"，双字地址为整数部分。一个双字含四个字节，四个字节的地址必须连续。最低位字节在一个双字中应该是最高 8 位。比如，VD0 中的 VB0 应该是最高 8 位，VB1 应该是次高 8 位，VB2 应该是次低 8 位，VB3 应该是最低 8 位。

应当指出，变量存储器区的数据可以是输入，也可以是输出。

（4）位存储器区（M 区）

PLC 执行程序过程中，可能会用到一些标志位，这些标志位也需要用存储器来寄存。

位存储器就是根据这个要求设计的。位存储器区是 S7-200 CPU 为保存标志位数据而建立的一个存储区，用 M 表示。该区虽然叫位存储器，但是其中的数据不仅可以是位，也可以是字节（8bit）、字（16bit）或者双字（32bit）。其表示形式如下。

- 用位表示　　M0.0、M0.1、…、M0.7
　　　　　　　　M1.0、M1.1、…、M1.7
　　　　　　　　　　　　…
　　　　　　　　M31.0、M31.1、…、M31.7
　　　　　　　共 256 点。

位存储器区每个位地址的表示应该包括存储器标识符、字节地址及位号三部分。存储器标识符为"M"，字节地址为整数部分，位号为小数部分。比如 M1.1 表明位存储器区第 1 个字节的第 1 位。

- 用字节表示　　MB0、MB1、…、MB31
　　　　　　　　共 32 个字节。

位存储器区每个字节地址的表示应该包括存储器字节标识符、字节地址两部分。字节标识符为"MB"，字节地址为整数部分。比如 MB1 表明位存储器第 1 个字节，共 8 位，其中第 0 位是最低位，第 7 位是最高位。

- 用字表示　　MW0、MW2、…、MW30
　　　　　　　共 16 个字。

位存储器区每个字地址的表示应该包括存储器字标识符、字地址两部分。字标识符为"MW"，字地址为整数部分。一个字含两个字节，一个字中的两个字节的地址必须连续，且低位字节在一个字中应该是高 8 位，高位字节在一个字中应该是低 8 位。比如，MW0 中的 MB0 应该是高 8 位，MB1 应该是低 8 位。

- 用双字表示　　MD0、MD4、…、MD28
　　　　　　　　共 8 个双字。

位存储器区每个双字地址的表示应该包括存储器双字标识符、双字地址两部分。双字标识符为"MD"，双字地址为整数部分。一个双字含四个字节，四个字节的地址必须连续。最低位字节在一个双字中应该是最高 8 位。比如，MD0 中的 MB0 应该是最高 8 位，MB1 应该是次高 8 位，MB2 应该是次低 8 位，MB3 应该是最低 8 位。

（5）顺序控制继电器区（S 区）

PLC 执行程序过程中，可能会用到顺序控制。顺序控制继电器就是根据顺序控制的特点和要求设计的。顺序控制继电器区是 S7-200 CPU 为顺序控制继电器的数据而建立的一个存储区，用 S 表示，在顺序控制过程中用于组织步进过程的控制。顺序控制继电器区的数据可以是位，也可以是字节（8bit）、字（16bit）或者双字（32bit）。其表示形式如下。

- 用位表示　　S0.0、S0.1、…、S0.7
　　　　　　　　S1.0、S1.1、…、S1.7
　　　　　　　　　　　　…
　　　　　　　　S31.0、S31.1、…、S31.7
　　　　　　　共 256 点。

顺序控制继电器区每个位地址的表示应该包括存储器标识符、字节地址及位号三部分。存储器标识符为"S"，字节地址为整数部分，位号为小数部分。比如 S0.1 表明位存储器区

第 0 个字节的第 1 位。

- 用字节表示　SB0、SB1、…、SB31
　　　　　　共 32 个字节。

顺序控制继电器区每个字节地址的表示应该包括存储器字节标识符、字节地址两部分。字节标识符为 "SB"，字节地址为整数部分。比如 SB1 表明位存储器第 1 个字节，共 8 位，其中第 0 位是最低位，第 7 位是最高位。

- 用字表示　　SW0、SW2、…、SW30
　　　　　　共 16 个字。

顺序控制继电器区每个字地址的表示应该包括存储器字标识符、字地址两部分。字标识符为 "SW"，字地址为整数部分。一个字含两个字节，一个字中的两个字节的地址必须连续，且低位字节在一个字中应该是高 8 位，高位字节在一个字中应该是低 8 位。比如，SW0 中的 SB0 应该是高 8 位，SB1 应该是低 8 位。

- 用双字表示　SD0、SD4、…、SD28
　　　　　　共 8 个双字。

顺序控制继电器区每个双字地址的表示应该包括存储器双字标识符、双字地址两部分。双字标识符为 "SD"，双字地址为整数部分。一个双字含四个字节，四个字节的地址必须连续。最低位字节在一个双字中应该是最高 8 位。比如，SD0 中的 SB0 应该是最高 8 位，SB1 应该是次高 8 位，SB2 应该是次低 8 位，SB3 应该是最低 8 位。

（6）局部存储器区（L 区）

S7-200 PLC 有 64 个字节的局部存储器，其中 60 个可以用作暂时存储器或者给子程序传递参数。如果用梯形图或功能块图编程，STEP 7-Micro/WIN 32 保留这些局部存储器的最后四个字节。如果用语句表编程，可以寻址所有的 64 个字节，但是不要使用局部存储器的最后 4 个字节。

局部存储器和变量存储器很相似，主要区别是变量存储器是全局有效的，而局部存储器是局部有效的。全局是指同一个存储器可以被任何程序存取（例如主程序、子程序或中断程序）。局部是指存储器区和特定的程序相关联。S7-200 PLC 可以给主程序分配 64 个局部存储器，给每一级子程序嵌套分配 64 个字节局部存储器，给中断程序分配 64 个字节局部存储器。

子程序或中断子程序不能访问分配给主程序的局部存储器。子程序不能访问分配给主程序、中断程序或其他子程序的局部存储器。同样，中断程序也不能访问给主程序或子程序的局部存储器。

S7-200 PLC 根据需要分配局部存储器。也就是说，当主程序执行时，分配给子程序或中断程序的局部存储器是不存在的。当出现中断或调用一个子程序时，需要分配局部存储器。新的局部存储器在分配时可以重新使用分配给不同子程序或中断程序的相同局部存储器。

局部存储器在分配时 PLC 不进行初始化，初值可能是任意的。当在子程序调用中传递参数时，在被调用子程序的局部存储器中，由 CPU 代替被传递的参数的值。局部存储器在参数传递过程中不接收值，在分配时不被初始化，也没有任何值。可以把局部存储器作为间接寻址的指针，但是不能作为间接寻址的存储器区。

局部存储器区是 S7-200　CPU 为局部变量数据建立的一个存储区，用 L 表示。该区的数据可以是位、字节（8bit）、字（16bit）或者双字（32bit）。其表示形式如下。

- 用位表示　　L0.0、L0.1、…、L0.7

　　　　　　　L1.0、L1.1、…、L1.7

　　　　　　　　…

　　　　　　　L63.0、L63.1、…、L63.7

　　　　　　　共 512 点。

局部存储器区每个位地址的表示应该包括存储器标识符、字节地址及位号三部分。存储器标识符为"L"，字节地址为整数部分，位号为小数部分。比如 L1.1 表明这个输入点是第 1 个字节的第 1 位。

- 用字节表示　LB0、LB1、…、LB63

　　　　　　　共 64 个字节。

局部存储器区每个字节地址的表示应该包括存储器字节标识符、字节地址两部分。字节标识符为"LB"，字节地址为整数部分。比如 LB1 表明这个局部存储器字节是第 1 个字节，共 8 位，其中第 0 位是最低位，第 7 位是最高位。

- 用字表示　　LW0、LW2、…、LW62

　　　　　　　共 32 个字。

局部存储器区每个字地址的表示应该包括存储器字标识符、字地址两部分。字标识符为"LW"，字地址为整数部分。一个字含两个字节，一个字中的两个字节的地址必须连续，且低位字节在一个字中应该是高 8 位，高位字节在一个字中应该是低 8 位。比如，LW0 中的 LB0 应该是高 8 位，LB1 应该是低 8 位。

- 用双字表示　LD0、LD4、…、LD60

　　　　　　　共 16 个双字。

局部存储器区每个双字地址的表示应该包括存储器双字标识符、双字地址两部分。双字标识符为"LD"，双字地址为整数部分。一个双字含四个字节，四个字节的地址必须连续。最低位字节在一个双字中应该是最高 8 位。比如，LD0 中的 LB0 应该是最高 8 位，LB1 应该是次高 8 位，LB2 应该是次低 8 位，LB3 应该是最低 8 位。

（7）定时器存储器区（T 区）

PLC 在工作中少不了需要计时，定时器就是实现 PLC 具有计时功能的计时设备。S7-200 定时器的精度（时基或时基增量）分为 1ms、10ms、100ms 三种。

① S7-200 定时器有三种类型。

a. 接通延时定时器的功能是定时器计时到的时候，定时器常开触点由 OFF 转为 ON。

b. 断开延时定时器的功能是定时器计时到的时候，定时器常开触点由 ON 转为 OFF。

c. 有记忆接通延时定时器的功能是定时器累积计时到的时候，定时器常开触点由 OFF 转为 ON。

② 定时器有三种相关变量。

a. 定时器的时间设定值（PT），定时器的设定时间等于 PT 值乘以时基。

b. 定时器的当前时间值（SV），定时器的计时时间等于 SV 值乘以时基。

c. 定时器的输出状态（0 或者 1）。

③ 定时器的编号。

T0、T1、…、T255。

S7-200 有 256 个定时器。

定时器存储器区每个定时器地址的表示应该包括存储器标识符、定时器号两部分。存储器标识符为 "T"，定时器号为整数。比如 T1 表明定时器 1。

实际上 T1 既可以表示定时器 1 的输出状态（0 或者 1），也可以表示定时器 1 的当前计时值。这就是定时器的数据具有两种数据结构的原因所在。

（8）计数器存储器区（C 区）

PLC 在工作中有时不仅需要计时，还可能需要计数功能。计数器就是 PLC 具有计数功能的计数设备。

① S7-200 计数器有三种类型。

a. 增计数器的功能是每收到一个计数脉冲，计数器的计数值加 1。当计数值等于或大于设定值时，计数器由 OFF 转变为 ON 状态。

b. 减计数器的功能是每收到一个计数脉冲，计数器的计数值减 1。当计数值等于 0 时，计数器由 OFF 转变为 ON 状态。

c. 增减计数器的功能是可以增计数也可以减计数。当增计数时，每收到一个计数脉冲，计数器的计数值加 1。当计数值等于或大于设定值时，计数器由 OFF 转变为 ON 状态。当减计数时，每收到一个计数脉冲，计数器的计数值减 1。当计数值小于设定值时，计数器由 ON 转变为 OFF 状态。

② 计数器有三种相关变量。

a. 计数器的设定值（PV）。

b. 计数器的当前值（SV）。

c. 计数器的输出状态（0 或者 1）。

③ 计数器的编号。

C0、C1、…、C255。

S7-200 有 256 个计数器。

计数器存储器区每个计数器地址的表示应该包括存储器标识符、计数器号两部分。存储器标识符为 "C"，计数器号为整数。比如 C1 表明计数器 1。

实际上 C1 既可以表示计数器 1 的输出状态（0 或者 1），也可以表示计数器 1 的当前计数值。这就是说计数器的数据和定时器一样具有两种数据结构。

（9）高速计数器区（HSC 区）

高速计数器用来累计比 CPU 扫描速率更快的事件。S7-200 各个高速计数器不仅计数频率高达 30kHz，而且有 12 种工作模式。

S7-200 各个高速计数器有 32 位带符号整数计数器的当前值。若要存取高速计数器的值，则必须给出高数计数器的地址，即高数计数器的编号。

高速计数器的编号 HSC0、HSC1、HSC2、HSC3、HSC4、HSC5。

S7-200 有 6 个高速计数器。其中，CPU 221 和 CPU 222 仅有 4 个高速计数器（HSC0、HSC3、HSC4、HSC5）。

高速计数器区每个高速计数器地址的表示应该包括存储器标识符、计数器号两部分。存储器标识符为 "HSC"，计数器号为整数。比如 HSC1 表明高速计数器 1。

（10）累加器区（AC 区）

累加器是可以像存储器那样进行读/写的设备。例如，可以用累加器向子程序传递参数，或从子程序返回参数，以及用来存储计算的中间数据。

S7-200　CPU 提供了 4 个 32 位累加器（AC0，AC1，AC2，　　AC3）。

可以按字节、字或双字来存取累加器数据中的数据。但是，以字节形式读/写累加器中的数据时，只能读/写累加器 32 位数据中的最低 8 位数据。如果是以字的形式读/写累加器中的数据，只能读/写累加器 32 位数据中的低 16 位数据。只有采取双字的形式读/写累加器中的数据才能一次读写其中的 32 位数据。

因为 PLC 的运算功能是离不开累加器的，因此不能像占用其他存储器那样占用累加器。

（11）特殊存储器区（SM 区）

特殊存储器是 S7-200 PLC 为 CPU 和用户程序之间传递信息的媒介。它们可以反映 CPU 在运行中的各种状态信息，用户可以根据这些信息来判断机器工作状态，从而确定用户程序该做什么，不该做什么。这些特殊信息也需要用存储器来寄存，特殊存储器就是根据这个要求设计的。

① 特殊存储器区　S7-200 CPU 的特殊存储器区用 SM 表示。特殊存储器区的数据有些是可读可写的，有一些是只读的。特殊存储器区的数据可以是位，也可以是字节（8bit）、字（16bit）或者双字（32bit）。其表示形式如下。

• 用位表示　　SM0.0、SM0.1、…、SM0.7

SM1.0、SM1.1、…、SM1.7

…

SM179.0、SM179.1、…、SM194.7。

特殊存储器区每个位地址的表示应该包括存储器标识符、字节地址及位号三部分。存储器标识符为“SM”，字节地址为整数部分，位号为小数部分。比如 SM0.1 表明特殊存储器第 0 个字节的第 1 位。

• 用字节表示　SMB0、SMB1、…、SMB194。

特殊存储器区每个字节地址的表示应该包括存储器字节标识符、字节地址两部分。字节标识符为“SMB”，字节地址为整数部分。比如 SMB1 表明位存储器第 1 个字节，共 8 位，其中第 0 位是最低位，第 7 位是最高位。

• 用字表示　SMW0、SMW2、…、SMW194。

特殊存储器区每个字地址的表示应该包括存储器字标识符、字地址两部分。字标识符为“SMW”，字地址为整数部分。一个字含两个字节，一个字中的两个字节的地址必须连续，且低位字节在一个字中应该是高 8 位，高位字节在一个字中应该是低 8 位。比如，SMW0 中的 SMB0 应该是高 8 位，SMB1 应该是低 8 位。

• 用双字表示　SMD0、SMD4、…、SMD192。

位存储器区每个双字地址的表示应该包括存储器双字标识符、双字地址两部分。双字标识符为“SMD”，双字地址为整数部分。一个双字含四个字节，四个字节的地址必须连续。最低位字节在一个双字中应该是最高 8 位。比如，SMD0 中的 SMB0 应该是最高 8 位，SMB1 应该是次高 8 位，SMB2 应该是次低 8 位，SMB3 应该是最低 8 位。

应当指出 S7-200 PLC 的特殊存储器区头 30 个字节为只读区。

② 常用的特殊继电器及其功能

• SMB0 字节（系统状态位）。

SM0.0　　PLC 运行时这一位始终为 1，是常 ON 继电器。

SM0.1    PLC 首次扫描时为一个扫描周期。用途之一是调用初始化使用。

SM0.3    开机进入 RUN 方式将 ON 一个扫描周期。

SM0.4    该位提供了一个周期为 1min，占空比为 0.5 的时钟。

SM0.5    该位提供了一个周期为 1s，占空比为 0.5 的时钟。

· SMB1 字节（系统状态位）。

SM1.0    当执行某些命令时，其结果为 0 时，该位置 1。

SM1.1    当执行某些命令时，其结果溢出或出现非法数值时，该位置 1。

SM1.2    当执行数学运算时，其结果为负数时，该位置 1。

SM1.6    当把一个非 BCD 数转换为二进制数时，该位置 1。

SM1.7    当 ASCⅡ 不能转换成有效的十六进制数时，该位置 1。

· SMB2 字节（自由口接收字符）。

SMB2    为自由口通信方式下，从 PLC 端口 0 或端口 1 接收到的每一个字符。

· SMB3 字节（自由口奇偶校验）。

SM3.0    为端口 0 或端口 1 的奇偶校验出错时，该位置 1。

· SMB4 字节（队列溢出）。

SM4.0    当通信中断队列溢出时，该位置 1。

SM4.1    当输入中断队列溢出时，该位置 1。

SM4.2    当定时中断队列溢出时，该位置 1。

SM4.3    在运行时刻，发现编程问题时，该位置 1。

SM4.4    当全局中断允许时，该位置 1。

SM4.5    当（端口 0）发送空闲时，该位置 1。

SM4.6    当（端口 1）发送空闲时，该位置 1。

· SMB5 字节（I/O 状态）。

SM5.0    有 I/O 错误时，该位置 1。

SM5.1    当 I/O 总线上接了过多的数字量 I/O 点时，该位置 1。

SM5.2    当 I/O 总线上接了过多的模拟量 I/O 点时，该位置 1。

SM5.7    当 DP 标准总线出现错误时，该位置 1。

· SMB6 字节（CPU 识别寄存器）。

SM6.7～6.4＝0000 为 CPU 212/CPU 222。

SM6.7～6.4＝0010 为 CPU 214/CPU 224。

SM6.7～6.4＝0110 为 CPU 221。

SM6.7～6.4＝1000 为 CPU 215。

SM6.7～6.4＝1001 为 CPU 216/CPU 226。

· SMB8～SMB21 字节（I/O 模块识别和错误寄存器）。

SMB8     模块 0 识别寄存器。

SMB9     模块 0 错误寄存器。

SMB10    模块 1 识别寄存器。

SMB11    模块 1 错误寄存器。

SMB12    模块 2 识别寄存器。

SMB13    模块 2 错误寄存器。

SMB14      模块 3 识别寄存器。

SMB15      模块 3 错误寄存器。

SMB16      模块 4 识别寄存器。

SMB17      模块 4 错误寄存器。

SMB18      模块 5 识别寄存器。

SMB19      模块 5 错误寄存器。

SMB20      模块 6 识别寄存器。

SMB21      模块 6 错误寄存器。

• SMW22～SMW26 字节（扫描时间）。

SMW22      上次扫描时间。

SMW24      进入 RUN 方式后，所记录的最短扫描时间。

SMW26      进入 RUN 方式后，所记录的最长扫描时间。

• SMB28 和 SMB29 字节（模拟电位器）。

SMB28      存储模拟电位 0 的输入值。

SMB29      存储模拟电位 1 的输入值。

• SMB30 和 SMB130 字节（自由口控制寄存器）。

SMB30      控制自由口 0 的通信方式。

SMB130     控制自由口 1 的通信方式。

• SMB34 和 SMB35 字节（定时中断时间间隔寄存器）。

SMB34      定义定时中断 0 的时间间隔（5～255ms，以 1ms 为增量）。

SMB35      定义定时中断 1 的时间间隔（5～255ms，以 1ms 为增量）。

• SMB36～SMB65 字节（高速计数器 HSC0、HSC1 和 HSC2 寄存器）。

SMB36      HSC0 当前状态寄存器。

SMB37      HSC0 控制寄存器。

SMD38      HSC0 新的当前值。

SMD42      HSC0 新的预置值。

SMB46      HSC1 当前状态寄存器。

SMB47      HSC1 控制寄存器。

SMD48      HSC1 新的当前值。

SMD52      HSC1 新的预置值。

SMB56      HSC2 当前状态寄存器。

SMB57      HSC2 控制寄存器。

SMD58      HSC2 新的当前值。

SMD62      HSC2 新的预置值。

• SMB66～SMB85 字节（监控脉冲输出 PTO 和脉宽调制 PWM 功能）。

• SMB86～SMB94，SMB186～SMB179 字节（接收信息控制）。

SMB86～SMB94 为通信口 0 的接收信息控制。

SMB186～SMB179 为通信口 1 的接收信息控制。

接收信息状态寄存器 SMB86 和 SMB186。

接收信息控制寄存器 SMB87 和 SMB187。

- SMB98 和 SMB99 字节（有关扩展总线的错误号）。
- SMB131～SMB165 字节（高速计数器 HSC3、HSC4 和 HSC5 寄存器）。
- SMB166～SMB179 字节（PTO0、PTO1 的包络步的数量、包络表的地址和 V 存储器中表的地址）。

### 4.5.2 S7-200 的寻址方式

S7-200 PLC 编程语言的基本单位是语句，而语句的构成是指令。每条指令有两部分组成，一部分是操作码，另一部分是操作数。操作码是指出这条指令的功能是什么，操作数则指明了操作码所需要的数据所在。所谓寻址，就是寻找操作数的过程。S7-200 CPU 的寻址方式可以分为三种。即立即寻址、直接寻址和间接寻址。

（1）立即寻址

① 关于立即寻址　在一条指令中，如果操作码后面的操作数就是操作码所需要的具体数据，这种指令的寻址方式就叫作立即寻址。

例如：传送指令"MOV　IN，OUT"　中，操作码"MOV"指出该指令的功能把 IN 中的数据传送给 OUT 中。其中 IN 是被传送的源操作数，OUT 表示要传送到的目标操作数。

如果该指令为："MOVD　2505，VD500"，该指令的功能是将十进制数 2505 传送给 VD500 中。这里 2505 就是指令码中的源操作数，因为这个操作数的数值已经在指令中了，不用再去寻找了，这个操作数即立即数，这个寻址方式就是立即寻址方式。而目标操作数的数值在指令中并未给出，只给出了要传送到的地址 VD500，这个操作数的寻址方式就不是立即寻址，而是直接寻址了。

② 关于立即数　S7-200 指令中的立即数（常数）可以为字节、字或双字。CPU 可以以二进制方式、十进制方式、十六进制方式、ASCII 方式、浮点数方式来存储。

- 十进制格式　　　　　　　［十进制数］。
  取值范围为：　　　　　　字节 0～255、字 0～65535、双字 0～4294967295。
  例如：　　　　　　　　　255。
- 十六进制格式　　　　　　16#［十六进制数］
  取值范围为：　　　　　　字节 0～FF、字 0～FFFF、双字 0～FFFF FFFF。
  例如：　　　　　　　　　16#100F。
- 实数或浮点格式　　　　　［浮点数］。
  例如：　　　　　　　　　2.05，+1.175495E-3。

③ 关于 ASCII 码格式和二进制格式
- ASCII 码格式　　　　　　"［ASCII 码文本］"。
  例如：　　　　　　　　　"ABCDEF"。
- 二进制格式　　　　　　　2#［二进制数］。
  例如：　　　　　　　　　2#1010-0101-1010-0101。

应当指出，S7-200 CPU 不支持"数据类型"或数据的检查（例如指定常数作为整数、带符号整数或双整数来存储），且不检查某个数据的类型。举例来说，ADD 指令可以 VW100 的值作为一个带符号整数来使用，而一条异或指令也可以把 VW100 中的值当作为一个带符号二进制数来使用。

（2）直接寻址

① 关于直接寻址方式　在一条指令中，如果操作码后面的操作数是以操作数所在地址的形式出现的，这种指令的寻址方式就叫作直接寻址。

仍以传送指令"MOV IN，OUT"为例。如果该指令为："MOVD VD400，VD500"，该指令的功能是将VD400中的双字数据传送给VD500。指令中的源操作数的数值在指令中并未给出，只给出了储存操作数的地址VD400，寻址时要到该地址VD400中寻找操作数，这种以给出操作数地址的形式的寻址方式是直接寻址。

② 关于直接地址　在直接寻址中，指令中给出的是操作数的存放地址。在S7-200中，可以存放操作数的存储区有输入映像寄存器（I）存储区、输出映像寄存器（Q）存储区、变量（V）存储区、位存储器（M）存储区、顺序控制继电器（S）存储区、特殊存储器（SM）存储区、局部存储器（L）存储区、定时器（T）存储区、计数器（C）存储区、模拟量输入（AI）存储区、模拟量输出（AQ）存储区、累加器区和高速计数器区。

（3）间接寻址

① 关于间接寻址方式　在一条指令中，如果操作码后面的操作数是以操作数所在地址的地址的形式出现的，这种指令的寻址方式就叫作间接寻址。

例如：如果传送指令为："MOVD 2505，* VD500"。这里 * VD500中指出的不是存放2505的地址，而是存放2505的地址的地址。例如VD500中存放的是VB0，则VD0才是存放2505的地址。该指令的功能是将十进制数2505传送给VD0地址中。指令中的目标操作数的数值在指令中并未给出，只给出了储存操作数的地址的地址VD500，这种以给出操作数地址的地址形式的寻址方式是间接寻址。

② 关于间接地址　S7-200的间接寻址方式适用的存储区为I区、Q区、V区、M区、S区、T区（限于当前值）、C区（限于当前值）。除此之外，间接寻址还需要建立间接寻址的指针和对指针的修改。

• 关于建立指针。

为了对某一存储区的某一地址进行间接访问，首先要为该地址建立指针。指针长度为双字，存放另一个存储器的地址。间接寻址的指针只能使用变量存储区（V）、局部存储区（L）或累加器（AC1、AC2、AC3）作为指针。为了生成指针，必须使用双字传送指令（MOVD），将存储器某个位置的地址移入存储器的另一个位置或累加器作为指针。指令的输入操作数必须使用"&"符号表示是某一位置的地址，而不是它的数值。把从指针处取出的数值传送到指令输出操作数标识的地址位置。

例如：　　　MOVD 　　　& VB0，VD500

　　　　　　　MOVD 　　　& VB0，AC2

　　　　　　　MOVD 　　　& VB0，L8

　　　　　　　……

• 关于使用指针来存取数据。

在操作数前面加"*"号表示该操作数为一个指针，指针指出的是操作数所在的地址。

例如：MOVD 　　　& VB0，VD10 　　是确定了VD10是间接寻址的指针。

如果执行指令 MOVD 　　　* VD10，VD20，则是把 VD10 指针指出的地址 VD0 中的数据传送到 VD20 中。

如果执行指令 MOVW 　　　* VD10，VW30，则是把 VD10 指针指出的地址 VW0 中的数据传送到 VW30 中。

如果执行指令 MOVB　　　＊VD10，VB40，则是把 VD10 指针指出的地址 VB0 中的数据传送到 VB40 中。

　　• 关于修改指针。

在间接寻址方式中，指针指示了当前存取数据的地址。当一个数据已经存入或取出，如果不及时修改指针会出现以后的存取仍使用用过的地址，为了使存取地址不重复，必须修改指针。因为指针为 32 位的值，所以使用双字指令来修改指针值。简单的数学运算指令，加法指令 "＋D　IN1，OUT" 或自增指令 "INCD　OUT" 可用于修改指针值。

要注意存取的数据的长度。当存取字节时，指针值加 1；当存取一个字、定时器或计数器的当前值时，指针值加 2。当存取双字时，指针值加 4。

例如：
| LD | SM0.1 | //PLC 首次扫描为 ON 状态 |
| MOVD | ＆VB0，VD10 | //把 VB0 的地址装入间接寻址的地址指针 VD10 |
| LD | I0.0 | //输入 I0.0 由 OFF 变为 ON 时有效 |
| MOVD | ＊VD10，VD20 | //将 VD0 中的数据传送到 VD20 中 |
| ＋D | ＋4，VD10 | //地址指针 VD10 指向 VB4 |
| LD | I0.2 | //输入 I0.2 由 OFF 变为 ON 时有效 |
| MOVW | ＊VD10，VW24 | //将 VW4 中的数据传送到 VW24 中 |
| ＋D | ＋2，VD10 | //地址指针 VD10 指向 VB6 |
| MOVB | ＊VD10，VB26 | //将 VB6 中的数据传送到 VB26 中 |
| INCD | VD10 | //地址指针 VD10 指向 VB7 |

在这个例子中，当 PLC 启动后 SM0.1 使 VD10 装入的间接地址指针为 VB0。当 I0.0 为 ON 时，把 VD0 的数据装入 VD20 中，利用加法指令把 VD10 中的间接地址指针修改为 VB4。当 I0.2 为 ON 时，把 VW4 的数据装入 VW24 中，利用加法指令把 VD10 中的间接地址指针修改为 VB6，接着把 VB6 的数据装入 VB26 中，利用加 1 指令把 VD10 中的间接地址指针修改为 VB7。从这个例子中可以看到 S7-200 的间接寻址的全过程。

## 思考与练习

4-1　国际电工委员会对 PLC 是如何定义的？

4-2　与传统的继电器控制相比，PLC 有哪些优点？

4-3　简述 PLC 的基本结构及各组成部分的作用。

4-4　简述 PLC 的基本工作原理。

4-5　PLC 有哪些标准编程语言？各有什么特点？

4-6　S7-200 有哪些内部编程元件？分别用什么表示？

4-7　S7-200 有几种寻址方式？试举例说明。

**5**章

# S7-200 PLC的基本
# 指令及应用

## 5.1 S7-200 的程序结构

S7-200 程序有三种。一种是主程序，主程序只有一个，名称为 OB1。第二种是子程序，子程序可以达到 64 个，名称分别为 SBR0～SBR63。子程序可以在主程序中调用，也可以由子程序或中断程序调用。第三种是中断程序，中断程序可以达到 128 个，名称分别为 INT0～INT127。中断方式有输入中断、定时中断、高速计数器中断、通信中断等中断事件引发，当 CPU 响应中断时，可以执行中断程序。

由这三种程序可以组成线性程序和分块程序两种结构。

线性程序是指一个工程的全部控制任务都按照工程控制的顺序写在一个程序中，比如写在 OB1 中。程序执行过程中，CPU 不断地扫描 OB1，按照事先准备好的顺序去执行控制工作。如图 5-1 所示。

显然，线性程序结构简单，一目了然。但是，当控制工程大到一定程度之后，仅仅采用线性程序就会使整个程序变得庞大而难以编制、难以调试了。

图 5-1 线性程序

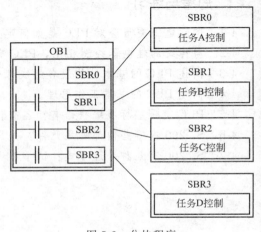

图 5-2 分块程序

分块程序是指一个工程的全部控制任务被分成多个小的任务块，每个任务块的控制任务根据具体情况分别放到子程序中或者放到中断程序中。程序执行过程 CPU 不断地调用这些子程序或者被中断程序中断，如图 5-2 所示。

分块程序虽然结构复杂一些，但是它可以把一个复杂的过程分解成多个简单的过程，对于具体的程序块容易编写和调试。从总体上看分块程序的优势是十分明显的。

## 5.2 S7-200 的位逻辑指令

S7-200 的指令有三种表达形式。这三种形式为语句表、梯形图和功能块图。实际应用中采用梯形图编写程序较为普遍。这是因为梯形图是一种通用的图形编程语言，不同类型的 PLC 的梯形图的图形表达相差无几。语句表编写的程序是最接近机器代码的文本程序。在 S7-200 的三种编程语言中，语句表使用最广，保存、注释最方便。本书中介绍的指令和编程都是以梯形图和语句表为主。读者想了解功能块图的相关内容请查阅书后的参考文献。

（1）标准触点

• 标准触点的梯形图表示：标准常开触点由标准常开触点和触点位地址 bit 构成。标准常闭触点由标准常闭触点和触点位地址 bit 构成。

• 标准触点的语句表表示：标准常开触点由操作码"LD"和标准常开触点位地址 bit 构成。标准常闭触点由操作码"LDN"和标准常闭触点位地址 bit 构成。标准触点用梯形图、语句表的表示如图 5-3 所示。

• 标准触点的功能：常开触点是在其线圈不带电时其触点是断开的（其触点的状态为 OFF 或为 0），而其线圈带电时其触点是闭合的（其触点的状态为 ON 或为 1）。常闭触点是在其线圈不带电时其触点是闭合的（其触点的状态为 ON 或为 1），当其线圈带电时其触点是断开的（其触点的状态为 OFF 或为 0）。在程序执行过程，标准触点起开关的触点作用。

• 操作数范围：标准触点的取值范围是 I、Q、M、SM、T、C、V、S、L（位）。

（2）立即触点

• 立即触点的梯形图表示：立即常开触点由立即常开触点和触点位地址 bit 构成。立即常闭触点由立即常闭触点和触点位地址 bit 构成。

• 立即触点的语句表表示：立即常开触点操作码"LDI"和立即常开触点位地址 bit 构成。立即常闭触点由操作码"LDNI"和立即常闭触点位地址 bit 构成。立即触点用梯形图、语句表的表示如图 5-4 所示。

图 5-3　标准触点　　　　　　图 5-4　立即触点

• 立即触点的功能：含有立即触点的指令叫立即指令。当立即指令执行时，CPU 直接读取其物理输入的值，而不是更新映像寄存器。在程序执行过程中，立即触点起开关的触点作用。

• 操作数范围：I（位）。

（3）输出操作

• 输出操作的梯形图表示：输出操作由输出线圈和位地址 bit 构成。

• 输出操作的语句表表示：输出操作由输出操作码"＝"和线圈位地址 bit 构成。输出操作用梯形图、语句表的表示如图 5-5 所示。

• 输出操作的功能：输出操作是把前面各逻辑运算的结果复制到输出线圈，从而使输出线圈驱动的输出常开触点闭合，常闭触点断开。输出操作时，CPU 是通过输入/输出映像区来读/写输出的状态的。

• 输出操作的操作数范围：I、Q、M、SM、T、C、V、S、L（位）。

（4）立即输出操作

• 立即输出操作的梯形图表示：立即输出操作由立即输出线圈位和位地址构成。

• 立即输出操作的语句表表示：立即输出操作由操作码"＝I"和立即输出线圈位地址 bit 构成。立即输出操作用梯形图和语句表的表示如图 5-6 所示。

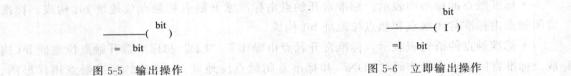

图 5-5　输出操作　　　　　　　　　　　　　　　图 5-6　立即输出操作

• 立即输出操作的功能：含有立即输出的指令叫立即指令。当立即指令执行时，CPU 直接读取其物理输入的值，而不是更新映像寄存器。立即输出操作是把前面各逻辑运算的结果复制到标准输出线圈，从而使立即输出线圈驱动的立即输出常开触点闭合，常闭触点断开。

• 操作数范围：Q（位）。

（5）逻辑与操作

• 逻辑与操作的梯形图表示：逻辑与操作由标准触点或立即触点的串联构成。

• 逻辑与操作的语句表表示：逻辑与操作由操作码"A"和触点的位地址构成。其梯形图和语句表表示形式和对应的逻辑关系如图 5-7 所示。

• 逻辑与操作的功能：与逻辑是指两个元件的状态都是 1 时才有输出，两个元件中只要有一个为 0，就无输出。

在图 5-7 中，当操作数 I0.0 和操作数 I0.1 进行与操作时，其输入（I0.0 和 I0.1）与输出（Q0.0）的逻辑关系如下。

I0.0＝0　且　I0.1＝0，则　Q0.0＝0。

I0.0＝1　且　I0.1＝0，则　Q0.0＝0。

I0.0＝0　且　I0.1＝1，则　Q0.0＝0。

I0.0＝1　且　I0.1＝1，则　Q0.0＝1。

其逻辑关系为只有当 I0.0 与 I0.1 都是 1 时，Q0.0 才可能为 1。

• 操作数范围：I、Q、M、SM、T、C、V、S、L（位）。

（6）逻辑或操作

• 逻辑或操作的梯形图表示：逻辑或操作由标准触点或立即触点的并联构成。

• 逻辑或操作的语句表表示：逻辑或操作由操作码"O"和触点的位地址构成。其梯形图和语句表表示形式和对应的逻辑关系如图 5-8 所示。

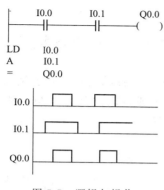

图 5-7　逻辑与操作

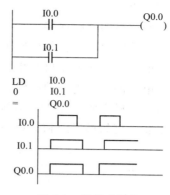

图 5-8　逻辑或操作

- 逻辑或操作的功能：或逻辑是指两个元件的状态只要有一个是 1 就有输出，只有当两个元件都是 0 时才无输出。在图 5-8 中，当操作数 I0.0 和操作数 I0.1 进行或操作时，其输入（I0.0 和 I0.1）与输出（Q0.0）的逻辑关系如下。

I0.0＝0　且　I0.1＝0，则　Q0.0＝0。

I0.0＝1　且　I0.1＝0，则　Q0.0＝1。

I0.0＝0　且　I0.1＝1，则　Q0.0＝1。

I0.0＝1　且　I0.1＝1，则　Q0.0＝1。

其逻辑关系为 I0.0 或 I0.1 有一个为 1，Q0.0 就为 1。

- 操作数范围：I、Q、M、SM、T、C、V、S、L（位）。

（7）取非操作

- 取非操作的梯形图表示：取非操作是在一般触点上加写 "NOT" 字符构成。

- 取非操作的语句表表示：取非操作是由操作码 "NOT" 构成，它只能和其他操作联合使用，本身没有操作数。其梯形图和语句表的表示如图 5-9 所示。

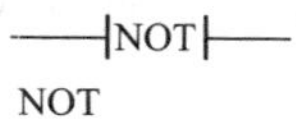

NOT

图 5-9　取非操作

- 取非操作的功能：取非操作就是把源操作数的状态取反作为目标操作数输出。当操作数的状态为 OFF（或 0）时，对操作数取非操作的结果状态应该是 ON（或 1）；若操作数的状态是 ON（或 1），对操作数取非的结果状态应该是 OFF（或 0）。

（8）串联电路的并联连接

- 串联电路的并联连接的梯形图表示：这是一个由多个触点的串联构成一条支路，一系列这样的支路再互相并联构成的复杂电路。

- 串联电路的并联连接的语句表表示：串联电路的并联连接的语句表示是在两个与逻辑的语句后面用操作码 "OLD" 连接起来，表示上面两个与逻辑之间是 "或" 的关系。串联电路的并联连接的梯形图和语句表表示形式如图 5-10 所示。

- 串联电路的并联连接的功能：所谓串联就是指触点间是与的逻辑关系，多个触点的与的连接就构成了一个串联电路。串联电路的并联连接就是指多个串联电路之间又构成了

"或"的逻辑操作。在执行程序时，先算出各个串联支路（与逻辑）的结果，再把这些结果的或传送到输出。

（9）并联电路的串联连接

• 并联电路的串联连接的梯形图表示：这是一个由多个触点的并联构成一个局部电路，一系列这样的一个局部电路再互相串联构成的复杂电路。

• 并联电路的串联连接的语句表表示：并联电路的串联连接的语句表表示是在两个或逻辑的语句后面用操作码"ALD"连接起来，表示上面两个或逻辑之间是"与"的关系。并联电路的串联连接的梯形图和语句表表示形式如图 5-11 所示。

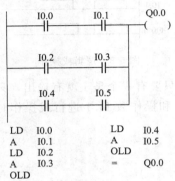

图 5-10　串联电路的并联连接

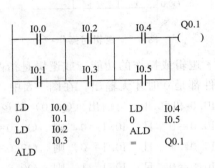

图 5-11　并联电路的串联连接

• 并联电路的串联连接的功能：所谓并联就是指触点间是"或"的逻辑关系，多个触点的或的连接就构成了一个并联电路。并联电路的串联连接就是指多个并联电路之间又构成了与的逻辑操作。在执行程序时，先算出各个并联支路（或逻辑）的结果，再把这些结果的与传送到输出。

（10）置位与复位操作

① 置位操作

• 置位操作的梯形图表示：置位操作是由置位线圈、置位线圈的位地址和置位线圈数 n 构成。

• 置位操作的语句表表示：置位操作是由置位操作码 S、置位线圈的位地址和置位线圈数目 n 构成。置位操作的梯形图和语句表的表示如图 5-12 所示。

• 置位操作的功能：当置位信号（图中为 I0.0）为 1 时，被置位线圈（图中为 Q0.0）置 1。当置位信号变为 0 以后，被置位位的状态可以保持，直到使其复位信号的到来。

• 置位操作的注意问题：在执行置位指令时，应当注意被置位的线圈数目是从指令中指定的位元件开始共有 n 个。图 5-12 中，若 n=8，被置位的线圈为 Q0.0、Q0.1、…、Q0.7。

• 操作数范围：

置位线圈 bit：I、Q、M、SM、T、C、V、S、L（位）。

置位线圈数目 n：VB、IB、QB、MB、SB、LB、AC、常数、＊VD、＊AC、＊LD。

② 复位操作

• 复位操作的梯形图表示：复位操作是由复位线圈、复位线圈的位地址和复位线圈数 n 构成。

• 复位操作的语句表表示：复位操作是由复位操作码 R、复位线圈的位地址和复位线圈数 n 构成。复位操作的梯形图和语句表的表示如图 5-13 所示。

• 复位操作的功能：当复位信号（图中为 I0.0）为 1 时，被复位位（图中为 Q0.0）置 0。当复位信号变为 0 以后，被复位位的状态可以保持，直到使其置位信号的到来。

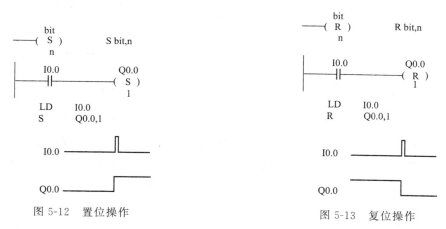

图 5-12　置位操作　　　　　　　　图 5-13　复位操作

• 复位操作的注意问题：在执行复位指令时，应当注意被复位的线圈数目是从指令中指定的位元件开始共有 n 个。图 5-13 中，若 n＝10，被复位的线圈为 Q0.0、Q0.1、…、Q1.1。

• 操作数范围：

复位线圈 bit：I、Q、M、SM、T、C、V、S、L（位）。

复位线圈数目 n：VB、IB、QB、MB、SB、LB、AC、常数、＊VD、＊AC、＊LD。

（11）立即置位与立即复位操作

① 立即置位操作

• 立即置位操作的梯形图表示：立即置位操作由立即置位线圈、立即置位线圈的位地址和立即置位线圈数 n 构成。

• 立即置位操作的语句表表示：立即置位操作由立即置位操作码 SI、立即置位线圈的位地址和立即置位线圈数 n 构成。立即置位操作的梯形图和语句表的表示如图 5-14 所示。

• 立即置位操作的功能：含有立即置位的指令叫立即指令。当立即指令执行时，CPU直接读取其物理输入的值，而不是更新映像寄存器。当置位信号（图中为 I0.0）为 1 时，被置位位（图中为 Q0.0）置 1。当置位信号变为 0 以后，被置位位的状态可以保持，直到使其复位信号的到来。

• 立即置位操作的注意问题：同置位操作。

• 操作数范围：

置位线圈 bit：Q。

置位线圈数目 n：VB、IB、QB、MB、SB、LB、AC、常数、＊VD、＊AC、＊LD。

② 立即复位操作

• 立即复位操作的梯形图表示：立即复位操作由立即复位线圈、立即复位线圈的位地址和立即复位线圈数 n 构成。

• 立即复位操作的语句表表示：立即复位操作由立即复位操作码 RI、立即复位线圈的位地址和立即复位线圈数 n 构成。立即复位操作的梯形图和语句表的表示如图 5-15 所示。

• 立即复位操作的功能：含有立即复位的指令叫立即指令。当立即指令执行时，CPU

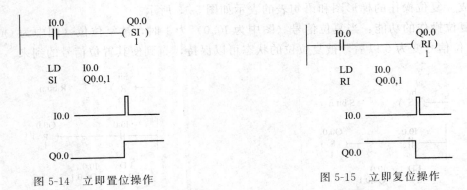

图 5-14  立即置位操作　　　　　图 5-15  立即复位操作

直接读取其物理输入的值，而不是更新映像寄存器。当复位信号（图中为 I0.0）为 1 时，被复位位（图中为 Q0.0）置 0。当复位信号变为 0 以后，被复位位的状态可以保持，直到使其置位信号的到来。

立即复位操作的注意问题：同复位操作。

• 操作数范围：

复位线圈 bit：Q。

复位线圈数目 n：VB、IB、QB、MB、SB、LB、AC、常数、＊VD、＊AC、＊LD。

（12）微分操作

① 上微分操作

• 上微分操作的梯形图表示：上微分由常开触点加上微分符"P"构成。

• 上微分操作的语句表表示：上微分由上微分操作码"EU"构成。上微分操作的梯形图和语句表的表示如图 5-16 所示。

• 上微分操作的功能：所谓上微分是指某一位操作数的状态由 0 变为 1 的过程，即出现上升沿的过程，上微分指令在这种情况下可以形成一个 ON 一个扫描周期的脉冲。这个脉冲可以用来启动下一个控制程序、启动一个运算过程、结束一段控制等。

• 上微分操作的注意问题：上微分脉冲只存在一个扫描周期，接受这一脉冲控制的元件应写在这一脉冲出现的语句之后。

② 下微分操作

• 下微分操作的梯形图表示：下微分由常开触点加下微分符"N"构成。

• 下微分操作的语句表表示：下微分由下微分操作码"ED"构成。下微分操作的梯形图和语句表的表示如图 5-17 所示。

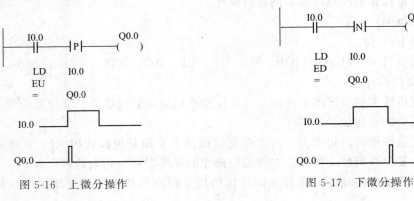

图 5-16  上微分操作　　　　　图 5-17  下微分操作

• 下微分操作的功能：所谓下微分是指某一位操作数的状态由 1 变为 0 的过程，即出现下降沿的过程，下微分指令在这种情况下可以形成一个 ON 一个扫描周期的脉冲。这个脉冲可以像上微分脉冲一样，用来启动下一个控制程序、启动一个运算过程、结束一段控制等。

• 下微分操作的注意问题：下微分脉冲只存在一个扫描周期，接受这一脉冲控制的元件应写在这一脉冲出现的语句之后。

## 5.3　S7-200 的定时器和计数器指令

定时器和计数器是 PLC 的重要元件，S7-200 PLC 共有三种定时器和三种计数器。定时器可分为接通延时定时器（TON）、断开延时定时器（TOF）和带有记忆接通延时定时器（TONR），这些定时器分布于整个 T 区。计数器可分为增计数器（CTU）、减计数器（CTD）和增减计数器（CTUD），这些计数器分布在 C 区。

（1）定时器指令

① 接通延时定时器（TON）

• 接通延时定时器的梯形图表示：接通延时定时器由定时器标识符 TON、定时器的启动电平输入端 IN、时间设定值输入端 PT 和接通延时定时器编号 Tn 构成。

• 接通延时定时器的语句表表示：接通延时定时器由定时器标识符 TON、定时器编号 Tn 和时间设定值 PT 构成。具体梯形图和语句表示如图 5-18 所示。

图 5-18　接通延时定时器

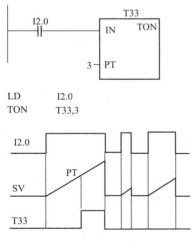

```
LD      I2.0
TON     T33,3
```

图 5-19　接通延时定时器应用示例

• 接通延时的工作原理：当定时器的启动信号 IN 的状态为 0 时，定时器的当前值 SV＝0，定时器 Tn 的状态也是 0，定时器没有工作。当 Tn 的启动信号由 0 变为 1 时，定时器开始工作，每过一个时基时间，定时器的当前值 SV＝SV＋1，当定时器的当前值 SV 等于定时器的设定值 PT 时，定时器的延时时间到了，这时定时器的状态由 0 转换为 1，在定时器输出状态改变后，定时器继续计时，直到 SV＝32767（最大值）时，才停止计时，SV 将保持不变。只要 SV＞PT 值，定时器的状态就为 1，如果不满足这个条件，定时器的状态应为 0。

当 IN 信号由 1 变为 0，则 SV 被复位（SV＝0），Tn 状态也为 0。当 1N 从 0 变为 1 后，维持的时间不足以使得 SV 达到 PT 值时 Tn 的状态不会由 0 变为 1。

如图 5-19 所示，I2.0＝0 时 T33＝0，T33 的 SV＝0。I2.0＝1 时 T33 开始计时 SV 在增加，当 SV＝3（计时到 3ms）时，T33 由 0 变为 1。当 I2.0 从 0 变为 1 以后，SV 没有到 3 时，I2.0 又变为 0 了。这时 SV＝0，T33 不会出现 1 状态。

• 接通延时定时器的注意事项：接通延时定时器的作用是进行精确的定时。应用时要注意恰当地使用不同时基的定时器，以提高定时器的时间精度。

时基为 1ms 的定时器有：T32、T96。

时基为 10ms 的定时器有：T33～T36、T97～T100。

时基为 100ms 的定时器有：T37～T63、T101～T255。

• 操作数范围：

定时器编号 n 为：0～255。

IN 信号范围为：I、Q、M、SM、T、C、V、S、L（位）。

PT 值范围为：IW、QW、MW、SMW、VW、SW、LW、AIW、T、C、常数、AC、*VD、*AC、*LD（字）。

② 断开延时定时器（TOF）

• 断开延时定时器的梯形图表示：断开延时定时器由定时器标识符 TOF、定时器的启动电平输入端 IN、时间设定值输入端 PT 和 TOF 定时器编号 Tn 构成。

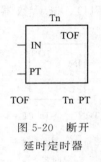

图 5-20　断开延时定时器

• 断开延时定时器的语句表表示：断开延时定时器由定时器标识符 TOF、定时器编号 Tn 和时间设定值 PT 构成。具体梯形图和语句表示如图 5-20 所示。

• 断开延时定时器的工作原理：当定时器的启动信号 IN 的状态为 1 时，定时器的当前值 SV＝0，定时器 Tn 的状态也是 1，定时器没有工作。当 Tn 的启动信号由 1 变为 0 时，定时器开始工作，每过一个时基时间，定时器的当前值 SV＝SV＋1，当定时器的当前值 SV 等于定时器的设定值 PT 时，定时器的延时时间到了，这时定时器的状态由 1 转换为 0，在定时器输出状态改变后，定时器停止计时，SV 将保持不变，定时器的状态仍为 0。当 IN 信号由 0 变为 1 则 SV 被复位（SV＝0），Tn 状态也为 1。当 IN 从 1 变为 0 后，维持的时间不足以使得 SV 达到 PT 值时 Tn 的状态不会由 1 变为 0。

如图 5-21 所示，I2.0＝1 时 T33＝1，T33 的 SV＝0。I2.0＝0 时 T33 开始计时 SV 在增加，当 SV＝3（计时到 3ms）时，T33 由 1 变为 0。当 I2.0 从 0 变为 1 以后，SV＝0，T33＝1。当 I2.0 由 1 再次变为 0，但是 I2.0＝0 的时间没达到 3ms 又换为 1 时，这时 T33 不会出现 0 状态。

• 断开延时定时器的注意事项：断开延时定时器的作用是进行精确的定时。应用时要注意恰当地使用不同时基的定时器，以提高定时器的时间精度。

时基为 1ms 的定时器有：T32、T96。

时基为 10ms 的定时器有：T33～T36、T97～T100。

时基为 100ms 的定时器有：T37～T63、T101～T255。

• 操作数范围：

定时器编号 n 为：0～255。

IN 信号范围为：I、Q、M、SM、T、C、V、S、L（位）。

PT 值范围为：IW、QW、MW、SMW、VW、SW、LW、AIW、T、C、常数、AC、*VD、*AC、*LD（字）。

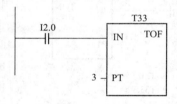

```
LD      I2.0
TOF     T33,3
```

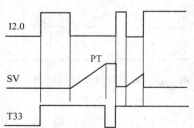

图 5-21　断开延时定时器应用示例

③ 有记忆接通延时定时器（TONR）

• 有记忆接通延时定时器的梯形图表示：有记忆接通延时定时器由定时器的标识符 TONR、定时器的启动电平输入端 IN、时间设定值输入端 PT 和 TONR 定时器编号 Tn 构成。

• 有记忆接通延时定时器的语句表表示：有记忆接通延时定时器由定时器标识符 TONR、定时器编号 Tn 和时间设定值 PT 构成。具体梯形图和语句表示如图 5-22 所示。

图 5-22 有记忆接通延时定时器

• 有记忆接通延时定时器的原理：有记忆接通延时定时器的原理与接通延时定时器大体相同。当定时器的启动信号 IN 的状态为 0 时，定时器的当前值 SV＝0，定时器 Tn 的状态也是 0，定时器没有工作。当 Tn 的启动信号由 0 变为 1 时，定时器开始工作，每过一个时基时间，定时器的当前值 SV＝SV＋1，当定时器的当前值 SV 等于定时器的设定值 PT 时，定时器的延迟时间到了，这时定时器的状态由 0 转换为 1，在定时器输出状态改变后，定时器继续计时，直到 SV＝32767（最大值）时，才停止计时，SV 将保持不变。只要 SV＞PT 值，定时器的状态就为 1，如果不满足这个条件定时器的状态应为 0。当 IN 信号由 1 变为 0，则 SV＝0，Tn 状态也为 0。有记忆接通延时定时器与接通延时定时器不同之处在于有记忆接通延时定时器的 SV 值可以记忆。当 IN 从 0 变为 1 后，维持的时间不足以使得 SV 达到 PT 值时，IN 从 1 变为 0，这时 SV 可以保持，IN 再次从 0 变为 1 时，SV 在保持值的基础上累积，当 SV 等于 PT 值时 Tn 的状态仍可由 0 变为 1。

如图 5-23 所示，I2.0＝0 时 T1＝0，T1 的 PV＝0。I2.0＝1 时 T1 开始计时 SV 在增加，当 SV＝3（计时到 30ms）时，T1 由 0 变为 1。当 I2.0 从 0 变为 1 以后，SV 没有到 3 时，I2.0 又变为 0 了。这时 SV 保持，当 I2.0 再次由 0 变到 1 时，SV 在原保持值的基础上累积，当 SV 达到 PT 值后，T1 的状态仍可由 0 变为 1。

• 有记忆接通延时定时器的应用：有记忆接通延时定时器的作用是进行精确的定时。应用时要注意恰当地使用不同时基的定时器，以提高定时器的时间精度。

时基为 1ms 的定时器有：T0、T64。

时基为 10ms 的定时器有：T1～T4、T65～T68。

时基为 100ms 的定时器有：T5～T31、T69～T95。

• 操作数范围：

定时器编号 n 为：0～255。

IN 信号范围为：I、Q、M、SM、T、C、V、S、L（位）。

PT 值范围为：IW、QW、MW、SMW、VW、SW、LW、AIW、T、C、常数、AC、＊VD、＊AC、＊LD（字）。

【例 5-1】 自制脉冲源的设计。

在实际应用中，经常会遇到需要产生一个周期确定而占空比可调的脉冲序列，这样的脉冲序列用两个接通延时的定时器即可实现。试设计一个周期为 10s，占空比为 0.5 的脉冲序列，该脉冲的产生由输入端 I0.0 控制。

分析：采用定时器 T101 和 T102 组成如图 5-24 所示。当 I0.0 由 0 变为 1 时，T102 的常闭触点是接通的，故 T101 被启动并且开始计时，当 T101 的当前值 PV 达到设定值 PT 时，T101 的状态由 0 变为 1。由于 T101 为 1 状态，这时 T102 被启动，T102 开始计时，当

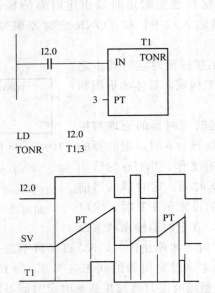

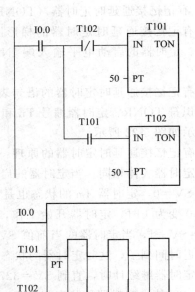

图 5-23　有记忆接通延时定时器应用示例　　　　图 5-24　脉冲源设计示例

T102 的当前值 PV 达到其设定值 PT 时，T102 瞬间由 0 变为 1 状态。T102 的 1 状态使得 T101 的启动信号变为 0 状态，则 T101 的当前值 PV＝0，T101 的状态变为 0。T101 的 0 状态使得 T102 变为 0，则又重新启动 T101 开始了下一个周期的运行。从上分析可知，T102 计时开始到 T102 的 SV 值达到 PT 期间 T101 的状态为 1，这个脉冲宽度取决于 T102 的 PT 值，而 T101 计时开始到达到设定值期间 T101 的状态为 0，两个定时器的 PT 相加就是脉冲的周期。

如果 T101 的设定值由 VW0 提供，T102 的设定值由 VW2 提供，就组成了周期 $T＝(VW0)＋(VW2)$，占空比 $\tau＝(VW2)/T$ 的脉冲序列。

（2）计数器指令

① 增计数器（CTU）

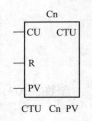

图 5-25　增计数器

• 增计数器的梯形图表示：增计数器（CTU）由增计数器标识符 CTU、计数脉冲输入端 CU、增计数器的复位信号输入端 R、增计数器的设定值 PV 和计数器编号 Cn 构成。

• 增计数器的语句表表示：增计数指令由增计数器的操作码 CTU、计数器编号 Cn 和增计数器的设定值 PV 构成。其梯形图和语句表表示如图 5-25 所示。

• 增计数器的工作原理：增计数器在复位端信号为 1 时，其计数器的当前值 SV＝0，计数器的状态也为 0。当复位端的信号为 0 时，其计数器可以工作。每当一个输入脉冲到来时，计数器的当前值做加 1 操作，即 SV＝SV＋1。当当前值等于设定值（SV＝PV）时，计数器的状态变为 1，这时再来计数脉冲时，计数器的当前值仍不断地累加，直到 SV＝32767 时停止计数，直到复位信号到来计数器的 SV 值等于零，计数器的状态变为 0。

在图 5-26 中，I4.0 是增计数器的计数脉冲，I2.0 为复位信号，计数器的设定值 PV＝

4。从图中可以看出，每来一个计数脉冲 SV 值就加 1，直到 SV 值大于等于 PT 值时计数器 C3 的状态就为 1，只要 SV 值小于 PV 值计数器的状态就为 0。

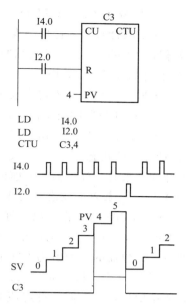

图 5-26 增计数器应用示例

• 增计数器的注意事项：用语句表表示时，要注意计数输入（第一个 LD）、复位信号输入（第二个 LD）和增计数指令的先后顺序不能颠倒。

• 操作数范围：

计数器编号 n 为：0～255。

CU 信号范围为：I、Q、M、SM、T、C、V、S、L（位）。

R 信号范围为：I、Q、M、SM、T、C、V、S、L（位）。

PV 值范围为：VW、IW、QW、MW、SMW、SW、LW、AIW、AC、T、C、常数、* VD、* AC、* LD（字）。

② 减计数器（CTD）

• 减计数器的梯形图表示：减计数器（CTD）由减计数器标识符 CTD、计数脉冲输入端 CD、减计数器的装载输入端 LD、减计数器的设定值 PV 和计数器编号 Cn 构成。

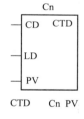

图 5-27 减计数器

• 减计数器的语句表表示：减计数指令由减计数器的操作码 CTD、计数器编号 Cn 和减计数器的设定值 PV 构成。其梯形图和语句表表示如图 5-27 所示。

• 减计数器的工作原理：减计数器在装载输入端信号为 1 时，其计数器的设定值 PV 被装入计数器的当前值寄存器，此时 SV＝PV，计数器的状态为 0。当装载输入端的信号为 0 时其计数器可以工作。每当一个输入脉冲到来时，计数器的当前值做减 1 操作，即 SV＝SV－1。当当前值等于 0 时，计数器的状态变为 1，并停止计数。这种状态一直保持到装载输入端变为 1，再一次装入 PT 值之后计数器的状态变为 0，才能重新计数。减计数器的状态只有在当前值 SV＝0 时才为 1。

在图 5-28 中，I4.0 是减计数器的计数脉冲，I2.0 为装载输入信号，计数器的设定值 PV＝4。从图中可以看出，每来一个计数脉冲 SV 值就减 1，直到 SV 值等于 0 时，计数器 C3 的状态就为 1，只要 SV 值大于 0，计数器的状态就为 0。

• 减计数器的注意事项：用语句表表示时，要注意计数输入（第一个 LD）、装载信号输入（第二个 LD）和减计数指令的先后顺序不能颠倒。

• 操作数范围：

计数器编号 n 为：0～255。

CD 信号范围为：I、Q、M、SM、T、C、V、S、L（位）

LD 信号范围为：I、Q、M、SM、T、C、V、S、L（位）。

PV 值范围为：VW、IW、QW、MW、SMW、SW、LW、AIW、AC、T、C、常数、* VD、* AC、* LD（字）。

③ 增减计数器（CTUD）

• 增减计数器的梯形图表示：增减计数器（CTUD）由增减计数器标识符 CTUD、增计数脉冲输入端 CU、减计数脉冲输入端 CD、增减计数器的复位端 R、增减计数器的设定值 PV 和计数器编号 Cn 构成。

• 增减计数器的语句表表示：增减计数指令由增减计数器的操作码 CTUD、计数器编号 Cn 和增计数器的设定值 PV 构成。其梯形图和语句表表示如图 5-29 所示。

• 增减计数器的工作原理：增减计数器在复位端信号为 1 时，其计数器的当前值 SV＝0，计数器的状态也为 0。当复位端的信号为 0 时，其计数器可以工作。每当一个增计数输入脉冲到来时，计数器的当前值做加 1 操作，即 SV＝SV＋1。当当前值等于设定值（SV＝PV）时，计数器的状态变为 1。这时再来计数脉冲时，计数器的当前值仍不断地累加，值到 SV＝32767 时停止计数。每当一个减计数输入脉冲到来时，计数器的当前值做减 1 操作，即 SV＝SV－1。当当前值小于设定值（SV＜PV）时，计数器的状态变为 0。再来减计数脉冲时，计数器的当前值仍不断地递减。

图 5-30 中，I4.0 是增减计数器的增计数脉冲，I3.0 是增减计数器的减计数脉冲，I2.0 为复位信号，计数器的设定值 PV＝4。从图中可以看出，每来一个增计数脉冲 SV 值就加 1，每来一个减计数脉冲 SV 值就减 1。当到 SV 值大于等于 PT 值时计数器 C3 的状态就为 1，SV 值小于 PV 值时计数器的状态就为 0。

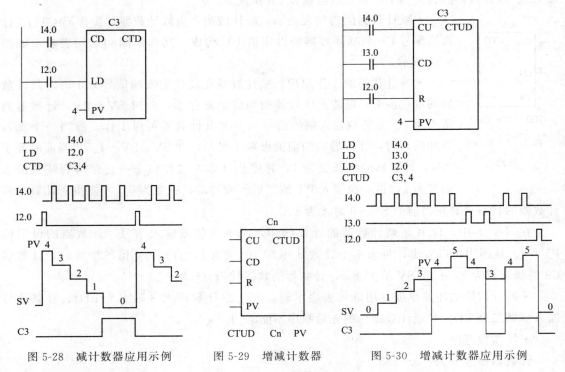

图 5-28 减计数器应用示例    图 5-29 增减计数器    图 5-30 增减计数器应用示例

• 增减计数器的注意事项：用语句表表示时，要注意增计数输入（第一个 LD）、减计数输入（第二个 LD）、复位信号输入（第三个 LD）和增减计数指令的先后顺序不能颠倒。

• 操作数范围：

计数器编号 n 为：0～255。

CU 信号范围为：I、Q、M、SM、T、C、V、S、L（位）。

CD 信号范围为：I、Q、M、SM、T、C、V、S、L（位）。

R 信号范围为：I、Q、M、SM、T、C、V、S、L（位）。

PV 值范围为：VW、IW、QW、MW、SMW、SW、LW、AIW、AC、T、C、常数、
＊VD、＊AC、＊LD（字）。

**【例 5-2】** 按钮人行道控制的设计。

• 控制描述：通常车道上只允许车辆通行，道口处车道指示灯保持绿色灯亮（Q0.2＝
1），这时不允许人跨越车道，人行道指示灯保持红色灯亮（Q0.3＝1）。在车道两侧各设有
一个人行道开关，当有人想通过人行横道时，需要用手按动"走人行道"开关，要"走人行
道"信号通过 I0.0 或 I0.1 送到 S7-200 中，S7-200 在接到有人要"走人行道"时，开始执
行如下时序程序，如图 5-31 所示。

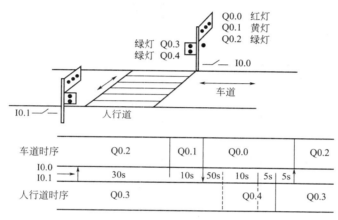

图 5-31　按钮人行道控制系统示意图

当有行人要通过横道（I0.0＝1 或 I0.1＝1）时，车行道的绿灯继续保持亮 30s，然后绿
灯灭而黄灯亮（Q0.1＝1）10s，10s 过后红灯亮（Q0.0＝1），车辆停。当车行道红灯亮 5s
后，人行道的红灯灭（Q0.3＝0），绿灯亮（Q0.4＝1）15s，行人可以过横道，这 15s 的后
5s 人行道的绿灯应闪烁，表示行人通行时间就要到了。人行道绿灯闪烁之后，人行道红灯
亮，再过 5s 车道绿灯亮，恢复车辆通行。一个控制时序结束。直到下一个人行道开关被按
下，再启动"走人行道"的时序程序。

• 控制程序分析：

系统的启动是由 I0.0 或 I0.1 的要走人行道输入开始，根据时序图的要求，由定时器
T101、T102、T103、T104 组成 30s、40s、45s 和 55s 延时。

时序控制中的人行道闪烁 5s 的控制可以用 S7-200 中的特殊继电器 SM0.5（秒时钟脉
冲）和计数器 C0 实现控制，因 C0 的增计数输入是一个秒脉冲，故当其 SV＝PV 时 C0 为
1，事实上 C0＝1 还意味着时序已经到了第 60s。

车道绿灯的时间由两段组成，其一是周期开始头 30s，这段可以由 M0.0 和 T101 的非
相与实现；其二是在控制周期之外，可以由 M0.0 的非实现。

车道黄灯亮的时间是从第 30s 到第 40s，这段可以由 T101 和 T102 的非相与实现。

车道红灯亮的时间是从第 45s 到周期结束，这可以由 T103 和 T105 的非相与实现。

人行道红灯亮的时间由三段组成，其一是从周期开始到第 45s，这段可以由 M0.0 和

T103 的非相与实现；其二是人行道绿灯闪烁之后 5s，这可以由 M0.0 和 C0 相与控制；其三是周期之外，可以由 M0.0 的非控制。

人行道绿灯亮的时间由两段组成，其一是从第 45s 开始到第 55s，这段可以由 T103 和 T104 的非相与实现；其二是人行道绿灯闪烁是从第 55s 开始到 C0＝1，这可以由 T104 和 C0 的非相与以后再和 SM0.5 相与控制。梯形图如图 5-32 所示。

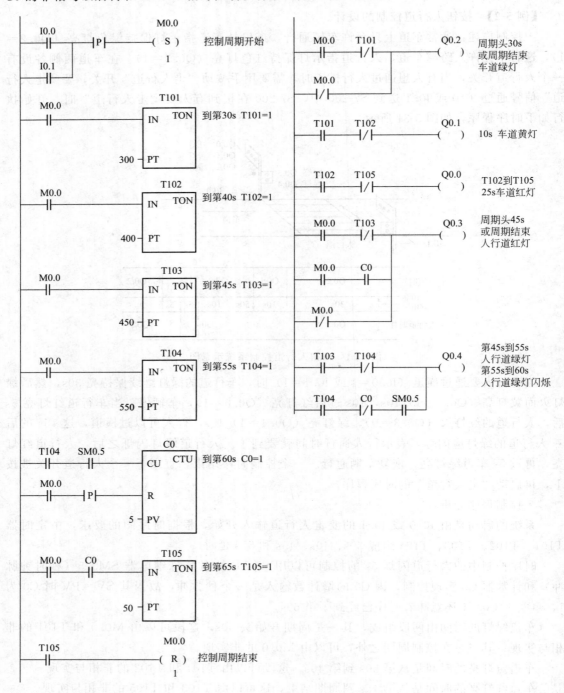

图 5-32　按钮人行道控制系统梯形图程序

## 5.4 比较指令

• 比较指令的梯形图和语句表表示：比较指令由比较数 1（IN1）、比较数 2（IN2）、比较关系符和比较触点构成。

• 比较指令的语句表表示：比较指令由比较操作码（LD 加上数据类型 B/W/D/R）、比较关系符（等于＝/大于＞/小于＜/不等＜＞/大于等于＞＝/小于等于＜＝）、比较数 1（IN1）和比较数 2（IN2）构成。其梯形图和语句表表示如图 5-33 所示。

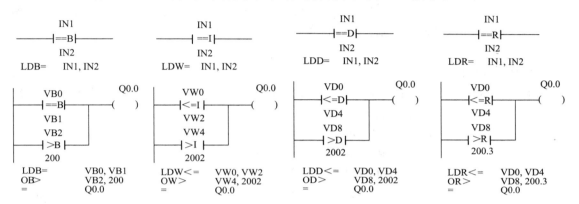

图 5-33　比较指令基本格式及应用

• 比较指令的原理：当比较数 1 和比较数 2 的关系符合比较符的条件时比较触点闭合，后面的电路被接通。否则比较触点断开，后面的电路不接通。换句话说，比较触点相当于一个有条件的常开触点，当比较关系成立时，触点闭合。不成立时，触点断开。比较指令具体应用如图 5-33 所示。

从字节比较例子中可以看出，当 VB0＝VB1 时，Q0.0＝1，当 VB2＞200 时，Q0.0 也等于 1。

从整数比较例子中可以看出，当 VW0＜＝VW2 时，Q0.0＝1，当 VW4＞2002 时，Q0.0 也等于 1。

从双整数比较例子中可以看出，当 VD0＜＝VD42 时，Q0.0＝1，当 VD8＞2002 时，Q0.0 也等于 1。

从实数比较例子中可以看出，当 VD0＜＝VD4 时，Q0.0＝1，当 VD8＞200.3 时，Q0.0 也等于 1。

• 操作数范围：

字节比较操作数 IN1/IN2：IB、QB、MB、SMB、VB、SB、LB、AC、常数、＊VD、＊AC、＊LD。

字比较操作数 IN1/IN2：IW、QW、MW、SMW、T、C、VW、LW、AIW、AC、常数、＊VD、＊AC、＊LD。

双字比较操作数 IN1/IN2：ID、QD、MD、SMD、VD、LD、HC、AC、常数、＊VD、＊AC、＊LD。

实数比较操作数 IN1/IN2：ID、QD、MD、SMD、VD、LD、AC、常数、＊VD、＊AC、＊LD。

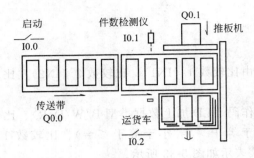

启动　　　　件数检测仪　　　Q0.1
I0.0　　　　　I0.1　　　　　　推板机

传送带
Q0.0

运货车
I0.2

图 5-34　传送带控制系统示意图

【例 5-3】　传送带控制的设计。

• 控制要求：如图 5-34 所示。启动开关闭合（I0.0＝1），运货车到位（I0.2＝1），传送带（由 Q0.0 控制）开始传送工件，件数检测仪在没有工件通过时 I0.1＝1，当有工件经过时 I0.1＝0。当件数检测仪检测到三个工件时，推板机（由 Q0.1 控制）推动工件到运货车，此时传送带停止传送。当工件到运货车（行程可以由时间控制）推板返回，传送带又开始传送走，计数器复位并准备再

重新计数。运货车的控制过程本程序设计暂不考虑。

• 程序设计：

主程序·OB1·

NETWORK1　　　//传送带启动条件为系统启动（I0.0）、运货车（I0.2）到位、推板机
　　　　　　　　　（Q0.1）停止

　LD　　I0.0　　　//按下启动开关，I0.0＝1

　A　　 I0.2　　　//运货车到位，I0.2＝1

　AN　　Q0.1　　　//推板机停止，Q0.1＝0

　＝　　 Q0.0　　　 //传送带工作，Q0.0＝1

NETWORK2　　　//计数器 C0 的计数脉冲为件数检测仪信号、计数器复位信号、增计
　　　　　　　　　数器设定值为 3

　LD　　I0.0　　　//按下启动开关，I0.0＝1

　A　　 I0.1　　　//工件通过检测仪，I0.1 由 0 变为 1 之后又回为 0

　ED　　　　　　　//I0.1 的下微分形成计数器的输入脉冲

　LD　　I0.0　　　//按下启动开关

　EU　　　　　　　//按下启动开关时刻出现的一个脉冲

　LD　　Q0.1　　　//推板机推板出现的脉冲

　OLD　　　　　　 //按下启动开关或推板机推板，形成计数器的复位信号。

　CTU　　C0，＋3　　//C0 为工件计数器，PV＝3

NETWORK3　　　//设定推板机 Q0.1 的启动为 C0 的当前值等于 3

　LDW＝　 C0，＋3　　//计数器 C3 的计数值＝3

　EU　　　　　　　//上微分

　S　　　Q0.1，1　　//传送带通过 3 个工件，推板机推板

NETWORK4　　　//设定推板机推板的行程由定时器 T101（20s）确定

　LD　　Q0.1　　　//推板机动作 Q0.1＝1

　TON　　T101，＋200　　//T101 延时 20s

NETWORK5　　　//设定定时器 T101 延时（20s）到，推板机返回

　LD　　T101　　　//T101 时间到

　R　　　Q0.1，1　　//复位推板机（推板机退回）

• 程序注释：

其中，NETWORK1 的功能是：设定传送带（Q0.0）启动条件为系统启动开关（I0.0）

闭合、运货车（I0.2）到位、推板机（Q0.1）停止。NETWORK2 的功能是：设定计数器 C0 的计数脉冲为件数检测仪信号 I0.1 由 1 变为 0；计数器复位信号为启动信号 I0.0 由 0 变为 1 或运货车启动（Q0.1＝1）；设定 C0 为增计数器、设定值为 3。NETWORK3 的功能是：设定推板机 Q0.1 的启动条件为 C0 的当前值等于 3。NETWORK4 的功能是：设定推板机推板的行程由定时器 T101 的延时（20s）来确定。NETWORK5 的功能是：设定定时器 T101 延时（20s）到，推板机返回（Q0.1＝0）。

## 5.5 程序控制类指令

（1）结束指令

• 结束指令的表示：结束指令由结束条件、指令助记符（END）构成。其梯形图和语句表表示如图 5-35 所示。

• 结束指令的操作：结束指令根据先前逻辑条件终止用户程序。

• 结束指令的注意事项：结束指令是可以在主程序内使用结束指令，但不能在子程序或中断程序内使用。

STEP 7-Micro/WIN32 软件自动在主程序结尾添加了无条件结束语句。在编制主程序时不需要用户自己再在程序末尾添加结束语句（END）。

图 5-36 给出了一个有条件结束程序的结束指令的编程。当 I0.0＝1 时，结束主程序。

图 5-35　结束指令　　　　　　　　图 5-36　结束指令应用示例

（2）暂停指令

• 暂停指令的表示：暂停指令由暂停条件、指令助记符（STOP）构成，其梯形图和语句表表示如图 5-37 所示。

• 暂停指令的操作：暂停指令使 PLC 从运行模式进入停止模式，立即终止程序的执行。

• 暂停指令的注意事项：如果在中断程序内执行暂停指令，中断程序立即终止，并忽略全部等待执行的中断。对程序剩余部分进行扫描，并在当前扫描结尾处完成从运行模式到停止模式的转换。

图 5-38 给出了使用暂停指令的编程。SM5.0 为 I/O 错误继电器，当出现 I/O 错误时 SM5.0＝1。此时，就会强迫 CPU 进入停止方式。

（3）看门狗复位指令

• 看门狗复位指令的表示：看门狗复位指令由看门狗复位条件、指令助记符 WDR 构成，其梯形图和语句表表示如图 5-39 所示。

• 看门狗复位指令的操作：看门狗复位指令允许 CPU 系统的监视程序定时器被重新触发。因此，看门狗复位指令可以扩展在没有监视程序错误的条件下的扫描占用时间。

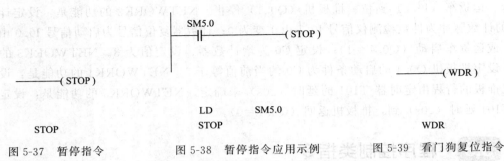

图 5-37　暂停指令　　　　图 5-38　暂停指令应用示例　　　　图 5-39　看门狗复位指令

• 看门狗复位指令的注意事项：如果使用循环指令造成阻止扫描完成或过度地延迟扫描完成时间，而有些程序的执行过程只有在一个扫描循环终止后才能进行。如果当前扫描时间不能满足这一要求时，可以考虑使用看门狗复位指令用以延长扫描时间。否则，下列程序的执行过程可能会被禁止：通信（自由口模式除外），I/O 更新（立即 I/O 除外），强迫更新，SM 位更新（不更新 SM0，SM5～SM29），运行时间诊断，10ms 及 100ms 定时器对于超过 25s 的扫描不能正确地累计时间，在中断程序中使用的停止指令。

如果希望扫描时间超过 300ms（原系统设置），或者将发生大量中断活动可能阻止在 300ms 内返回主程序，则应使用看门狗复位指令。

看门狗复位指令应用示例如图 5-40 所示。M5.6 是本程序中需要扩大扫描时间的标志。当 M5.6＝1 的时候，需要扩大扫描时间，否则不需要。当 M5.6＝1 时，重新触发看门狗定时器 WDR，从而可以令 WDR 重新启动运行而增加本次扫描的时间。

（4）跳转操作

• 关于跳转操作：在执行程序时，可能会由于条件的不同，需要产生一些分支，这些分支程序的执行可以用跳转操作来实现。跳转操作是由跳转指令和标号指令两部分构成的。

• 跳转指令和标号指令的表示：跳转指令由跳转条件、跳转助记符 JMP 和跳转的标号 n 构成。标号指令由标号指令助记符 LBL 和标号 n 构成。跳转指令和标号指令的梯形图和语句表表示如图 5-41 所示。

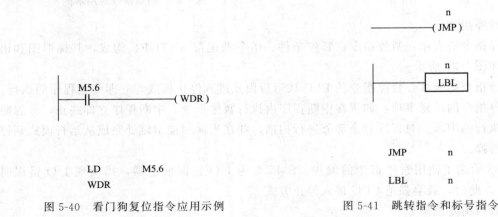

图 5-40　看门狗复位指令应用示例　　　　图 5-41　跳转指令和标号指令

• 关于跳转操作：跳转指令可以使程序流转到具体的标号（n）处。当跳转条件满足时，程序由 JMP 指令控制转至标号 n 的程序段去执行。如果完成转移，堆栈顶的值总是逻辑 1。

标号指令标记转移目的地 n 的位置。

• 注意事项：跳转指令和标号指令必须位于主程序、子程序或中断程序内。不能从主程序转移至子程序或中断程序内的标号，也不能从子程序或中断程序转移至该子程序或中断程序之外的标号。

• 数据范围：n：0～255。

如图 5-42 所示是一个跳转操作的编程。其中 SM0.2 是一个特殊功能继电器，其功能是反映保持数据状态，若保存的数据丢失，则该位在一个扫描周期中为 1。本例子中利用 SM0.2 的非为条件启动跳转操作，即如果保存的数据没有丢失，则跳转到 LBL4。

应当指出，可以在主程序、子程序或中断程序中使用跳转指令和标号指令。JMP 和相应的 LBL 必须总在同一个程序段中（要么是主程序，要么是子程序，要么是中断程序）。

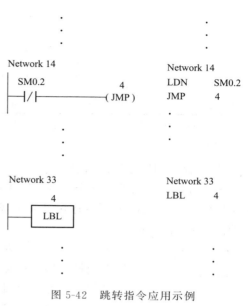

图 5-42 跳转指令应用示例

（5）子程序

S7-200PLC 把程序主要分为 3 大类，主程序（OB1）、子程序（SBR_n）和中断程序（INT_n）。实际应用中，有些程序内容可能被反复使用。对于这些可能被反复使用的程序往往编成一个单独的程序块，存放程序的某一个区域。程序执行时可以随时调用这些程序块。这些程序块可以带一些参数，也可以不带参数，这类程序块被叫作子程序。

子程序由子程序标号开始，到子程序返回指令结束。S7-200 的编程软件 Micro/WIN32 为每个子程序自动加入子程序标号和子程序返回指令。在编程时，子程序开头不用编程者另加子程序标号，子程序末尾也不需另加返回指令。

子程序的优点在于它可以用于对一个大的程序进行分段及分块，使其成为较小的更易管理的程序块。程序调试、程序检查和程序维护时，可充分利用这项优势。通过使用较小的子程序块，会使得对一些区域及整个程序检查及排除故障变得更简单。子程序只在需要时才被调用、执行。这样就可以更有效地使用 PLC，充分地利用 CPU 的时间。

① 子程序的建立　可采用下列方法创建子程序：从编辑菜单，选择插入子程序。从程序编辑器视窗，右击鼠标并从弹出菜单中选择插入子程序。只要插入了子程序，程序编辑器底部都将出现一个新标签，标志新的子程序名。此时，可以对新的子程序编程。

② 为子程序定义参数　如果要为子程序指定参数，可以使用该子程序的局部变量表来定义参数。S7-200 为每个程序都安排了局部变量，每个程序内都有独立的局部变量表。必须利用选定该子程序后出现的局部变量表为该子程序定义局部变量。编辑局部变量表时，必须保证选定正确标签。

例如 SBR_0 子程序是一个含有 4 个输入参数、1 个输入输出参数、1 个输出参数的带参数的子程序。在创建这个子程序时，首先要打开这个子程序的局部变量表 "SIMATIC LAD"。在局部变量表中为这 6 个参数赋予名称（如 IN1、IN2、IN3、IN4、IN/OUT、OUT1），选定变量类型（IN 或者 IN/OUT 或者 OUT），并赋予正确的数据类型（如 BOOL、BYTE、BOOL、WORD、WORD、DWORD）。如表 5-1 所示。

表 5-1　SBR _ 0 子程序局部变量表

| SIMATIC LAD | | | |
|---|---|---|---|
| | 名称 | 变量类型 | 数据类型 | 注释 |
| L0.0 | IN1 | IN | BOOL | |
| LB1 | IN2 | IN | BYTE | |
| L2.0 | IN3 | IN | BOOL | |
| LW3 | IN4 | IN | DWORD | |
| LW7 | INOUT | IN_OUT | DWORD | |
| LW11 | OUT1 | OUT | DWORD | |

注：一个子程序调用最多可具有 16 个输入/输出参数数目。这时再调用 SBR0 时，这个子程序自然就带参数了。表中局部变量一项（L 区）参数是自动形成的。

③ 子程序调用与返回指令

• 子程序调用与返回指令的梯形图表示：子程序调用指令由子程序调用允许端 EN、子程序调用助记符 SBR 和子程序标号 n 构成。子程序返回指令由子程序返回条件、子程序返回助记符 RET 构成。

CALL SBR_n

———( RET )

CRET

图 5-43　子程序调用与返回指令

• 子程序调用与返回指令的语句表表示：子程序调用指令由子程序调用助记符 CALLSBR 和子程序标号 n 构成。子程序返回指令由子程序返回条件、子程序返回助记符 CRET 构成。

如果子程序带有参数时，可以附上调用时所需的参数。子程序调用与返回指令的梯形图和语句表表示如图 5-43 所示。

• 子程序的操作：主程序内使用的调用指令决定是否去执行指定子程序。子程序的调用由调用指令完成。当子程序调用允许时，调用指令将程序控制转移给子程序 SBR _ n，程序扫描将转到子程序入口处执行。当执行子程序时，子程序将执行全部指令直至满足返回条件而返回，或者执行到子程序末尾而返回。当子程序返回时，返回到原主程序出口的下一条指令执行，继续往下扫描程序。

• 数据范围：n：0～63。

④ 子程序编程步骤

a. 建立子程序（SBR _ n）。

b. 在子程序（SBR _ n）中编写应用程序。

c. 在主程序或其他子程序或中断程序中编写调用子程序（SBR _ n）指令。

⑤ 注意事项

a. 程序内一共可有 64 个子程序。可以嵌套子程序（在子程序内放置子程序调用指令），最大嵌套深度为 8。

b. 不允许直接递归。例如，不能从 SBR _ 0 调用 SBR _ 0。但是，允许进行间接递归。

c. 各子程序调用的输入/输出参数的最大限制是 16 个，如果要下载的程序超过此限制，将返回错误。

d. 对于带参数的子程序调用指令应遵守下列原则，参数必须与子程序局部变量表内定义的变量完全匹配。参数顺序应为输入参数最先，其次是输入/输出参数，再次是输出参数。

e. 在子程序内不能使用 END 指令。

**【例 5-4】** 调用带有参数的子程序编程实例。

程序如图 5-44 所示。该子程序的局部变量表如表 5-1 所示。

在使用语句表编程时,要注意 CALL 指令第一个参数是子程序标号,接着是有关参数。其中参数的顺序应该先输入,后输入与输出,最后是输出。

在用梯形图编写程序时,要注意把各个参数正确填入,其中一些局部变量(作为暂存寄存器的 L 区局部变量)是 S7-200 自动添加的。

**【例 5-5】** 调用不带参数的子程序编程实例。

程序如图 5-45 所示。其中 OB1 是 S7-200 中的主程序。在 OB1 中仅有一段程序,该程序的功能是,当输入端 I0.0=1 时,调用子程序 1。

SBR＿1 是被调用的子程序,该程序段的第一条支路的功能是,如果输入信号 I0.1=1,则立刻返回主程序,而不向下扫描该子程序。该程序段的第二条支路的功能是,每隔 1s 启动输出 Q0.0 一次,占空比为 50%。

(6)循环指令

• 循环指令的表示:循环指令由循环指令助记符 FOR、指令允许端 EN、循环计数器 INDX、循环起始值 INIT、循环结束值 FINAL 和循环结束助记符 NEXT 构成。其梯形图和语句表表示如图 5-46 所示。

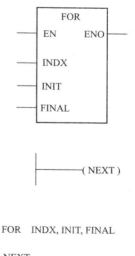

```
LD    I0.0
=     I60.0
LD    I0.1
=     L63.7
LD    L60.0
CALL  SBR_0, L63.7, VB10, I1.0, &VB100, VD2
```

图 5-44　调用带有参数的子程序编程实例

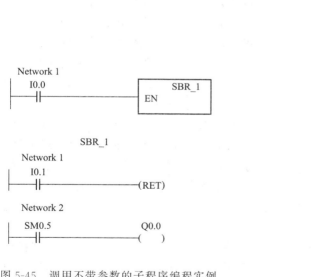

图 5-45　调用不带参数的子程序编程实例

```
FOR   INDX, INIT, FINAL

NEXT
```

图 5-46　循环指令

• 循环操作:循环操作执行 FOR 与 NEXT 之间的指令。必须指定循环计数(INDX)、起始值(INIT)及结束值(FINAL)。

NEXT 指令标记 FOR 循环的结尾。例如,假定起始值 INIT 等于 1,FINAL 等于 10,FOR 与 NEXT 之间的指令被执行 10 次,INDX 数值不断递增 1,2,3,…,10。如果起始值大于结束值,则不执行循环。每次执行 FOR 与 NEXT 之间的指令后,INDX 数值加 1,

并将结果与结束值比较。如果 INDX 大于结束值，则循环终止。

• 注意事项：如果启动 FOR/NEXT 循环，它将继续循环进程直到结束。除非在循环内部改变结束值。

使用 FOR/NEXT 指令执行重复指定次数的循环。每个 FOR 指令要求与一个 NEXT 指令配套。可以嵌套 FOR/NEXT 循环（即在 FOR/NEXT 循环内放置 FOR/NEXT 循环），最多可嵌套 8 层。

• 数据范围：

INDX：VW、IW、QW、MW、SW、SMW、LW、T、C、AC、＊VD、＊AC、＊LD。

INIT：VW、IW、QW、MW、SW、SMW、T、C、AC、LW、AIW、常量、＊VD、＊AC、＊LD。

FINAL：VW、IW、QW、MW、SW、SMW、LW、T、C、AC、AIW、常量、＊VD、＊AC、＊LD。

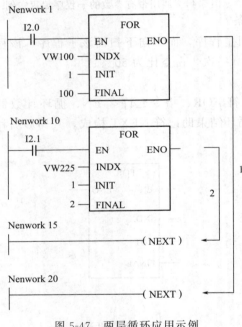

图 5-47　两层循环应用示例

如图 5-47 所示是一个具有两层循环的例子。当 I2.0＝1 时，执行外层循环。从 NETWORK1 到 NETWORK20 循环 100 次。当 I2.0＝1 且 I2.1＝1 时，要执行内层循环，每执行一次外层循环就要执行 2 次从 NETWORK10 到 NETWORK15 的内层循环。

（7）顺序控制操作

用梯形图或语句表方式编写程序固然广为电气技术人员接受，但对于一个复杂的控制系统，尤其是顺序控制程序，由于内部的联锁、互动关系极其复杂，其梯形图往往长达数百行，通常要由熟练的电气工程师才能编制出这样的程序。另外，如果在梯形图上不加上注释，则这种梯形图的可读性也会大大降低。

近年来，许多新生产的 PLC 在梯形图语言之外加上了顺序控制指令，采用一般编程语言，用于编制复杂的顺序控制程序。利用这种编程方法，使初学者也很容易编写出复杂的顺序控制程序，即便是熟练的电气工程师用这种方法后也能大大提高工作效率。另外这种方法也为调试、试运行带来许多难以言传的方便。

S7-200 CPU 含有 256 个顺序控制继电器用于顺序控制。S7-200 包含顺序控制指令。它可以模仿控制进程的步骤，对程序逻辑分块。可以将程序分成单个流程的顺序步骤，也可同时激活多个流程。可以使单个流程有条件地分成多支单个流程，也可以使多个流程有条件地重新汇集成单个流程。从而对一个复杂的工程可以十分方便地编制控制程序。

S7-200 的顺序控制包括三个指令。其一是顺控开始指令（SCR），其二是顺控转换指令（SCRT），其三是顺控结束指令（SCRE）。顺控程序段是从 SCR 开始到 SCRE 结束。

① 顺控开始指令

• 顺控开始指令的表示：顺控开始指令由顺控开始指令助记符（SCR）和顺控继电器

Sn 组成，其中 n 为顺控继电器的位号。其梯形图和语句表表示如图 5-48 所示。

• 顺控开始指令的操作：当顺控继电器 Sn＝1 时，启动 SCRn 段的顺控程序，顺控程序从标记 SCR ＿ n 开始，到 SCRE 指令终止。在执行到 SCR ＿ n 之前一定要使 Sn 置位才能进到 SCR ＿ n 顺控程序段。顺控程序段一定要从 SCR ＿ n 开始。

• 数据范围：n＝0.0～31.7。

② 顺控转换指令

• 顺控转换指令的表示：顺控转换指令由顺控转换指令助记符（SCRT）和顺控继电器 Sn 组成，其中 n 为顺控继电器的位号。其梯形图和语句表表示如图 5-49 所示。

• 顺控转换指令的操作：在执行到 SCRE 之前，顺序控制转换（SCRT）指令确定要启动的下一个 SCR 位（将要设定的下 n 位）。事实上在执行 SCRT 指令，就终结了前一个 SCR 程序段（即本段的 Sn 被复位），而启动下一 SCR 程序段（即下一段顺控继电器被置位）。只等执行到 SCRE 指令时就过渡到下一个顺控程序段。

• 数据范围：n＝0.0～31.7。

③ 顺控结束指令

• 顺控结束指令的表示：顺控结束指令由顺控结束指令助记符（SCRE）构成。其梯形图和语句表表示如图 5-50 所示。

图 5-48　顺控开始指令　　　图 5-49　顺控转换指令　　　图 5-50　顺控结束指令

• 顺控结束指令的操作：执行到 SCRE 意味着本 SCR ＿ n 程序段的结束。紧接着要执行下一个（或几个）等于 1 的顺控继电器开始的顺控程序段，一个顺控程序段要用 SCRE 结束。

• 理解 SCR 指令：

顺序控制为应用程序设计提供组织操作或顺序进入程序段的一项技术。用户程序的分段区域允许更简单地进行编程及监控。对于顺序控制指令，由 SCR 与 SCRE 指令之间的全部逻辑组成 SCR 段，能否执行顺控程序段取决于 Sn 的值。SCRT 指令设定 S 位，启动下一个 SCR 段，并复位本部分的 S 位。

不能在多个程序内使用相同的 S 位。例如，如果在主程序内使用 S0.1，则不能再在子程序内使用。

不能在 SCR 段内使用 JMP 及 LBL 指令。这意味着不允许转入、转内或转出 SCR 段。可以围绕 SCR 段使用跳转及标签指令。

不能在 SCR 段内使用 FOR、NEXT 或 END 指令。

④ 状态转移图　像 S7-200 系列小型 PLC 还难以直接用绘制系统状态流图的办法生成复杂的顺序控制程序。但是，可以利用顺控指令在系统状态流图和程序之间架起的桥梁，先根据工程要求绘制状态转移图，再利用顺控指令极方便地形成用 PLC 梯形图或语句表等语言编制的程序。状态转移图是用状态继电器（即顺序控制继电器）代表工程中的工序，一个工序的任务就是一个状态的控制过程。一个工序的完成就意味着一个状态的结束。

S7-200 的顺序控制继电器（S）的状态在顺序控制过程中反映了各个顺控程序段是否应

该被执行。从这个意义上讲顺序控制继电器的状态代表了工程中各个工作过程的状态，而工程状态的变化也就是顺序控制继电器状态的转移。状态转移图可以很方便地把工程状态用顺序控制继电器的状态描述出来，因而它也很容易地转换成梯形图或语句表程序。

【**例 5-6**】　状态转移图应用示例。

如图 5-51 所示，当 S0.0＝1 时，系统进入 S0.0 顺控程序段。在这一程序段中，使 Q0.0 输出 1，使 Q0.1 置位。当 I0.1＝1 时，状态由 S0.0 转为 S0.1。

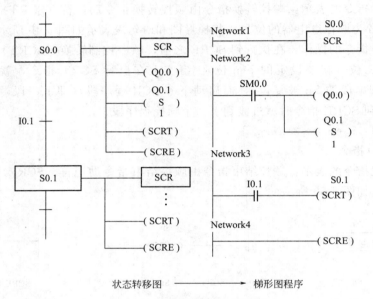

图 5-51　状态转移图应用示例

由状态转移图过渡到梯形图或语句表程序是很方便的。从图中可以看到一个 SCR 顺控程序段起始于 SCR 指令，终止于 SCRE 指令。在执行到 SCRE 之前一定要有顺控转移指令 SCRT。还应该注意到，在一个顺控程序段中用 OUT 指令的输出只能在本程序段内保持，为了在本程序段也能保持的输出，应该使用置位指令 S。还应该注意到顺控转移条件（I0.1）和顺控转移指令（SCRT）的编程方法及语句的位置。

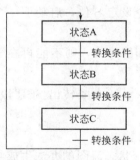

图 5-52　简单顺序控制

a. 简单的顺序控制　简单的顺序控制是指各个顺控程序段的转换不带分支和汇合的顺控过程。这类控制过程是一个顺控程序段只能转到另一个唯一的顺控程序段。转到某一个顺控程序段的顺控程序也只能有一个。简单的顺序控制是顺控状态流的单流情况，如图 5-52 所示。

当状态 A 为 1 时，执行 A 顺控程序段。在转换条件具备时，置位状态 B，复位状态 A，转到下一个顺控程序段 B。当状态 B 为 1 时，执行 B 顺控程序段。在转换条件具备时，置位状态 C，复位状态 B，转到下一个顺控程序段 C。当状态 C 为 1 时，执行 C 顺控程序段。当转换条件满足时，又转到 A 顺控序段。具体编程方法，可通过下面例子说明。

【**例 5-7**】　如图 5-53 所示是一个简单顺序控制的编程实例。

本例子共有三步。PLC 开始运行就进入第一步。第一步的功能是使 Q0.0＝1，使 Q0.1 置 1。经过 10s，第一步结束并转到第二步。第二步的功能是经过 10s，本步结束并转到第三步。第三步的功能是使 Q0.1 复位。经 10s，第三步结束并转到第一步。

NETWORK1  //首次启动状态 S0.0

LD    SM0.1

S     S0.0，1

NETWORK2  //状态 S0.0 的 SCR 段开始

LSCR  S0.0

NETWORK3  //本 SCR 段的功能

LD    SM0.0

=     Q0.0  //Q0.0 仅在本 SCR 段为 1

S     Q0.1，1  //Q0.1 在被复位前各段为 1

NETWORK4  //启动状态 S0.1，关闭状态 S0.0

LD    I0.0

SCRT  S0.1

NETWORK5  //状态 S0.0 的 SCR 段结束

SCRE

NETWORK6  //状态 S0.1 的 SCR 段开始

LSCR  S0.1

NETWORK7  //本 SCR 段的功能

LD    SM0.0

TON   T101，+100

NETWORK8  //启动状态 S0.2，关闭状态 S0.1

LD    T101

SCRT  S0.2

NETWORK9  //状态 S0.1 的 SCR 段结束

SCRE

NETWORK10   //状态 S0.2 的 SCR 段开始

LSCR  S0.2

NETWORK11   //本 SCR 段的功能

LD    SM0.0

TON   T102，+100

R     Q0.1，1

NETWORK12   //启动状态 S0.3，关闭状态 S0.2

LD    T102

SCRT  S0.3  //这个 S0.3 仅仅是编程格式要求，没有实际意义

NETWORK13   //状态 S0.2 的 SCR 段结束

SCRE

NETWORK14   //再次启动状态 S0.0

LD    T102

S     S0.0，1

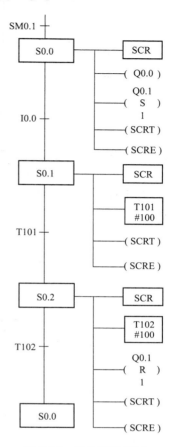

图 5-53  简单顺序控制

b. 并行分支顺序控制  在许多应用里，顺控状态流的单流将分支成两个或多个同时激

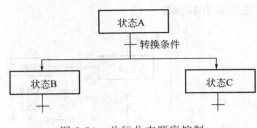

图 5-54 并行分支顺序控制

活的顺控状态流。当顺控状态流分支成多流时，必须同时激活全部顺控状态流。这种控制是并行分支顺序控制，如图 5-54 所示。

当状态 A＝1 时，执行顺控程序段 A。当转换条件成立时，要同时激活状态 B 和状态 C，即可以同时执行顺控程序 B 和顺控程序 C。具体编程方法可通过下面例子说明。

【例 5-8】 图 5-55 是为了说明具有并行分支顺序控制程序在分支处的编程方法。

本例是在 I0.0＝1 时，同时要求激活状态 S0.1 和 S0.2。

各个程序段中的操作内容应根据实际工程要求去编程，本例中省略了这方面的编程内容。

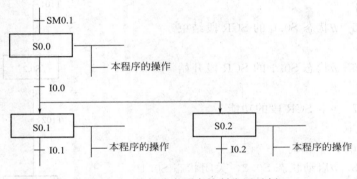

图 5-55 并行分支顺序控制应用示例

NETWORK1        //激活 S0.0
LD      SM0.1
S       S0.0，1
NETWORK2        //S0.0 程序段的开始
LSCR    S0.0
NETWORK3        //S0.0 程序段中的操作
...
NETWORK4        //同时激活 S0.1 和 S0.2
LD      I0.0
SCRT    S0.1
SCRT    S0.2
NETWORK5        //S0.0 程序段的结束
SCRE
NETWORK6        //S0.1 程序段的开始
LSCR    S0.1
NETWORK7        //S0.1 程序段中的操作
...
NETWORK8        //S0.1 程序段的转换

```
LD      I0.1
SCRT    S0.3
NETWORK9        //S0.1 程序段的结束
SCRE
NETWORK10       //S0.2 程序段的开始
LSCR    S0.2
NETWORK11       //S0.2 程序段中的操作
...
NETWORK12       //S0.2 程序段的转换
LD      I0.2
SCRT    S0.4
NETWORK13       //S0.0 程序段结束
SCRE
...
```

c. 选择分支顺序控制　　下面要介绍的是另外一种分支顺序控制。在这种控制中，当顺控状态流分支成多流时，可能转到其中的一个分支顺控状态流。到底能进到哪一个分支，要看哪个分支的转换条件先为真，状态优先转到先接通的分支的状态中，这种控制是选择分支顺序控制，如图 5-56 所示。

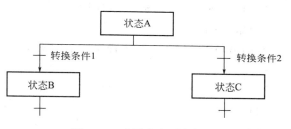

图 5-56　选择分支顺序控制

当状态 A＝1 时，执行顺控程序段 A。当转换条件 1 先成立时，要激活状态 B，顺控程序应转到程序段 B。当转换条件 2 先成立时，要激活状态 C，顺控程序应转到程序段 C。具体编程方法可通过下面例子说明。

【例 5-9】　如图 5-57 所示是为了说明具有分支的顺控程序在分支处的编程方法。

本例是在 I0.0＝1 先于 I0.1 时，要求激活状态 S0.1。在 I0.1＝1 先于 I0.0 时，要求激活状态 S0.2。

各个程序段中的操作内容应根据实际工程要求去编程，本例中省略了这方面的编程内容。

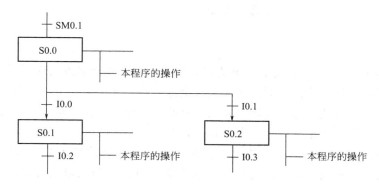

图 5-57　选择分支顺序控制应用示例

```
NETWORK1        //激活 S0.0
LD      SM0.1
S       S0.0，1
NETWORK2        //S0.0 程序段的开始
LSCR    S0.0
NETWORK3        //S0.0 程序段中的操作
...
NETWORK4        //激活 S0.1 或激活 S0.2
LD      I0.0
SCRT    S0.1
LD      I0.1
SCRT    S0.2
NETWORK5        //S0.0 程序段的结束
SCRE
NETWORK6        //S0.1 程序段的开始
LSCR    S0.1
NETWORK7        //S0.1 程序段中的操作
...
NETWORK8        //S0.1 程序段的转换
LD      I0.2
SCRT    S0.3
NETWORK9        //S0.1 程序段的结束
SCRE
NETWORK10       //S0.2 程序段的开始
LSCR    S0.2
NETWORK11       //S0.2 程序段中的操作
...
NETWORK12       //S0.2 程序段的转换
LD      I0.3
SCRT    S0.4
NETWORK13       //S0.0 程序段的结束
SCRE
...
```

d. 并行汇合顺序控制　多流汇成单流时，即为汇集。两个或多个顺序状态流汇合成单流时存在汇集问题。控制流汇集时，必须完成全部入流，才能启动下一状态。控制汇集流的代码略复杂些。为了保证全部入流均已完成，有必要使用每次扫描均执行的程序段（即不属于任何 SCR 段），检查全部入流是否均完成。如果全部完成则可以转换到下一个程序段。例如执行状态 A 的程序段时，转换条件已被满足，这时可以启动状态 D。当执行状态 B 的程序段时，转换条件也被满足，这时可以启动状态 E。当状态 D 和状态 E 均被启动时才能启动状态 C，使状态流进入顺控程序段 D，从而完成了汇集。如图 5-58 所示。

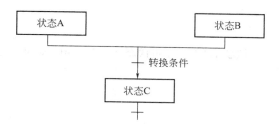

图 5-58  并行汇合顺序控制

【例 5-10】  如图 5-59 所示是一个汇合编程的例子。

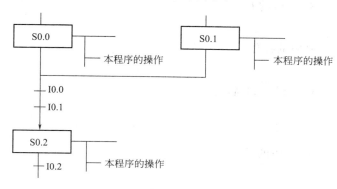

图 5-59  并行汇合顺序控制应用示例

例子中的并行汇合的编程是采用了各自 SCR 段的转换条件实行转换的。其转换的状态 S1.0 和 S1.1 并没有对应的 SCR 程序段，编程中是用 S1.0 和 S1.1 的与生成状态 S0.2，这是一个真正的 SCR 程序段。可以看出程序进入 S0.2 的条件是 S0.0 和 S0.1 程序段均完成。其语句表编程如下。每个程序段的具体操作，程序中没有给出。

NETWORK1    //S0.0 段的开始

LSCR    S0.0

NETWORK2    //段内的操作

…

NETWORK3    //转换到虚拟状态

LD      I0.0

SCRT    S1.0

NETWORK4    //S0.0 段的结束

SCRE

NETWORK5    //S0.1 段的开始

LSCR    S0.1

NETWORK6    //段内的操作

…

NETWORK7    //转换到虚拟状态

LD      I0.1

SCRT    S1.1

NETWORK8    //S0.1 段的结束

SCRE

NETWORK9    //利用虚拟状态的与启动状态 S0.2，同时复位各虚拟状态

LD      S1.0

A       S1.1

S       S0.2，1

R       S1.0，1

R       S1.1，1

NETWORK10   //S0.2 段的开始

LSCR   S0.2

NETWORK11   //段内的操作

...

NETWORK12   //转换到 S0.3 状态

LD      I0.2

SCRT   S0.3

NETWORK13   //S0.2 段的结束

SCRE

...

选择汇合顺序控制是另外一种汇合顺序控制。在这种控制中，当顺控状态流汇合时，其中的一个分支顺控状态流被汇合。到底哪个分支能被汇合，要看哪个分支的转换条件先为真，这种控制是选择汇合顺序控制。选择汇合顺序控制的编程方法读者可以参照例 5.9 的方法自行分析。

## 思考与练习

5-1   简述 S7-200 的程序分类。

5-2   指出如图 5-60 所示梯形图的错误。

5-3   将如图 5-61(a)、图 5-61(b) 所示梯形图分别转换成助记符。

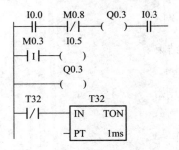

图 5-60   练习 5-2 梯形图

5-4   将下列助记符转换成梯形图。

LD      I0.0

AN   T37

TON   T37，1000
LD   T37
LD   Q0.0
CTU   C10，360
LD   C10
O    Q0.0
＝    Q0.0

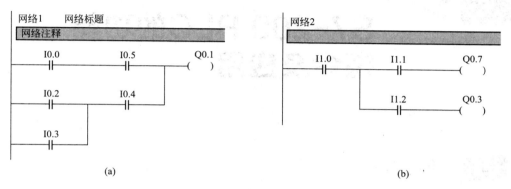

图 5-61   练习 5-3 梯形图

5-5   使用置位和复位指令，分别编写下述控制程序，控制要求如下：

① 启动时，电动机 M1 先启动，电动机 M1 启动后，才能启动电动机 M2；停止时，电动机 M1、M2 同时停止。

② 启动时，电动机 M1、M2 同时启动；停止时，只有在电动机 M2 停止后，电动机 M1 才能停止。

5-6   用两种方式实现如下功能：按下启动按钮 SB1 1h 后，电动机 M1 启动。请分别给出梯形图和语句表。

# 第6章

# S7-200 PLC的功能指令及应用

## 6.1 传送指令

（1）数据的传送

• 数据传送指令的梯形图表示：传送指令由传送符 MOV、数据类型（B/W/D/R）、传送启动信号 EN、源操作数 IN 和目标操作数 OUT 构成。

• 数据传送指令的语句表表示：传送指令由操作码 MOV、数据类型（B/W/D/R）、源操作数 IN 和目标操作数 OUT 构成，其梯形图和语句表表示如图 6-1 所示。

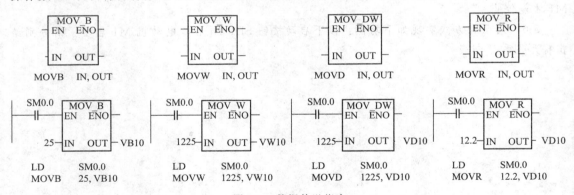

图 6-1　数据传送指令

• 数据传送指令的原理：传送指令是当启动信号 EN＝1 时，执行传送功能。其功能是把源操作数 IN 传送到目标操作数 OUT 中。ENO 为传送状态位。

• 数据传送指令的注意事项：应用传送指令应该注意数据类型。字节用符号 B，字用符号 W，双字用符号 D，实数用符号 R 表示。

• 操作数范围：

传送启动信号 EN 位：I、Q、M、T、C、SM、V、S、L（位）。

字节传送操作数 IN：VB、IB、QB、MB、SMB、LB、AC、常数、＊VD、＊AC、＊LD。

OUT：VB、IB、QB、MB、SMB、LB、AC、*VD、*AC、*LD。

字传送操作数 IN：VW、IW、QW、MW、SMW、LW、T、C、AIW、AC、常数、*VD、*AC、*LD。

OUT：VW、IW、QW、MW、SMW、LW、T、C、AQW、AC、*VD、*AC、*LD。

双字传送操作数 IN：VD、ID、QD、MD、SMD、LD、HC、＆VB、＆IB、＆QB、＆MB、＆SB、＆T、＆C、AC、常数、*VD、*AC、*LD。

OUT：VD、ID、QD、MD、SMD、LD、AC、*VD、*AC、*LD。

实数传送操作数 IN：VD、ID、QD、MD、SMD、LD、AC、常数、*VD、*AC、*LD。

OUT：VD、ID、QD、MD、SMD、LD、AC、*VD、*AC、*LD。

（2）数据块的传送

• 数据块传送指令的梯形图表示：数据块传送指令由数据块传送符 BLKMOV、数据类型（B/W/D）、传送启动信号 EN、源数据起始地址 IN、源数据数目 N 和目标操作数 OUT 构成。

• 数据块传送指令的语句表表示：数据块传送指令由数据块传送操作码 BM、数据类型（B/W/D）、源操作数起始地址 IN、目标数据起始地址 OUT 和源数据数目 N 构成。其梯形图和语句表表示如图 6-2 所示。

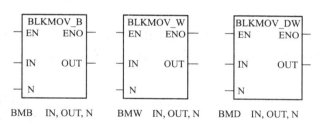

图 6-2　数据块传送指令

• 数据块传送指令的注意事项：传送指令是当启动信号 EN＝1 时，执行数据块传送功能。其功能是把源操作数起始地址 IN 开始的 N 个数据传送到目标操作数起始地址 OUT 开始的数据区域中。ENO 为传送状态位。

• 数据块传送指令的应用：应用传送指令应该注意数据类型和数据地址的连续性。

• 操作数范围：

传送启动信号 EN 位：I、Q、M、T、C、SM、V、S、L（位）。

源数据数目 N：VB、IB、QB、MB、SMB、LB、AC、常数、*VD、*AC、*LD。

字节传送操作数 IN：VB、IB、QB、MB、SMB、LB、*VD、*AC、*LD。

OUT：VB、IB、QB、MB、SMB、LB、*VD、*AC、*LD。

字传送操作数 IN：VW、IW、QW、MW、SMW、LW、T、C、AIW、*VD、*AC、*LD。

OUT：VW、IW、QW、MW、SMW、LW、T、C、AQW、*VD、*AC、*LD。

双字传送操作数 IN：VD、ID、QD、MD、SMD、LD、*VD、*AC、*LD。

OUT：VD、ID、QD、MD、SMD、LD、*VD、*AC、*LD。

**【例 6-1】** 块传送举例。

使用块传送指令，把 VB0～VB3 四个字节的内容传送到 VB100～VB103 单元中，启动信号为 I0.0。这时 IN 数据应为 VB0，N 应为 4，OUT 数据应为 VB100，如图 6-3 所示。

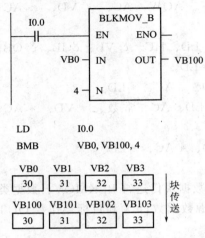

```
LD        I0.0
BMB       VB0, VB100, 4
```

图 6-3 块传送指令应用示例

（3）交换字节

• 交换字节指令的梯形图表示：交换字节指令由交换字标识符 SWP、交换启动信号 EN、交换数据字地址 IN 构成。

• 交换字节指令的语句表表示：交换字节指令由交换字节操作码 SWP 和交换数据字地址 IN 构成。其梯形图和语句表表示如图 6-4 所示。

• 交换字节指令的原理：交换字节指令启动信号 EN＝1 时，执行交换字节功能。其功能是把数据（IN）的高字节与低字节交换，ENO 为传送状态位。

• 操作数范围：VW、IW、QW、MW、SW、SMW、LW、T、C、AC、＊VD、＊AC、＊LD。

（4）存储器填充

• 存储器填充指令的梯形图表示：存储器填充指令由存储器填充标识符 FILL＿N、存储器填充启动信号 EN、存储器填充字 IN、填充字数 N 和被填充的起始地址 OUT 构成。

• 存储器填充指令的语句表表示：存储器填充指令由存储器填充操作码 FILL、存储器填充字 IN、被填充的起始地址 OUT 和填充字数 N 构成。其梯形图和语句表表示如图 6-5 所示。

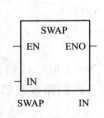

图 6-4 交换字节指令

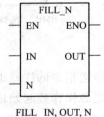

图 6-5 存储器填充指令

• 存储器填充指令的原理：存储器填充指令启动信号 EN＝1 时，执行存储器填充功能。其功能是把 N 个数据（IN）依次填入 OUT 的起始地址中，ENO 为存储器填充状态位。

• 操作数范围：

启动信号 EN 位：I、Q、M、T、C、SM、V、S、L。

存储器填充字 IN：VW、IW、QW、MW、SW、SMW、LW、AIW、T、C、AC、常数、＊VD、＊AC、＊LD。

填充字数 N：VB、IB、QB、MB、SB、SMB、LB、AC、常数、＊VD、＊AC、＊LD。

被填充数地址 OUT：VW、IW、QW、MW、SW、SMW、LW、T、C、AQW、＊VD、＊AC、＊LD。

## 6.2 S7-200 的运算指令

### 6.2.1 四则运算指令

（1）加法运算

• 加法运算指令的梯形图表示：加法运算指令由加法运算符（ADD）、数据类型符（I、DI、R）、加法运算允许信号（EN）、加数 1（IN1）、加数 2（IN2）和加法运算的和（OUT）构成。

• 加法运算指令的语句表表示：加法运算指令由加法操作码（整型加法＋I、双字型加法＋D、实数型加法＋R）、加数 1（IN1）和加法运算的和（OUT）构成。其梯形图和语句表表示如图 6-6 所示。

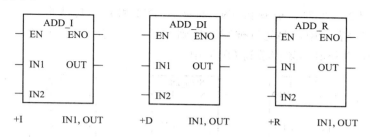

图 6-6 加法运算指令

• 加法运算的操作：在梯形图表示中，当加法允许信号 EN＝1 时，被加数 IN1 与加数 IN2 相加，其结果传送到和 OUT 中。在语句表表示中，要先将一个加数送到 OUT 中，然后把 OUT 中的数据和 IN1 中的数据进行相加，并将其结果传送到 OUT 中。

• 数据范围：

整数加法 IN1/IN2：VW、IW、QW、MW、SW、SMW、AIW、T、C、AC、常数、＊VD、＊AC、＊LD。

OUT：VW、IW、QW、MW、SW、SMW、LW、T、C、AC、＊VD、＊AC、＊LD。

双字型加法 IN1/IN2：VD、ID、QD、MD、AC、SMD、SD、HC、＊VD、＊AC、＊LD、常数。

OUT：VD、ID、QD、MD、AC、SMD、SD、HC、＊VD、＊AC、＊LD。

实数型加法 IN1/IN2：VD、ID、QD、MD、AC、SMD、SD、HC、＊VD、＊AC、＊LD、常数。

OUT：VD、ID、QD、MD、AC、LD、SMD、SD、HC、＊VD、＊AC、＊LD。

【例 6-2】 如图 6-9 所示给出一个整数加法操作的编程。

在用梯形图编程时，当 I0.0＝1 时，累加器 AC1 的内容与 AC0 的内容相加，并将其运算结果传送到 AC0 中。

原 AC1 中为 16 位整数 500，AC0 为 16 位整数 600，运算结果 1100 存在 AC0 中。

用语句表编程与梯形图稍有不同。如果被加数不在 OUT 中，需要用传送指令把被加数传送到加法和 OUT 中，然后执行加法操作，把 OUT 中的内容与加数相加，其结果存入加法和 OUT 中。如图 6-7 所示。

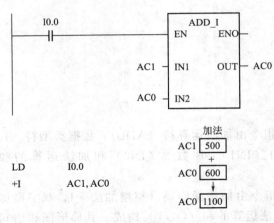

LD         I0.0

+I          AC1，AC0

图 6-7　加法运算指令应用示例

（2）减法运算

• 减法运算指令的梯形图表示：减法运算指令由运算符（SUB）、数据类型符（I、DI、R）、减法运算允许信号（EN）、被减数（IN1）、减数（IN2）和减法运算的差（OUT）构成。

• 减法运算指令的语句表表示：减法运算指令由操作码（整数减法－I，双字型减法－D，实数型减法－R）、减数（IN1）和减法运算的差（OUT）构成。其梯形图和语句表表示如图 6-8 所示。

• 减法运算的操作：在梯形图表示中，当减法允许信号 EN＝1 时，被减数 IN1 与减数 IN2 相减，其结果传送到减法运算的差 OUT 中。在语句表表示中，要先将被减数送到 OUT 中，然后把 OUT 中的数据和 IN1 的数据进行相减，并将其结果传送到 OUT 中。

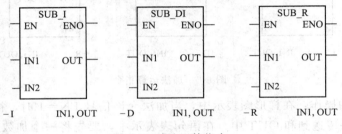

图 6-8　减法运算指令

• 数据范围：

整数减法 IN1/IN2：VW、IW、QW、MW、SW、SMW、AIW、T、C、AC、常数、*VD、*AC、*LD。

OUT：VW、IW、QW、MW、SW、SMW、LW、T、C、AC、*VD、*AC、*LD。

双字型减法 IN1/IN2：VD、ID、QD、MD、AC、SMD、SD、HC、*VD、*AC、*LD、常数。

OUT：VD、ID、QD、MD、AC、SMD、SD、HC、*VD、*AC、*LD。

实数型减法 IN1/IN2：VD、ID、QD、MD、AC、SMD、SD、HC、*VD、*AC、*LD、常数。

OUT：VD、ID、QD、MD、AC、LD、SMD、SD、HC、*VD、*AC、*LD。

【例 6-3】　如图 6-9 所示给出一个整数减法操作的编程。

从梯形图可以看到，在 I0.0＝1 时，VW20 中的内容与 VW10 中的内容相减，其结果保存在 VW0 中。

用语句表编程与梯形图稍有不同。如果被减数不在 OUT 中，首先要利用传送指令把被减数传送到 OUT 中，然后执行减法操作，把 OUT 的内容与减数相减，其结果存入 OUT 中。

（3）乘法运算

• 乘法运算指令的梯形图表示：乘法运算指令由乘法运算符（MUL）、数据类型符（I、DI、R）、乘法运算允许信号（EN）、被乘数（IN1）、乘数（IN2）和乘法运算的积（OUT）构成。

• 乘法运算指令的语句表表示：乘法运算指令由乘法操作码（整数乘法 ＊I，双整数乘法 ＊D，常规乘法 MUL，实数乘法 ＊R）、乘数（IN1）和乘法运算的积（OUT）构成。其梯形图和语句表表示如图 6-10 所示。

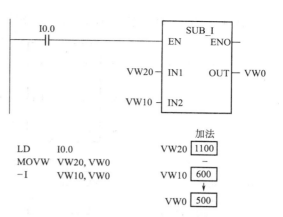

```
LD      I0.0
MOVW    VW20, VW0
-I      VW10, VW0
```

图 6-9  减法运算指令应用示例

• 乘法运算的操作：在梯形图表示中，当乘法允许信号 EN＝1 时，被乘数 IN1 与乘数 IN2 相乘，其结果传送到积 OUT 中。在语句表表示中，要先将被乘数送到 OUT 中，然后把 OUT 中的数据和 IN1 中的数据进行相乘，并将其结果传送到 OUT 中。

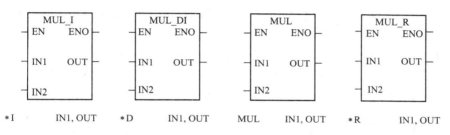

图 6-10  乘法运算指令

• 乘法运算的说明：乘法运算分四种操作。其一是整数乘法，即两个 16 位整数相乘产生一个 16 位整数的积，梯形图中用 MUL ＿ I 表示。其二是双整数乘法，即两个 32 位整数相乘产生一个 32 位整数的积，梯形图中用 MUL ＿ DI 表示。其三是常规乘法，即两个 16 位整数相乘产生一个 32 位整数的积，梯形图中用 MUL 表示。其四是实数乘法，即两个实数相乘产生一个实数的积，梯形图中用 MUL ＿ R 表示。四种操作的语句表表示分别是：＊I、＊D、MUL、＊R。

• 数据范围：

整数乘法 IN1/IN2：VW、IW、QW、MW、SW、SMW、LW、AIW、T、C、AC、常数、＊VD、＊AC、＊LD。

OUT：VW、IW、QW、MW、SW、SMW、LW、T、C、AC、＊VD、＊AC、＊LD。

双整数乘法 IN1/IN2：VD、ID、QD、MD、SD、SMD、LD、HC、AC、常数、＊VD、＊AC、＊LD。

OUT：VD、ID、QD、MD、SD、SMD、LD、AC、＊VD、＊AC、＊LD。

常规乘法 IN1/IN2：VW、IW、QW、MW、SW、SMW、LW、AC、AIW、T、C、常数、＊VD、＊AC、＊LD。

OUT：VD、ID、QD、MD、SMD、SD、LD、AC、＊VD、＊LD、＊AC。

实数乘法 IN1/IN2：VD、ID、QD、MD、AC、SMD、SD、LD、AC、常数、＊VD、＊AC、＊LD。

OUT：VD、ID、QD、MD、SMD、SD、LD、AC、＊VD、＊AC、＊LD。

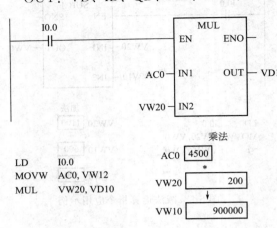

```
LD     I0.0
MOVW   AC0, VW12
MUL    VW20, VD10
```

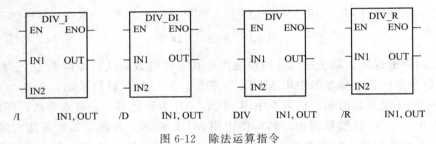

图 6-11　乘法运算指令应用示例

【例 6-4】 如图 6-11 所示给出一个乘法操作的编程。

从梯形图可以看到，在 I0.0＝1 时，AC0 中的内容与 VW20 中的内容相乘，其结果保存在 VD10 中。

用语句表编程与梯形图稍有不同。如果被乘数不在 OUT 中，首先要利用传送指令把被乘数的内容传送到 OUT 中，然后执行乘法操作，把 OUT 的内容与乘数相乘，其结果存入 OUT 中。

（4）除法运算

• 除法运算指令的梯形图表示：除法运算指令由除法运算符（DIV）、数据类型符（I、DI、R）、除法运算允许信号（EN）、被除数（IN1）、除数（IN2）和除法运算的商（OUT）构成。

• 除法运算指令的语句表表示：除法运算指令由除法操作码（整数除法/I，双整数除法/D，常规除法 DIV，实数除法/R）、除数（IN1）和除法运算的商（OUT）构成。其梯形图和语句表表示如图 6-12 所示。

| DIV_I | DIV_DI | DIV | DIV_R |
|---|---|---|---|
| EN ENO | EN ENO | EN ENO | EN ENO |
| IN1 OUT | IN1 OUT | IN1 OUT | IN1 OUT |
| IN2 | IN2 | IN2 | IN2 |
| /I IN1, OUT | /D IN1, OUT | DIV IN1, OUT | /R IN1, OUT |

图 6-12　除法运算指令

• 除法运算的操作：在梯形图表示中，当除法允许信号 EN＝1 时，被除数 IN1 与除数 IN2 相除，其结果传送到商 OUT 中。在语句表表示中，要先将被除数送到 OUT 中，然后把 OUT 中的数据和 IN1 中的数据进行相除，并将其结果传送到 OUT 中。

• 除法运算的说明：除法运算分四种操作，其一是整数除法，即两个 16 位整数相除产生一个 16 位整数的商，梯形图中用 DIV_I 表示；其二是双整数除法，即两个 32 位整数相除产生一个 32 位整数的商，梯形图中用 DIV_DI 表示；其三是常规除法，即两个 16 位整数相除产生一个 32 位整数，其中高 16 位是余数，低 16 位是商，梯形图中用 DIV 表示；其四是实数除法，即两个实数相除产生一个实数的商，梯形图中用 DIV_R 表示。四种操作的语句表表示分别是"/I、/D、DIV、/R"。

• 数据范围：

整数除法 IN1/IN2：VW、IW、QW、MW、SW、SMW、LW、AIW、T、C、AC、常数、＊VD、＊AC、＊LD。

OUT：VW、IW、QW、MW、SW、SMW、LW、T、C、AC、＊VD、＊AC、＊LD。

双整数除法 IN1/IN2：VD、ID、QD、MD、SD、SMD、LD、HC、AC、常数、*VD、*AC、*LD。

OUT：VD、ID、QD、MD、SD、SMD、LD、AC、*VD、*AC、*LD。

常规除法 IN1/IN2：VW、IW、QW、MW、SW、SMW、LW、AC、AIW、T、C、常数、*VD、*AC、*LD。

OUT：VD、ID、QD、MD、SMD、SD、LD、AC、*VD、*LD、*AC。

实数型除法 IN1/IN2：VD、ID、QD、MD、AC、SMD、SD、LD、AC、常数、*VD、*AC、*LD。

OUT：VD、ID、QD、MD、SMD、SD、LD、AC、*VD、*AC、*LD。

【例 6-5】 如图 6-13 所示给出一个除法操作的编程。

从梯形图可以看到，在 I0.0＝1 时，VW20 中的内容与 VW10 中的内容相除，其结果（商和余数）保存在 VD2 中。

当被除数与 OUT 数据不相同时，在用语句表编程与梯形图稍有不同。首先要利用传送指令把被除数传送到 OUT 中，然后执行除法操作，把 OUT 的内容与除数相除，其结果存入 OUT 中。

（5）加 1 运算

• 加 1 运算指令的梯形图表示：加 1 运算指令由加 1 运算符（INC）、数据类型符（B、W、DW）、加 1 运算允许信号（EN）、被加 1 数（IN）和加 1 运算结果（OUT）构成。

• 加 1 运算指令的语句表表示：加 1 运算指令由加 1 操作码（INC）、数据类型符（B、W、D）和加 1 运算结果（OUT）构成。其梯形图和语句表表示如图 6-14 所示。

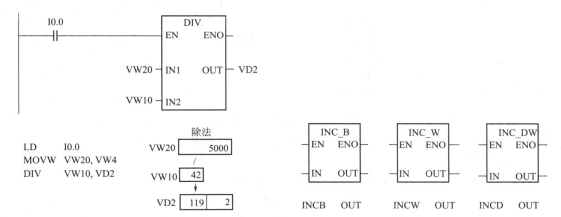

图 6-13 除法运算指令应用示例　　　　图 6-14 加 1 运算指令

• 加 1 运算的操作：在梯形图表示中，当加 1 运算允许信号 EN＝1 时，数 IN 加 1 数，其结果传送到 OUT 中。在语句表表示中，OUT 被加 1 其结果传送到 OUT 中。

• 加 1 运算的注意事项：在梯形图中，被加 1 数 IN 与结果的地址可以不同。在语句表中，两个地址必须相同。

• 数据范围：

字节型　IN：VB、IB、QB、MB、SMB、LB、AC、常数、*VD、*AC、*LD。

OUT：VB、IB、QB、MB、SMB、LB、AC、*VD、*AC、*LD。

字型　　IN：VW、IW、QW、MW、SW、SMW、AC、AIW、LW、T、C、常数、

＊VD、＊AC、＊LD。

OUT：VW、IW、QW、MW、SW、SMW、AC、LW、T、C、＊VD、＊AC、＊LD。

双字型　IN：VD、ID、QD、MD、SD、SMD、LD、AC、HC、常数、＊VD、＊AC、＊LD。

OUT：VD、ID、QD、MD、SD、SMD、LD、AC、＊VD、＊AC、＊LD。

【例 6-6】　如图 6-15 所示给出一个加 1 操作的编程。

从梯形图可以看到，在 I4.0＝1 时，AC0 的内容被加 1，其结果保存在 AC0 中。

当 IN 单元与 OUT 单元不相同时，在用语句表编程与梯形图稍有不同，首先要利用传送指令把 IN 单元的内容传送到 OUT 单元中，然后执行加 1 操作，把 OUT 单元的内容加 1，其结果存入 OUT 单元中。

(6) 减 1 运算

• 减 1 运算指令的梯形图表示：减 1 运算指令由减 1 运算符（DEC）、数据类型符（B、W、DW）、减 1 运算允许信号（EN）、被减 1 数（IN）和减 1 运算结果（OUT）构成。

• 减 1 运算指令的语句表表示：减 1 运算指令由减 1 运算操作码（DEC）、数据类型符（B、W、D）和减 1 运算结果（OUT）构成。其梯形图和语句表表示如图 6-16 所示。

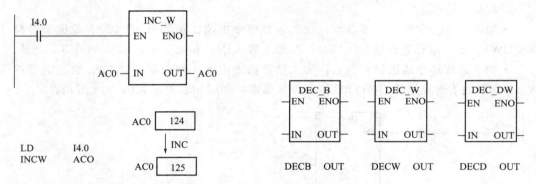

图 6-15　加 1 运算指令应用示例　　　　图 6-16　减 1 运算指令

• 减 1 运算的操作：在梯形图表示中，当减 1 允许信号 EN＝1 时，数 IN 减 1，其结果传送到 OUT 中。在语句表表示中，数 OUT 被减 1 其结果传送到 OUT 中。

• 数据范围：

字节型　IN：VB、IB、QB、MB、SMB、LB、AC、常数、＊VD、＊AC、＊LD。

OUT：VB、IB、QB、MB、SMB、LB、AC、＊VD、＊AC、＊LD。

字型　　　IN：VW、IW、QW、MW、SW、SMW、AC、AIW、LW、T、C、常数、＊VD、＊AC、＊LD。

OUT：VW、IW、QW、MW、SW、SMW、AC、LW、T、＊VD、＊AC、＊LD。

双字型　IN：VD、ID、QD、MD、SD、SMD、LD、AC、HC、常数、＊VD、＊AC、＊LD。

OUT：VD、ID、QD、MD、SD、SMD、LD、AC、＊VD、＊AC、＊LD。

【例 6-7】　如图 6-17 所示给出一个减 1 操作的编程。

从梯形图可以看到，在 I4.0＝1 时，VD20 的内容被减 1，其结果保存在 VD0 中。

当 IN 单元与 OUT 单元不相同时，在用语句表编程与梯形图稍有不同，首先要利用传送指令把 IN 单元的内容传送到 OUT 单元中，然后执行减 1 操作，把 OUT 单元的内容减

1，其结果存入 OUT 单元中。

（7）开平方运算

• 开平方运算指令的梯形图表示：开平方运算指令由开平方运算符（SQRT）、开平方运算允许信号（EN）、被开平方数（IN）和开平方运算结果（OUT）构成。

• 开平方运算指令的语句表表示：开平方运算指令由开平方运算操作码（SQRT）、被开平方数（IN）和开平方运算结果（OUT）构成。其梯形图和语句表表示如图 6-18 所示。

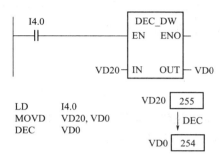

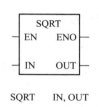

图 6-17　减 1 运算指令应用示例　　　　图 6-18　开平方运算指令

• 开平方运算的操作：在梯形图表示中，当开平方允许信号 EN＝1 时，把一个 32 位实数 IN 开平方，得到 32 位实数结果传送到 OUT 中。在语句表表示中，操作数 IN 被开平方，其结果传送到 OUT 中。

• 数据范围：

操作数 IN：VD、ID、QD、MD、SMD、SD、LD、AC、常数、＊VD、＊AC、＊LD。

操作数 OUT：VD、ID、QD、MD、SMD、SD、LD、AC、＊VD、＊AC、＊LD。

【例 6-8】　如图 6-19 所示给出了一个整数运算的实际应用例子。

在温度检测系统中，测温元件有热敏电阻、热电偶等。现采用 PT100 热敏电阻作为测温元件，测温范围为 0～200℃。

温度变送器是把温度转换成电流或电压的装置。现使用的温度变送器可以把上述热敏电阻测得的温度转换成 4～20mA 电流，这是一种模拟量。模/数转换器（A/D）是把模拟量转换成数字量的装置。现选择 EM235，EM235 可以把 0～20mA 电流转换成 12 位二进制数，该数据存于 AIW0 的第 3～14 位。

试编制把检测值转换成实际的温度值，存于 VD0 中的程序。

对检测值的分析如下：

当测得温度达到上限（200℃）时，温度转换器的电流应该为 20mA，AIW0 的数值约为 32767。1mA 对应的 A/D 值约为 32767/20。测得温度为最低温度（0℃）

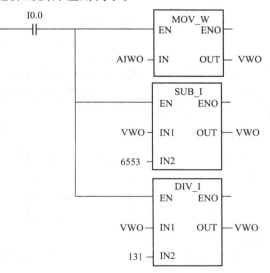

图 6-19　整数运算应用示例

时，温度转换器的电流应该为 4mA，A/D 值约为（32767/20）×4＝6553.4。
被测温度从 0～200℃时，AIW0 的对应值约为 6553.4～32767。可以算出 1℃对应的 A/D 值大约为（32767－6553.4）/200＝131.068。

可以算出把 AIW0 的数值转换为实际温度的计算公式为 VD0 值＝（AIW0 值－6553.4）/131.068。

图 6-19 是当 I0.0＝1 时，求实际温度的近似计算程序。第一个梯形图电路是把检测的 A/D 值传送到 VW0 中。第二个梯形图电路是把 VW0 的值减去 6553 存于 VW0 中。最后一个梯形图电路是把 VW0 除以 131 存入 VW0 中。VW0 中的数值就是实际温度值。

### 6.2.2 逻辑运算

（1）逻辑与运算

• 逻辑与运算指令的梯形图表示：逻辑与运算指令由逻辑与运算符（WAND）、数据类型符（B、W、DW）、逻辑与运算允许信号（EN）、数据 1（IN1）、数据 2（IN2）和逻辑与运算结果（OUT）构成。

• 逻辑与运算指令的语句表表示：逻辑与运算指令由逻辑与运算操作码（AND）、数据类型符（B、W、D）、数据 1（IN1）和逻辑与运算结果（OUT）构成。其梯形图和语句表表示如图 6-20 所示。

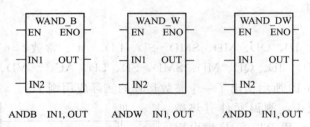

图 6-20　逻辑与运算指令

• 逻辑与运算的操作：在梯形图表示中，当逻辑与允许信号 EN＝1 时，数据 1（IN1）和数据 2（IN2）按位与，其结果传送到 OUT 中。在语句表表示中，IN1 和 OUT 按位与，其结果传送到 OUT 中。

• 数据范围：

字节与 IN1/IN2：VB、IB、QB、MB、SB、SMB、LB、AC、常数、﹡VD、﹡AC、﹡LD。

OUT：VB、IB、QB、MB、SB、SMB、LB、AC、﹡VD、﹡AC、﹡LD。

字与 IN1/IN2：VW、IW、QW、MW、SW、SMW、LW、T、C、AIW、AC、常数、﹡VD、﹡AC、﹡LD。

OUT：VW、IW、QW、MW、SW、SMW、LW、T、C、AC、﹡VD、﹡AC、﹡LD。

双字与 IN1/IN2：VD、ID、QD、MD、SD、SMD、AC、LD、常数、﹡VD、﹡AC、﹡LD。

OUT：VD、ID、QD、MD、SD、SMB、LD、AC、HC、常数、﹡VD、﹡AC、﹡LD。

【例 6-9】　如图 6-21 所示给出了一个逻辑与操作的编程。

从梯形图可以看到，在 I0.0＝1 时，VW20 中的内容与 VW10 中的内容相与，其结果保存在 VW0 中。

当 IN1 单元与 OUT 单元不相同时，用语句表编程与梯形图稍有不同。首先要利用传送指令把 IN1 的内容传送到 OUT 中，然后执行逻辑与操作，把 OUT 的内容与 IN2 的内容逻辑与，其结果存入 OUT 中。

（2）逻辑或运算

• 逻辑或运算指令的梯形图表示：逻辑或运算指令由逻辑或运算符（WOR）、数据类型符（B、W、DW）、逻辑或运算允许信号（EN）、数据 1（IN1）、数据 2（IN2）和逻辑或运算结果（OUT）构成。

• 逻辑或运算指令的语句表表示：逻辑或运算指令由逻辑或运算操作码（OR）、数据类型符（B、W、D）、数据 1（IN1）和逻辑或运算结果（OUT）构成。其梯形图和语句表表示如图 6-22 所示。

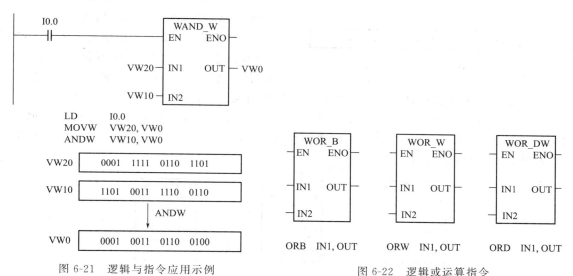

图 6-21　逻辑与指令应用示例　　　　图 6-22　逻辑或运算指令

• 逻辑或运算的操作：在梯形图表示中，当逻辑或允许信号 EN＝1 时，数据 1（IN1）和数据 2（IN2）按位或，其结果传送到 OUT 中。在语句表表示中，IN1 和 OUT 按位或，其结果传送到 OUT 中。

• 数据范围：

字节或 IN1/IN2：VB、IB、QB、MB、SB、SMB、LB、AC、常数、＊VD、＊AC、＊LD。

OUT：VB、IB、QB、MB、SB、SMB、LB、AC、＊VD、＊AC、＊LD。

字或　IN1/IN2：VW、IW、QW、MW、SW、SMW、LW、T、C、AIW、AC、常数、＊VD、＊AC、＊LD。

OUT：VW、IW、QW、MW、SW、SMW、LW、T、C、AC、＊VD、＊AC、＊LD。

双字或 IN1/IN2：VD、ID、QD、MD、SD、SMD、AC、LD、HC、常数、＊VD、＊AC、＊LD。

OUT：VD、ID、QD、MD、SD、SMB、AC、LD、＊VD、＊AC、＊LD。

【例 6-10】　如图 6-23 所示给出一个逻辑或操作的编程。

从梯形图可以看到，在 I0.0＝1 时，AC1 中的内容与 AC0 中的内容按位逻辑或，其结

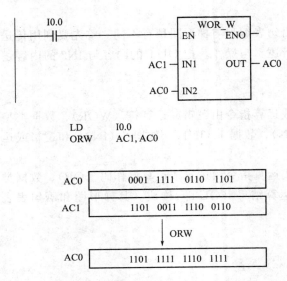

```
LD      I0.0
ORW     AC1, AC0
```

图 6-23　逻辑或运算指令应用示例

果保存在 AC0 中。

当 IN1 单元与 OUT 单元不相同时，用语句表编程与梯形图稍有不同。首先要利用传送指令把 IN1 的内容传送到 OUT 中，然后执行逻辑或操作，把 OUT 的内容与 IN1 的内容按位逻辑或，其结果存入 OUT 中。

（3）逻辑异或运算

• 逻辑异或运算指令的梯形图表示：逻辑异或运算指令由逻辑异或运算符（WXOR）、数据类型符（B，W，DW）、逻辑异或运算允许信号（EN）、数据 1（IN1）、数据 2（IN2）和逻辑异或运算结果（OUT）构成。

• 逻辑异或运算指令的语句表表示：逻辑异或运算指令由逻辑异或运算操作码（XOR）、数据类型符（B，W，D）、数据 1（IN1）和逻辑异或运算结果（OUT）构成。其梯形图和语句表表示如图 6-24 所示。

• 逻辑异或运算的操作：在梯形图表示中，当逻辑异或允许信号 EN＝1 时，数据 1（IN1）和数据 2（IN2）按位异或，其结果传送到 OUT 中。在语句表表示中，IN1 和 OUT 按位异或，其结果传送到 OUT 中。

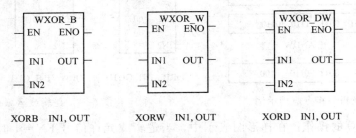

图 6-24　逻辑异或指令

• 数据范围：

字节异或 IN1/IN2：VB、IB、QB、MB、SB、SMB、LB、AC、常数、＊VD、＊AC、＊LD。

OUT：VB、IB、QB、MB、SB、SMB、LB、AC、＊VD、＊AC、＊LD。

字异或 IN1/IN2：VW、IW、QW、MW、SW、SMW、LW、T、C、AIW、AC、常数、＊VD、＊AC、＊LD。

OUT：VW、IW、QW、MW、SW、SMW、LW、T、C、AC、＊VD、＊AC、＊LD。

双字异或 IN1/IN2：VD、ID、QD、MD、SD、SMD、AC、LD、HC、常数、＊VD、＊AC、＊LD。

OUT：VD、ID、QD、MD、SD、SMB、AC、LD、＊VD、＊AC、＊LD。

【例 6-11】　如图 6-25 所示给出一个逻辑异或操作的编程。

从梯形图可以看到，在 I0.0＝1 时，AC1 中的内容与 AC0 中的内容逻辑异或，其结果保存在 AC0 中。

当 IN1 单元与 OUT 单元不相同时，用语句表编程与梯形图稍有不同。首先要利用传送指令把 IN1 的内容传送到 OUT 中，然后执行逻辑异或操作，把 OUT 的内容与 IN1 的内容逻辑异或，其结果存入 OUT 中。

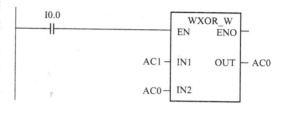

```
LD      I0.0
XORW    AC1, AC0
```

（4）取反运算

• 取反运算指令的梯形图表示：取反运算指令由取反运算符（INV）、数据类型符（B、W、DW）、取反运算允许信号（EN）、数据（IN）和取反运算结果（OUT）构成。

• 取反运算指令的语句表表示：取反运算指令由取反运算操作码（INV）、数据类型符（B、W、D）和取反运算结果（OUT）构成。其梯形图和语句表表示如图 6-26 所示。

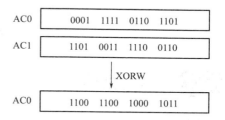

图 6-25　逻辑异或指令应用示例

• 取反运算的操作：在梯形图表示中，当取反允许信号 EN＝1 时，数据（IN）取反，其结果传送到 OUT 中。在语句表表示中，将 OUT 取反，其结果传送到 OUT 中。

图 6-26　取反运算指令

• 数据范围：

字节取反 IN：VB、IB、QB、MB、SB、SMB、LB、AC、常数、＊VD、＊AC、＊LD。

OUT：VB、IB、QB、MB、SB、SMB、LB、AC、＊VD、＊AC、＊LD。

字取反 IN：VW、IW、QW、MW、SW、SMW、T、C、AIW、LW、AC、常数、＊VD、＊AC、＊LD。

OUT：VW、IW、QW、MW、SW、SMW、T、C、LW、AC、＊VD、＊AC、＊LD。

双字取反 IN：VD、ID、QD、MD、SD、SMD、LD、HC、AC、常数、＊VD、＊AC、＊LD。

OUT：VD、ID、QD、MD、SD、SMD、LD、AC、＊VD、＊AC、＊LD。

【例 6-12】　如图 6-27 所示给出了一个取反操作的编程。

从梯形图可以看到，在 I4.0＝1 时，AC0 中的内容取反，其结果保存在 AC0 中。

当 IN 单元与 OUT 单元不相同时，用语句表编程与梯形图稍有不同。首先要利用传送指令把 IN 的内容传送到 OUT 中，然后把 OUT 的内容取反，其结果存入 OUT 中。

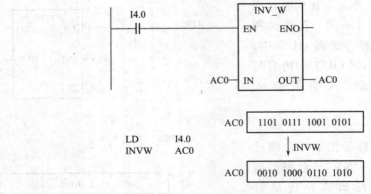

图 6-27　取反运算指令应用示例

## 6.3 移位指令

（1）右移指令

• 右移指令的梯形图表示：右移指令由右移操作符（SHR）、数据类型符（B、W、DW）、右移允许信号（EN）、被右移数（IN）、右移位数（N）和右移结果（OUT）构成。

• 右移指令的语句表表示：右移指令由右移操作码（SR）、数据类型符（B、W、D）、右移位数（N）和右移结果（OUT）构成。其梯形图和语句表表示如图 6-28 所示。

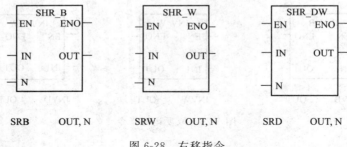

图 6-28　右移指令

• 右移指令的操作：在梯形图表示中，当右移允许信号 EN＝1 时，被右移数 IN 右移 N 位，最左边移走数的位依次用 0 填充，其结果传送到 OUT 中。在语句表表示中，OUT 被右移 N 位，最左边移走数的位依次用 0 填充，其结果传送到 OUT 中。

• 数据范围：

字节右移 IN/OUT：VB、IB、QB、MB、SB、SMB、LB、AC、＊VD、＊AC、＊LD。

N：VB、IB、QB、MB、SB、SMB、LB、AC、常数、＊VD、＊AC、＊LD。

字右移 IN：VW、IW、QW、MW、SW、SMW、LW、T、C、AIW、AC、常数、＊VD、＊AC、＊LD。

OUT：VW、IW、QW、MW、SW、SMW、LW、T、C、AIW、AC、＊VD、＊AC、＊LD。

N：VB、IB、QB、MB、SB、SMB、LB、AC、常数、＊VD、＊AC、＊LD。

双字右移 IN：VD、ID、QD、MD、SMD、AC、＊VD、＊AC。

OUT：VD、ID、QD、MD、SMD、AC、＊VD、＊AC。

N：VB、IB、MB、SMB、AC、*VD、*AC、SB、常数。

【例6-13】 如图6-29所示给出了一个右移操作的编程。

从梯形图可以看到，在 I0.0=1 时，VB20 中的内容右移 2 位（因为 N=2），被移走的位由 0 填充，其结果保存在 VB0 中。

当 IN 单元与 OUT 单元不相同时，用语句表编程梯形图稍有不同。首先要利用传送指令把 IN 的内容传送到 OUT 中，然后把 OUT 的内容右移，其结果存入 OUT 中。

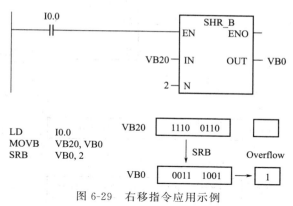

```
LD      I0.0
MOVB    VB20, VB0
SRB     VB0, 2
```

图 6-29 右移指令应用示例

（2）左移指令

• 左移指令的梯形图表示：左移指令由左移操作符（SHL）、数据类型符（B、W、DW）、左移允许信号（EN）、被左移数（IN）、左移位数（N）和左移结果（OUT）构成。

• 左移指令的语句表表示：左移指令由左移操作码（SL）、数据类型符（B、W、D）、左移位数（N）和左移结果（OUT）构成，其梯形图和语句表表示如图6-30所示。

图 6-30 左移指令

• 左移指令的操作：在梯形图表示中，当左移允许信号 EN=1 时，被左移数 IN 左移 N 位，最右边移出的位依次用 0 填充，其结果传送到 OUT 中。在语句表表示中，OUT 被左移 N 位，最右移出的位依次用 0 填充，其结果传送到 OUT 中。

• 数据范围：

字节左移 IN/OUT：VB、IB、QB、MB、SB、SMB、LB、AC、*VD、*AC、*LD。

N：VB、IB、QB、MB、SB、SMB、LB、AC、常数、*VD、*AC、*LD。

字左移 IN：VW、IW、QW、MW、SW、SMW、LW、T、C、AIW、AC、常数、*VD、*AC、*LD。

OUT：VW、IW、QW、MW、SW、SMW、LW、T、C、AIW、AC、*VD、*AC、*LD。

N：VB、IB、QB、MB、SB、SMB、LB、AC、常数、*VD、*AC、*LD。

双字左移 IN：VD、ID、QD、MD、SMD、AC、*VD、*AC。

OUT：VD、ID、QD、MD、SMD、AC、*VD、*AC。

N：VB、IB、MB、SMB、AC、*VD、*AC、SB、常数。

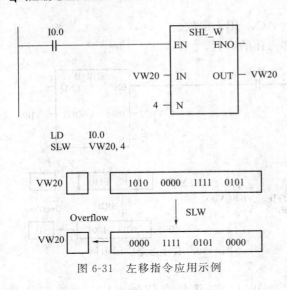

LD    I0.0
SLW   VW20, 4

图 6-31　左移指令应用示例

【例 6-14】　如图 6-31 所示给出了一个左移操作的编程。

从梯形图可以看到，在 I0.0 = 1 时，VW20 中的内容左移 4 位（因为 N＝4），被移走的位由 0 填充，其结果保存在 VW20 中。

当 IN 单元与 OUT 单元不相同时，用语句表编程与梯形图稍有不同。首先要利用传送指令把 IN 的内容传送到 OUT 中，然后把 OUT 的内容左移，其结果存入 OUT 中。

（3）循环右移指令

• 循环右移指令的梯形图表示：循环右移指令由循环右移操作符（ROR）、数据类型符（B、W、DW）、循环右移允许信号（EN）、被右移数（IN）、右移位数（N）和右移结果（OUT）构成。

• 循环右移指令的语句表表示：循环右移指令由循环右移操作码（RR）、数据类型符（B、W、D）、右移位数（N）和右移结果（OUT）构成。其梯形图和语句表表示如图 6-32 所示。

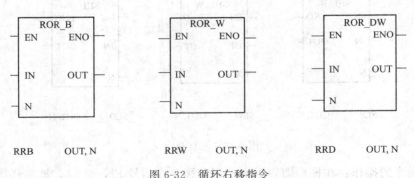

图 6-32　循环右移指令

• 循环右移指令的操作：在梯形图表示中，当循环右移允许信号 EN＝1 时，被右移数 IN 右移 N 位，从右边移出的位送到 IN 的最左边，其结果传送到 OUT 中。在语句表表示中，OUT 被右移 N 位，从右边移出的位送到 OUT 的最左边，其结果传送到 IN 中。

• 数据范围：

字节循环右移 IN/OUT：VB、IB、QB、MB、SB、SMB、LB、AC、＊VD、＊AC、＊LD。

N：VB、IB、QB、MB、SB、SMB、LB、AC、常数、＊VD、＊AC、＊LD。

字循环右移 IN：VW、IW、QW、MW、SW、SMW、LW、T、C、AIW、AC、常数、＊VD、＊AC、＊LD。

OUT：VW、IW、QW、MW、SW、SMW、LW、T、C、AIW、AC、＊VD、＊AC、＊LD。

N：VB、IB、QB、MB、SB、SMB、LB、AC、常数、＊VD、＊AC、＊LD。

双字循环右移 IN：VD、ID、QD、MD、SD、SMD、LD、HC、AC、常数、＊VD、

＊AC、＊LD。

　　OUT：VD、ID、QD、MD、SD、SMD、LD、AC、＊VD、＊AC、＊LD。

　　N：VB、IB、MB、SMB、SB、AC、常数、＊VD、＊AC、＊LD。

**【例6-15】** 如图6-33所示给出了一个循环右移操作的编程。

　　从梯形图可以看到，在I0.0＝1时，AC0中的内容右移4位（因为N＝4），被移走的位又被填充到AC0的左端，其结果保存在AC0中。

　　当IN单元与OUT单元不相同时，在用语句表编程与梯形图稍有不同。首先要利用传送指令把IN的内容传送到OUT中，然后把OUT的内容循环右移，其结果存入OUT中。

　　（4）循环左移指令

　　• 循环左移指令的梯形图表示：循环左移指令由循环左移操作符（ROL）、数据类型符（B、W、DW）、循环左移允许信号（EN）、被左移数（IN）、左移位数（N）和左移结果（OUT）构成。

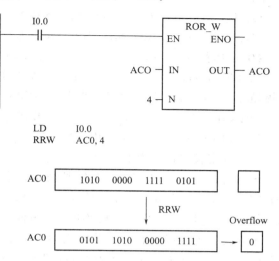

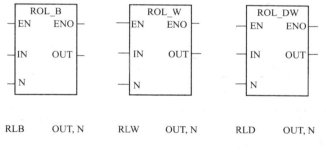

图6-33　循环右移指令应用示例

　　• 循环左移指令的语句表表示：循环左移指令由循环左移操作符（RL）、数据类型符（B、W、D）、左移位数（N）和左移结果（OUT）构成。其梯形图和语句表表示如图6-34所示。

图6-34　循环左移指令

　　• 循环左移指令的操作：在梯形图表示中，当循环左移允许信号EN＝1时，被左移数IN左移N位，从左边移出的位送到IN的最右边，其结果传送到OUT中。在语句表表示中，OUT被左移N位从左边移出的位送到OUT的最右边，其结果传送到OUT中。

　　• 数据范围：

　　字节循环左移IN/OUT：VB、IB、QB、MB、SB、SMB、LB、AC、＊VD、＊AC、＊LD。

　　N：VB、IB、QB、MB、SB、SMB、LB、AC、常数、＊VD、＊AC、＊LD。

　　字循环左移IN：VW、IW、QW、MW、SW、SMW、LW、T、C、AIW、AC、常数、＊VD、＊AC、＊LD。

　　OUT：VW、IW、QW、MW、SW、SMW、LW、T、C、AIW、AC、＊VD、＊AC、＊LD。

N：VB、IB、QB、MB、SB、SMB、LB、AC、常数、＊VD、＊AC、＊LD。

双字循环左移 IN：VD、ID、QD、MD、SD、SMD、LD、HC、AC、常数、＊VD、＊AC、＊LD。

OUT：VD、ID、QD、MD、SD、SMD、LD、AC、＊VD、＊AC、＊LD。

N：VB、IB、MB、SMB、SB、AC、常数、＊VD、＊AC、＊LD。

**【例 6-16】** 如图 6-35 所示给出了一个循环左移操作的编程。

从梯形图可以看到，在 I0.0＝1 时，AC0 中的内容左移 4 位（因为 N＝4），被移走的位又被填充到 AC0 的右端，其结果保存在 AC0 中。

当 IN 单元与 OUT 单元不相同时，用语句表编程与梯形图稍有不同。首先要利用传送指令把 IN 的内容传送到 OUT 中，然后把 OUT 的内容左移，其结果存入 OUT 中。

（5）自定义位移位指令

• 自定义位移位指令的梯形图表示：自定义位移位指令由自定义位移位操作符（SHRB）、自定义位移位允许信号（EN）、移位寄存器移入的数值（DATA）、移位寄存器的起始位（S_BIT）、移位的长度和移位方向（N）构成。

• 自定义位移位指令的语句表表示：自定义位移位指令由自定义位移位操作码（SHRB）、移位寄存器移入的数值（DATA）、移位寄存器的起始位（S_BIT）、移位寄存器的长度和移位方向（N）构成，其梯形图和语句表表示如图 6-36 所示。

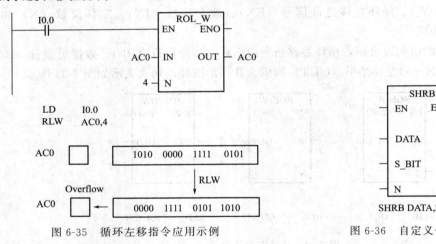
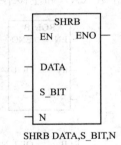

图 6-35　循环左移指令应用示例　　　　图 6-36　自定义位移位指令

• 自定义位移位指令的操作：在梯形图表示中，当自定义位移位允许信号 EN＝1 时，位数据 DATA 填入移位寄存器移位的最低位（S_BIT），移位寄存器的长度为 N，每次移一位，第 N 位溢出（到 SM1.1 中）。在语句表表示中，位数据 DATA 填入移位寄存器移位的最低位（S_BIT），移位寄存器的长度为 N，每次移一位，第 N 位溢出（到 SM1.1 中）。

• 自定义位移位指令的注意事项：移位寄存器的最低位由 S_BIT 决定，移位寄存器的最高位可以由最低位 S_BIT 和移位寄存器的长度 N 决定。设移位寄存器的最高位为 MSB.b，则有

MSB.b 的字节号＝｛（S_BIT 的字节号）＋[（N－1）＋（S_BIT 的位号）]/8｝的商

MSB.b 的位号＝｛[（S_BIT 的字节号）＋（N－1）＋（S_BIT 的位号）]/8｝的余数

比如，S_BIT＝V33.4，N＝14，因为[33＋（14－1＋4）/8]＝35 余 1，所以有 MSB.b 的字节号＝V35，MSB.b 的位号＝1，则 MSB.b＝V35.1。

当 N＜0 时为反向移位(从移位寄存器的最高位移入由最低位移出),当 N＞0 时为正向移位(从移位寄存器的最低位移入由最高位移出)。

• 数据范围:

位型数据 DATA/S_BIT:I、Q、M、SM、T、C、V、S、L(位)。

字节型数据 N:VB、IB、QB、MB、SB、SMB、LB、AC、* VD、* AC、* LD、常数。

【例 6-17】 如图 6-37 所示给出了一个自定义位移位操作的编程。移位寄存器自定义移位指令将 DATA 数值(I0.3)移位进入移位寄存器(VB100)。

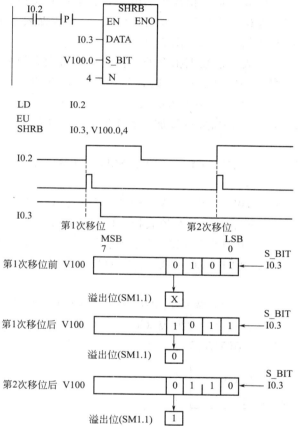

图 6-37 自定义位移位指令应用示例

S_BIT 指定移位寄存器的最低有效位(V100.0)。N 指定移位寄存器的长度及移位方向(正移位 N＞0,负移位 N＜0)。SHRB 指令移出的每位被置于溢出内存位(SM1.1)。

从梯形图可以看到,移位寄存器的字节号

$$\text{MSB.b 的字节号} = \{100 + [(4-1)+0]/8\} \text{的商} = 100$$

$$\text{MSB.b 的位号} = \{100 + [(4-1)+0]/8\} \text{的余数} = 3$$

所以 MSB.b = V100.3

在 I0.2 由 0 变为 1 时,因为 N＞0,移位寄存器将从最低位 V100.0 向最高位 V100.3 移位 1 位,V100.3 的状态被移入 SM1.1 中,同时 I0.3 的状态进入 V100.0。

在 I0.2 再次由 0 变为 1 时,移位寄存器将从被移位 1 次以后的状态下,再次由最低位向最高位移位一次,规律同前所述。

## 6.4 表功能指令

（1）向表添加数据指令

• 向表添加数据指令的梯形图表示：向表添加数据指令由向表添加数据运算符（AD_T_TBL）、向表添加数据指令允许信号（EN）、数据（DATA）、数据表（TBL）构成。

```
AD_T_TBL
EN      ENC
DATA
TBL
```
ATT DATA,TABLE

图 6-38　向表添加数据指令

• 向表添加数据指令的语句表表示：向表添加数据指令由向表添加数据操作码（ATT）、数据（DATA）、数据表（TABLE）构成。其梯形图和语句表表示如图 6-38 所示。

• 向表添加数据指令的操作：在梯形图和语句表表示中，当向表添加数据允许信号 EN＝1 时，将一个数据 DATA 添加到表 TBL 的末尾。TBL 表中第一个字表示最大允许长度（TL）；表的第二个字表示表中现有的数据项的个数（EC），每次将新数据添加到表中时，EC 的值自动加 1。

• 数据范围：

数据 DATA：VW、IW、QW、MW、SW、SMW、LW、T、C、AIW、AC、常数、∗VD、∗AC、∗LD。

数据 TBL：VW、IW、QW、MW、SW、SMW、LW、T、C、∗VD、∗AC、∗LD。

【例 6-18】　如图 6-39 所示给出了一个填表指令的编程例子。

当 I3.0 为 1 时，VW100 中的数据 1234 被填到表的最后（d2）。这时最大填表数 TL 未变（TL＝6），实际填表数 EC 加 1（EC＝3），表中的数据项由 d0、d1 变为 d0、d1、d2。

（2）先进先出指令

• 先进先出指令的梯形图表示：先进先出指令由先进先出运算符（FIFO）、先进先出指令允许信号（EN）、数据（DATA）、数据表（TBL）构成。

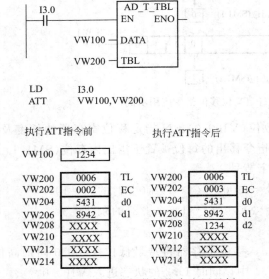

```
        I3.0            AD_T_TBL
    ────┤ ├────       EN      ENO
                VW100 ─ DATA
                VW200 ─ TBL

        LD      I3.0
        ATT     VW100,VW200
```

| 执行ATT指令前 | | | 执行ATT指令后 | | |
|---|---|---|---|---|---|
| VW100 | 1234 | | | | |
| VW200 | 0006 | TL | VW200 0006 | TL |
| VW202 | 0002 | EC | VW202 0003 | EC |
| VW204 | 5431 | d0 | VW204 5431 | d0 |
| VW206 | 8942 | d1 | VW206 8942 | d1 |
| VW208 | XXXX | | VW208 1234 | d2 |
| VW210 | XXXX | | VW210 XXXX | |
| VW212 | XXXX | | VW212 XXXX | |
| VW214 | XXXX | | VW214 XXXX | |

图 6-39　向表添加数据指令应用示例

```
FIFO
EN      ENO
TBL    DATA
```
FIFO TABLE，DATA

图 6-40　先进先出指令

• 先进先出指令的语句表表示：先进先出指令由先进先出指令操作码（FIFO）、字型数据（DATA）、数据表（TABLE）构成。其梯形图和语句表表示如图 6-40 所示。

• 先进先出指令的操作：在梯形图和语句表表示中，当先进先出指令允许信号 EN＝1 时，将表 TBL 的第一个数据项（不是第一个字）移出，并将它送到 DATA 指定的存储单元。表中其余的数据项都向前移动一个位置，同时 EC 的值减1。

• 数据范围：

数据 DATA：VW、IW、QW、MW、SW、SMW、LW、T、C、AQW、AC、＊VD、＊AC、＊LD。

数据 TBL：VW、IW、QW、MW、SW、SMW、LW、T、C、＊VD、＊AC、＊LD。

【例 6-19】 如图 6-41 所示给出了一个先进先出指令的编程例子。

当 I4.1 为 1 时，以 VW200 为起始地址的表（TBL）中的数据 d0、d1 和 d2 中的第 1 项数据 d0 被移到 VW400（即 DATA）中。这时最大填表数 TL 未变（TL＝6），实际填表数 EC 减 1（EC＝2），表中的数据项由 d0、d1、d2 变为 d0、d1（请注意，现在 d0、d1 的地址与执行 FIFO 已有不同）。

（3）后进先出指令

• 后进先出指令的梯形图表示：后进先出指令由后进先出指令运算符（LIFO）、后进先出指令允许信号（EN）、字型数据（DATA）、数据表（TBL）构成。

• 后进先出指令的语句表表示：后进先出指令由后进先出指令操作码（LIFO）、数据（DATA）、数据表（TABLE）构成。其梯形图和语句表表示如图 6-42 所示。

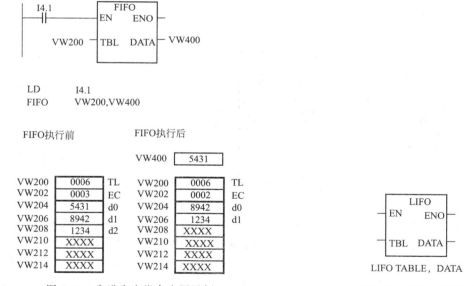

图 6-41　先进先出指令应用示例

图 6-42　后进先出指令

• 后进先出指令的操作：在梯形图表示中，当后进先出指令允许信号 EN＝1 时，将表 TBL 的最后一个数据项删除，并将它送到 DATA 指定的存储单元，同时 EC 的值减1。在语句表表示中，将表 TABLE 的最后一个数据项删除，并将它送到 DATA 指定的存储单元，同时 EC 的值减1。

• 数据范围：

数据 DATA：VW、IW、QW、MW、SW、SMW、LW、T、C、AQW、AC、＊VD、

* AC、* LD。

数据 TBL：VW、IW、QW、MW、SW、SMW、LW、T、C、* VD、* AC、* LD。

【例 6-20】 如图 6-43 所示给出了一个后进先出指令的编程例子。

当 I4.1 为 1 时，以 VW200 为起始地址的表（TBL）中的数据 d0、d1 和 d2 中的第 3 项数据 d2 被移到 VW400（即 DATA）中。这时最大填表数 TL 未变（TL＝6），实际填表数 EC 减 1（EC＝2），表中的数据项由 d0、d1、d2 变为 d0、d1（请注意现在 d0、d1 的地址与执行 LIFO 相同）。

（4）搜索表中数据项指令

• 搜索表中数据项指令的梯形图表示：搜索表中数据项指令由搜索表中数据项运算符（TBL_FIND）、搜索表中数据项指令允许信号（EN）、搜索表（SRC）、搜索表中数据开始项（INDX）、给定值（PTN）、搜索条件（CMD）构成。

• 搜索表中数据项指令的语句表表示：搜索表中数据项指令由搜索表中数据项操作码（FND）、搜索表（SRC）、搜索表中数据开始项（INDX）、给定值（PTN）、搜索条件（＝、<>、<、>）构成。其梯形图和语句表表示如图 6-44 所示。

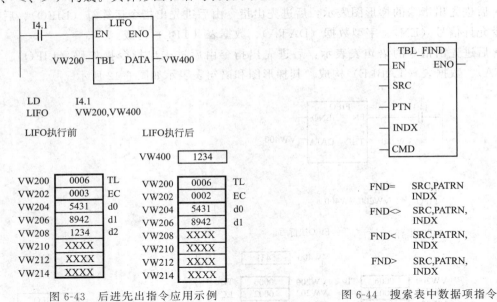

图 6-43 后进先出指令应用示例　　　　　　图 6-44 搜索表中数据项指令

• 搜索表中数据项指令的操作：在梯形图表示中，当搜索表中数据项允许信号 EN＝1 时，从搜索表 TBL 中由 INDX 设定的数据开始项开始，依据给定值 PTN 和搜索条件 CMD（CMD＝1 表示等于、CMD＝2 表示不等于、CMD＝3 表示大于、CMD＝4 表示小于）进行搜索。每搜索过一个数据项，INDX 自动加 1。如果找到一个符合条件的数据项，则 INDX 中指明该数据项在表中的位置。如果一个符合条件的数据项也找不到，则 INDX 的值等于数据表的长度。为了搜索下一个符合条件的值，在再次使用 TBL_FIND 指令之前，必须先将 INDX 加 1。在语句表表示中，从搜索表 SRC 中，由 INDX 设定的数据开始项开始，依据给定值 PTN 和搜索条件（＝、<>、>、<）进行搜索，搜索过程同上所述。

• 数据范围：

数据 SRC：VW、IW、QW、MW、SMW、T、C、* VD、* AC、* LD。

数据 PTN：VW、IW、QW、MW、SMW、AIW、LW、T、C、AC、常数、＊VD、＊AC、＊LD。

数据 INDX：VW、IW、QW、T、C、MW、SMW、LW、T、C、AC、＊VD、＊AC、＊LD。

数据 CMD：1～4。

**【例 6-21】** 如图 6-45 所示给出了一个搜索表中数据项指令的编程例子。

当 I2.1＝1 时，FND 指令开始查找数据表中等于 3130H 的数据（因为 CMD＝1）。SRC 的数据为 VW202，从 VW204 单元开始即为表中数据。实际上表中共有 6 项数据，VW202 的内容为 EC（这里 EC＝6）。

如果从 AC1 置 0，表示从头查找。当 I2.1＝1 时，从头搜索表中含数值为 16＃3130 的数据项。搜索完之后 AC1 的数据＝2。表明找到一个数据，其位置在 VW208。如果想继续往下查找，可以令 AC1 数据加 1，再执行一次搜索。搜索完之后 AC1 的数据＝3。表明找到一个数据，其位置在 VW210。如果想继续往下查找，可以令 AC1 数据加 1，再执行一次搜索。搜索完之后 AC1 的数据＝4。表明找到一个数据，其位置在 VW212。如果想继续往下查找，再执行一次搜索。搜索完之后 AC1 的数据＝5＝EC。表明搜索结束。

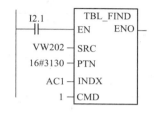

```
          ┌─ TBL_FIND ─┐
 I2.1     │            │
─┤ ├──────┤ EN      ENO│
          │            │
 VW202 ───┤ SRC        │
 16#3130 ─┤ PTN        │
 AC1 ─────┤ INDX       │
 1 ───────┤ CMD        │
          └────────────┘

LD    I2.1
FND=  VW202,16#3130,AC1
```

| VW202 | 0006 | EC (实际填表数) |
|---|---|---|
| VW204 | 3133 | d0 (数据0) |
| VW206 | 4142 | d1 (数据1) |
| VW208 | 3130 | d2 (数据2) |
| VW210 | 3030 | d3 (数据3) |
| VW212 | 3130 | d4 (数据4) |
| VW214 | 4541 | d5 (数据5) |

图 6-45　搜索表中数据项
指令应用示例

# 6.5　S7-200 的特殊功能指令

## 6.5.1　中断指令

PLC 的 CPU 在整个控制过程中，有些控制要取决于外部事件。比如只有外部设备请求 CPU 发送数据时，CPU 才能向这个设备发送数据。这类控制的进行是取决于外部设备的请求和 CPU 的响应，当 CPU 在接受了外部设备的请求时，CPU 就要暂停其当前的工作，去完成外部过程的请求，这种工作方式就叫中断方式。

在启动中断程序之前，必须使中断事件与发生此事件时希望执行的程序段建立联系。使用中断连接指令（ATCH）建立中断事件（由中断事件号码指定）与程序段（由中断程序号码指定）之间的联系。将中断事件连接于中断程序时，该中断自动被启动。

使用中断分离指令（DTCH）可删除中断事件与中断程序之间的联系，因而关闭单个中断事件。中断分离指令使中断返回未激活或被忽略状态。

S7-200 可以引发的中断事件总共有 5 大类 34 项。其中输入信号引起的中断事件有 8 项，通信口引起的中断事件有 6 项，定时器引起的中断事件 4 项，高速计数器引起的中断事件有 14 项，脉冲输出指令引起的中断事件有 2 项。如表 6-1 所示。

S7-200 可以在梯形图编辑器内的任何位置右击鼠标并选择插入中断。S7-200 也可以从指令树，右击程序块图标并从弹出菜单选择插入中断。S7-200 还可以从程序编辑器窗口，从菜单右击插入中断。一旦一个新的中断被建立，会在程序编辑器的底部出现新的标签，代表新的中断程序。

表 6-1　S7-200 可以引发的中断事件

| 事件号 | 中断描述 | CPU 221 | CPU 222 | CPU 224 | CPU 226 |
|---|---|---|---|---|---|
| 0 | I0.0 上升沿 | 有 | 有 | 有 | 有 |
| 1 | I0.0 下降沿 | 有 | 有 | 有 | 有 |
| 2 | I0.1 上升沿 | 有 | 有 | 有 | 有 |
| 3 | I0.1 下降沿 | 有 | 有 | 有 | 有 |
| 4 | I0.2 上升沿 | 有 | 有 | 有 | 有 |
| 5 | I0.2 下降沿 | 有 | 有 | 有 | 有 |
| 6 | I0.3 上升沿 | 有 | 有 | 有 | 有 |
| 7 | I0.3 下降沿 | 有 | 有 | 有 | 有 |
| 8 | 端口 0 接收字符 | 有 | 有 | 有 | 有 |
| 9 | 端口 0 发送字符 | 有 | 有 | 有 | 有 |
| 10 | 定时中断 0（SMB34） | 有 | 有 | 有 | 有 |
| 11 | 定时中断 1（SMB35） | 有 | 有 | 有 | 有 |
| 12 | HSC0 当前值＝预置值 | 有 | 有 | 有 | 有 |
| 13 | HSC1 当前值＝预置值 | | | 有 | 有 |
| 14 | HSC1 输入方向改变 | | | 有 | 有 |
| 15 | HSC1 外部复位 | | | 有 | 有 |
| 16 | HSC2 当前值＝预置值 | | | 有 | 有 |
| 17 | HSC2 输入方向改变 | | | 有 | 有 |
| 18 | HSC2 外部复位 | | 有 | 有 | 有 |
| 19 | PLS0 脉冲数完成中断 | 有 | 有 | 有 | 有 |
| 20 | PLS1 脉冲数完成中断 | 有 | 有 | 有 | 有 |
| 21 | T32 当前值＝预置值 | 有 | 有 | 有 | 有 |
| 22 | T96 当前值＝预置值 | 有 | 有 | 有 | 有 |
| 23 | 端口 0 接收信息完成 | 有 | 有 | 有 | 有 |
| 24 | 端口 1 接收信息完成 | | | | 有 |
| 25 | 端口 1 接收字符 | | | | 有 |
| 26 | 端口 1 发送字符 | | | | 有 |
| 27 | HSC0 输入方向改变 | 有 | 有 | 有 | 有 |
| 28 | HSC0 外部复位 | 有 | 有 | 有 | 有 |
| 29 | HSC4 当前值＝预置值 | 有 | 有 | 有 | 有 |
| 30 | HSC4 输入方向改变 | 有 | 有 | 有 | 有 |
| 31 | HSC4 外部复位 | 有 | 有 | 有 | 有 |
| 32 | HSC3 当前值＝预置值 | 有 | 有 | 有 | 有 |
| 33 | HSC5 当前值＝预置值 | 有 | 有 | 有 | 有 |

（1）中断连接指令

• 中断连接指令的表示：中断连接指令由指令的允许端 EN、指令助记符 ATCH、中断程序号（入口号）INT 和中断事件的事件号 EVNT 构成。用梯形图或语句表表示如图 6-46 所示。

• 中断连接指令的操作：中断连接指令（ATCH）使中断事件（EVNT）与中断程序号码（INT）相联系，并启动中断事件。根据指定事件优先级组，PLC 按照先来先服务的顺序对中断提供服务。

任何时刻只能激活一个用户中断。其他中断处于激活状态时，CPU 发出中断暂时入队，等待以后处理。如果发生的中断数目过多，队列无法处理，则设定队列溢出状态位。当队空时，重置这些位。

• 数据范围：

INT：0～127。

EVENT：0～33。

（2）中断分离指令

• 中断分离指令的表示：中断分离指令由指令的允许端 EN、指令助记符 DTCH 和中断事件的事件号 EVNT 构成。用梯形图或语句表表示如图 6-47 所示。

图 6-46　中断连接指令　　　　　　图 6-47　中断分离指令

• 中断分离指令的操作：中断分离指令（DTCH）取消中断事件（EVNT）与全部中断程序之间的联系，并关闭此中断事件。

• 数据范围：

EVENT：0～33。

（3）中断返回指令

• 中断返回指令的表示：中断返回指令由指令助记符 RETI 构成。用梯形图或语句表表示如图 6-48 所示。

• 中断返回指令的操作：中断返回指令（RETI 条件返回）可用于根据先前逻辑条件从中断返回。

• 注意事项：

Micro/WIN 32　自动为各中断程序添加无条件返回。在编写程序时，用户不必要再书写无条件返回指令了。

中断处理提供了对特殊的内部或外部中断事件的响应。编写中断服务程序时，使中断程序短小而简单，加快执行速度而且不要延时过长。否则，未预料条件可能引起主程序控制的设备操作异常。所以，中断服务程序越短越好。

在中断程序内不能使用 DISI、ENI、HDEF、LSCR、END 指令。

（4）中断允许指令

• 中断允许指令的表示：中断允许指令由指令助记符 ENI 构成。用梯形图或语句表表示如图 6-49 所示。

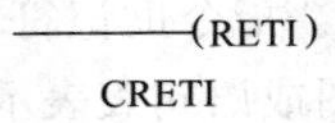

——————( RETI )
CRETI

——————( ENI )
ENI

——————( DISI )
DISI

图 6-48　中断返回指令　　　　　　　　　图 6-49　中断允许、中断禁止指令

• 中断允许指令的操作：中断允许指令（ENI）可以全局性地启动全部中断事件。一旦进入运行模式，就允许执行各个已经激活的中断事件。

（5）中断禁止指令

• 中断禁止指令的表示：中断禁止指令由指令助记符 DISI 构成。用梯形图或语句表表示如图 6-49 所示。

• 中断禁止指令的操作：中断禁止指令（DISI）可以全局性地关闭所有中断事件。中断禁止指令允许中断入队，但不允许启动中断程序。

（6）中断中进一步说明的几个问题

① 关于在中断中调用子程序：从中断程序中可以调用一个嵌套子程序。累加器和逻辑堆栈在中断程序和被调用的子程序中是共用的。

② 关于共享数据：可以在主程序和一个或多个中断程序间共享数据。例如，用户主程序的某个地方可以为某个中断程序提供要用到的数据，反之亦然。如果用户程序共享数据，必须考虑中断事件异步特性的影响，这是因为中断事件会在用户主程序执行的任何地方出现。共享数据一致性问题的解决要依赖于主程序被中断事件中断时中断程序的操作。

这里有几种可以确保在用户主程序和中断程序之间正确共享数据的编程技巧。这些技巧或限制共享存储器单元的访问方式，或让使用共享存储器单元的指令序列不会被中断。

a. 语句表程序共享单个变量。如果共享数据是单个字节、字、双字变量，而用户程序用 STL 编写，那么通过把共享数据操作得到的中间值，只存储到非共享的存储器单元或累加器中，可以保证正确的共享访问。

b. 梯形图程序共享单个变量。如果共享数据是单个字节、字或双字变量，而且用户程序用梯形图编写，那么通过只用 MOV 指令（MOVB、MOVW、MOVD、MOVR）访问共享存储器单元，可以保证正确的共享访问。这些 MOV 指令执行时不受中断事件影响。

c. 语句表或梯形图程序共享多个变量。如果共享数据由一些相关的字节、字或双字组成，那么可以用中断禁止/允许指令（DISI 和 ENI）来控制中断程序的执行。在用户程序开始对共享存储器单元操作的地方禁止中断，一旦所有影响共享存储器单元的操作完成后，再允许中断，但这种方法会导致对中断事件响应的延迟。

③ 关于通信口中断：PLC 的串行通信口可由梯形图或语句表程序来控制。通信口的这种操作模式称为自由端口模式。在自由端口模式下，用户可用程序定义波特率、每个字符位数、奇偶校验和通信协议。利用接收和发送中断可简化程序对通信的控制。

④ 关于 I/O 中断：I/O 中断包含了上升沿或下降沿中断、高速计数器中断和脉冲串输出（PTO）中断。S7-200 CPU 可用输入 I0.0～I0.3 的上升沿或下降沿产生中断。上升沿事件和下降沿事件可被这些输入点捕获。这些上升沿或下降沿事件可被用来指示当某个事件发生时必须引起注意的条件。

高速计数器中断允许响应诸如当前值等于预置值、计数器计数方向改变和计数器外部复位等事件而产生中断。每种高速计数器可对高速事件实时响应，而 PLC 扫描速率对这些高速事件是不能控制的。脉冲串输出中断给出了已完成指定脉冲数输出的指示。脉冲串输出的一个典型应用是步进电机。可以通过将一个中断程序连接到相应的 I/O 事件上来允许上述的每一个中断。

⑤ 关于时基中断：时基中断包括定时中断和定时器 T32/T96 中断。CPU 可以支持定时器中断。可以用定时中断指定一个周期性的活动。周期以 1ms 为增量单位，周期可以从 5～255ms。对定时中断 0，把周期时间写入 SMB34；对定时中断 1，把周期时间写入 SMB35。每当定时器溢出时，定时中断事件把控制权交给相应的中断程序。通常可用定时中断以固定的时间间隔去控制模拟量输入的采样或者执行一个 PID 回路。

当把某个中断程序连接到一个定时中断事件上，如果该定时中断被允许，那就开始计时。在连接期间，系统捕捉周期时间值，因而后来的变化不会影响周期。为改变周期时间，首先必须修改周期时间值，然后重新把中断程序连接到定时中断事件上。当重新连接时，定时中断功能清除前一次连接时的任何累计值，并用新值重新开始计时。

一旦允许，定时中断就连续地运行，指定时间间隔的每次溢出时执行被连接的中断程序。如果退出 RUN 模式或分离定时中断，则定时中断被禁止。如果执行了全局中断禁止指令，定时中断事件会继续出现，每个出现的定时中断事件将进入中断队列等待，直到中断允许或队列满。

定时器 T32/T96 中断允许及时地响应一个给定时间间隔。这些中断只支持 1ms 分辨率的延时接通定时器（TON）和延时断开定时器（TOF）T32 和 T96。T32 和 T96 定时器在其他方面工作正常。一旦中断允许，当有效定时器的当前值等于预置值时，在 CPU 的正常 1ms 定时刷新中，执行被连接的中断程序。首先把一个中断程序连接到 T32/T96 中断事件上，然后允许该中断。

⑥ 关于中断的优先级和排队：中断按以下固定的优先级顺序执行，通信（最高优先级）→I/O 中断→时基中断（最低优先级）。

在各个指定的优先级之内，CPU 按先来先服务的原则处理中断。任何时间点上，只有一个用户中断程序正在执行。一旦中断程序开始执行，它要一直执行到结束。而且不会被别的中断程序甚至是更高优先级的中断程序所打断。当另一个中断正在处理中，新出现的中断需排队等待处理。

有时可能有多于队列所能保存数目的中断出现，因而由系统维护的队列溢出存储器位表明丢失的中断事件的类型。只在中断程序中使用这些队列溢出存储器位，因为在队列变空或控制返回到主程序时，这些位会被复位。

⑦ 关于使用中断的限制：一个程序内最多可有 128 个中断。在各自的优先级范围内，PLC 采用先来先服务的原则处理中断。在任何时刻，只能执行一个用户中断程序。一旦一个中断程序开始执行，则一直执行至完成。不能被另一个中断程序打断，即使另一程序的优先级较高。正在处理中断时发生的新的中断需要排队等待处理。

在中断程序内不能使用 DISI、ENI、HDEF、LSCR 和 END 指令。

(7) 中断程序编程步骤

- 建立中断程序 INT　n（同建立子程序方法相同）。
- 在中断程序 INT　n 中编写其应用程序。
- 编写中断连接指令（ATCH）。
- 允许中断（ENI）。

• 如果需要的话，可以编写中断分离指令（DTCH）。

【例6-22】 如图6-50所示给出了一个应用定时中断去读取一个模拟量的编程例子。

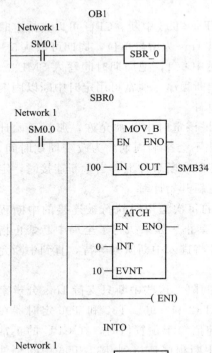

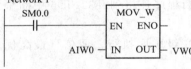

图6-50 应用定时中断读取
模拟量编程示例

主程序OB1有一条语句，其功能是当PLC上电以后首次扫描（SM0.1＝1），调用子程序SBR _ 0，进行初始化。

子程序SBR _ 0的功能是设置定时中断。其中，设定定时中断0时间间隔为100ms。传送指令MOV把100存入SMB34中，就是设定定时中断0的时间间隔。而中断连接指令ATCH则把定时中断0（中断事件号为10）和中断程序0（中断入口为INT _ 0）连接起来，并对该事件允许中断。子程序的最后一句是全局允许中断（ENI），只有有了这一条，已经允许中断的中断事件才能真正被执行。

中断服务程序INT _ 0的功能是每中断一次，执行一次读取模拟量AIW0的操作，并将这个数值传送给VW0。

### 6.5.2 高速计数器

高速计数器可以对CPU扫描速度无法控制的高速事件进行计数，可设置多种不同操作模式。高速计数器的最大计数频率决定于CPU类型。S7-200 CPU内置4～6个高速计数器（HSC0～HSC5，其中CPU 221及CPU 222不支持HSC1及HSC2）。这些高速计数器工作频率可达到20kHz，有12种工作模式，而且不影响CPU的性能。高速计数器对所支持的计数、方向控制、重新设置及启动均有专门输入。对于双相计数器，两个计数都可以最大速率运行。对于正交模式，可以选择1倍（1×）或4倍（4×）最大计数速率工作。HSC1和HSC2互相完全独立，并不影响其他的高速功能。全部计数器均可以以最大速率运行，互不干扰。

高速计数器经常被用于距离检测，用于电机转数检测。当计数器的当前值等于预设值或发生重置时，计数器提供中断。因为中断的发生速率远远低于高速计数器的计数速率，可对高速操作进行精确控制，并对可编程控制器的整体扫描循环的影响相对较小。高速计数器允许在中断程序内装载新的预设值，使程序简单易懂。

（1）高速计数器工作模式

高速计数器大体可以分为四种。第一种是带内部方向控制的单相计数器。这种计数器的计数要么是增计数，要么是减计数，只能是其中一种方式。它只有一个计数输入端，其控制计数方向由内部继电器控制，工作模式为模式0、1、2。第二种是带外部方向控制的单相计数器。这种计数器的计数要么是增计数，要的是减计数，只能是其中一种方式。它只有一个计数输入端，由外部输入控制其计数方向，工作模式为模式3、4、5。第三种计数器是既可以增计数也可以减计数的双向计数器。这种计数器有两个计数输入端，一个增计数输入端，一个减计数输入端，其工作模式为模式6、7、8。第四种计数器是正交计数器。这种计数器有两个时钟脉冲输入端,一个输入端叫 A 相,一个输入端叫 B 相。当 A 相时钟脉冲超前 B 相时钟脉冲时,计数器进行增计数。当 A 相时钟脉冲滞后 B 相时钟脉冲时,计数器进行减计数。其工作模式为模式 9、10、11。在正交模式下,可选择 1 倍 (1×) 或 4 倍 (4×) 最大计数速率。

对于相同的操作模式,全部计数器的运行方式均相同,共有 12 种模式。请注意并非每种计数器均支持全部操作模式。HSC0、HSC3、HSC4、HSC5 高速计数器的工作模式如表 6-2所示。

表 6-2　HSC0、HSC3、HSC4、HSC5 高速计数器的工作模式

| 高速计数器名称 | HSC0 | | | HSC3 | HSC4 | | | HSC5 |
|---|---|---|---|---|---|---|---|---|
| 模式 | I0.0 | I0.1 | I0.2 | I0.1 | I0.3 | I0.4 | I0.5 | I0.4 |
| 0 带内部方向控制的单相计数器 | 计数 | | | 计数 | 计数 | | | 计数 |
| 1 带内部方向控制的单相计数器 | 计数 | | 复位 | | 计数 | | 复位 | |
| 2 带内部方向控制的单相计数器 | | | | | | | | |
| 3 带外部方向控制的单相计数器 | 计数 | 方向 | | | 计数 | 方向 | | |
| 4 带外部方向控制的单相计数器 | 计数 | 方向 | 复位 | | 计数 | 方向 | 复位 | |
| 5 带外部方向控制的单相计数器 | | | | | | | | |
| 6 带增减计数输入的双向计数器 | 增计数 | 减计数 | | | 增计数 | 减计数 | | |
| 7 带增减计数输入的双向计数器 | 增计数 | 减计数 | 复位 | | 增计数 | 减计数 | 复位 | |
| 8 带增减计数输入的双向计数器 | | | | | | | | |
| 9 A/B相正交计数器 | A 相 | B 相 | | | A 相 | B 相 | | |
| 10 A/B相正交计数器 | A 相 | B 相 | 复位 | | A 相 | B 相 | 复位 | |
| 11 A/B相正交计数器 | | | | | | | | |

HSC1、HSC2 高速计数器的工作模式如表 6-3 所示。

表 6-3　HSC1、HSC2 高速计数器的工作模式

| 高速计数器名称 | HSC1 | | | | HSC2 | | | |
|---|---|---|---|---|---|---|---|---|
| 模式 | I0.6 | I0.7 | I1.0 | I1.1 | I1.2 | I1.3 | I1.4 | I1.5 |
| 0 带内部方向控制的单相计数器 | 计数 | | | | 计数 | | | |
| 1 带内部方向控制的单相计数器 | 计数 | | 复位 | | 计数 | | 复位 | |
| 2 带内部方向控制的单相计数器 | 计数 | | 复位 | 启动 | 计数 | | 复位 | 启动 |
| 3 带外部方向控制的单相计数器 | 计数 | 方向 | | | 计数 | 方向 | | |
| 4 带外部方向控制的单相计数器 | 计数 | 方向 | 复位 | | 计数 | 方向 | 复位 | |
| 5 带外部方向控制的单相计数器 | 计数 | 方向 | 复位 | 启动 | 计数 | 方向 | 复位 | 启动 |
| 6 带增减计数输入的双向计数器 | 增计数 | 减计数 | | | 增计数 | 减计数 | | |
| 7 带增减计数输入的双向计数器 | 增计数 | 减计数 | 复位 | | 增计数 | 减计数 | 复位 | |
| 8 带增减计数输入的双向计数器 | 增计数 | 减计数 | 复位 | 启动 | 增计数 | 减计数 | 复位 | 启动 |
| 9 A/B相正交计数器 | A 相 | B 相 | | | A 相 | B 相 | | |
| 10 A/B相正交计数器 | A 相 | B 相 | 复位 | | A 相 | B 相 | 复位 | |
| 11 A/B相正交计数器 | A 相 | B 相 | 复位 | 启动 | A 相 | B 相 | 复位 | 启动 |

（2）高速计数器的中断描述

全部计数器模式均支持当前数值等于预设数值中断，使用外部重置输入的计数器模式支持外部重置激活中断。除模式 0、1、2 以外的全部计数器模式均支持计数方向改变中断。可以单独启动或关闭这些中断。使用外部重置中断时，不要装载新当前数值，或者在该事件的中断程序中先关闭再启动高速计数器，否则将引起 CPU 严重错误。高速计数器的中断描述如表 6-4 所示。

表 6-4　高速计数器的中断描述

| 中断事件号 | 中断描述 | | 优先级别（在整个中断事件中排序） |
|---|---|---|---|
| 12 | HSC0 | CV＝PV（当前值＝设定值） | 10 |
| 27 | HSC0 | 计数方向改变 | 11 |
| 28 | HSC0 | 外部复位 | 12 |
| 13 | HSC1 | CV＝PV（当前值＝设定值） | 13 |
| 14 | HSC1 | 计数方向改变 | 14 |
| 15 | HSC1 | 外部复位 | 15 |
| 16 | HSC2 | CV＝PV（当前值＝设定值） | 16 |
| 17 | HSC2 | 计数方向改变 | 17 |
| 18 | HSC2 | 外部复位 | 18 |
| 32 | HSC3 | CV＝PV（当前值＝设定值） | 19 |
| 29 | HSC4 | CV＝PV（当前值＝设定值） | 20 |
| 30 | HSC4 | 计数方向改变 | 21 |
| 31 | HSC4 | 外部复位 | 22 |
| 33 | HSC5 | CV＝PV（当前值＝设定值） | 23 |

（3）高速计数器的状态字

每一个高速计数器都有一个状态字节，该字节的每一位都反映了这个计数器的工作状态，表示当前计数方向以及当前数值是否大于或等于预设数值。高速计数器的状态位如表 6-5 所示。

表 6-5　高速计数器的状态位

| HSC0 | HSC1 | HSC2 | HSC3 | HSC4 | HSC5 | 说　　明 |
|---|---|---|---|---|---|---|
| SM36.0 | SM46.0 | SM56.0 | SM136.0 | SM146.0 | SM156.0 | 未使用 |
| SM36.1 | SM46.1 | SM56.1 | SM136.1 | SM146.1 | SM156.1 | 未使用 |
| SM36.2 | SM46.2 | SM56.2 | SM136.2 | SM146.2 | SM156.2 | 未使用 |
| SM36.3 | SM46.3 | SM56.3 | SM136.3 | SM146.3 | SM156.3 | 未使用 |
| SM36.4 | SM46.4 | SM56.4 | SM136.4 | SM146.4 | SM156.4 | 未使用 |
| SM36.5 | SM46.5 | SM56.5 | SM136.5 | SM146.5 | SM156.5 | 当前为向上计数：0 向下，1 向上计数 |
| SM36.6 | SM46.6 | SM56.6 | SM136.6 | SM146.6 | SM156.6 | 当前值等预设值：0 不等于，1 等于 |
| SM36.7 | SM46.7 | SM56.7 | SM136.7 | SM146.7 | SM156.7 | 当前值大于预设值：0 不大于，1 大于 |

注意：只有在执行高速计数器中断程序时，状态位才有效。监控高速计数器状态的目的在于启动正在进行的操作所引发的中断程序。

（4）高速计数器的控制字

定义计数器及计数器模式后，可对计数器动态参数进行编程。各高速计数器均有控制字节，可启动或关闭计数器、控制方向（只用于模式 0、1、2）或其他全部模式的初始计数方向、装载当前数值及预设数值。执行 HSC 指令可检查控制字节及相关当前及预设值。高速计数器的控制字如表 6-6 所示。

表 6-6　高速计数器的控制字

| HSC0 | HSC1 | HSC2 | HSC3 | HSC4 | HSC5 | 说明(0、1、2 位仅在 HDEF 指令中用) |
|------|------|------|------|------|------|------|
| SM37.0 | SM47.0 | SM57.0 | | SM147.0 | | 复位控制：0 高电平复位，1 低电平复位 |
| SM37.1 | SM47.1 | SM57.1 | | SM147.1 | | 启动控制：0 高电平启动，1 低电平启动 |
| SM37.2 | SM47.2 | SM57.2 | | SM147.2 | | 正交速率：0 为 4 倍速率，1 为 1 倍速率 |
| SM37.3 | SM47.3 | SM57.3 | SM137.3 | SM147.3 | SM157.3 | 计数方向：0 向下计数，1 向上计数 |
| SM37.4 | SM47.4 | SM57.4 | SM137.4 | SM147.4 | SM157.4 | 方向更新：0 无更新，1 更新方向 |
| SM37.5 | SM47.5 | SM57.5 | SM137.5 | SM147.5 | SM157.5 | 预设值更新：0 无更新，1 更新预设值 |
| SM37.6 | SM47.6 | SM57.6 | SM137.6 | SM147.6 | SM157.6 | 当前值更新：0 无更新，1 更新当前值 |
| SM37.7 | SM47.7 | SM57.7 | SM137.7 | SM147.7 | SM157.7 | 允许控制：0 禁止 HSC，1 允许 HSC |

（5）高速计数器的当前值

各高速计数器均有 32 位当前数值，当前值为带符号整数值。欲向高速计数器装载新的当前值，必须设定包含当前值的控制字节及特殊内存字节。然后执行 HSC 指令，使新数值传输至高速计数器。表 6-7 列举了用于装入新当前值的特殊内存字节。

表 6-7　高速计数器装入当前值的特殊内存字节

| 高速计数器 | HSC0 | HSC1 | HSC2 | HSC3 | HSC4 | HSC5 |
|------|------|------|------|------|------|------|
| 新当前值 | SMD38 | SMD48 | SMD58 | SMD138 | SMD148 | SMD158 |

（6）高速计数器的预设值

每个高速计数器均有一个 32 位的预设值，预设值为带符号整数值。欲向计数器内装载新的预设值，必须设定包含预设值的控制字节及特殊内存字节。然后执行 HSC 指令，将新数值传输至高速计数器。表 6-8 描述了用于容纳预设值的特殊内存字节。

表 6-8　高速计数器用于容纳预设值的特殊内存字节

| 高速计数器 | HSC0 | HSC1 | HSC2 | HSC3 | HSC4 | HSC5 |
|------|------|------|------|------|------|------|
| 新预设值 | SMD42 | SMD52 | SMD62 | SMD142 | SMD152 | SMD162 |

（7）定义高速计数器指令

•定义高速计数器 HDEF：使用高速计数器之前必须选择计数器模式，读者可利用 HDEF 指令（高速计数器定义）选择计数器模式。HDEF 提供高速计数器（HSC n）及计数器模式之间的联系。对每个高速计数器只能采用一条 HDEF 指令定义高速计数器。高速计数器中的四个计数器拥有三个控制位，用于配置重置（复位）、起始输入（启动）的激活状态和选择 1× 或 4× 计数模式（只用于正交计数器）。这些位处于计数器的控制字节内，只有在执行 HDEF 指令时才被使用。执行 HDEF 指令之前，必须将这些控制位设定成要求状态。否则，计数器对所选计数器模式采用默认配置。重置输入及起始输入的默认设定是激活高，正交计数速率为 4×（或输入时钟频率的 4 倍）。一旦执行 HDEF 指令后，不可改变计数器设定，除非首先将 PLC 置于停止模式。

• 定义高速计数器指令的表示：定义高速计数器指令高助记符 HDEF、定义高速计数允许端 EN、高速计数器编号 HSC、高速计数器工作模式 MODE 构成。其梯形图和语句表表示如图 6-51 所示。

• 定义高速计数器指令的操作：在高速计数器定义指令允许时，高速计数器的计数器号（HSC）、高速计数器的工作模式（MODE）被确定。要注意的是 HDEF 指令只能用一次，HSC 的编号和 MODE 号要符合表 6-2 和表 6-3。

• 数据范围：

EN：I、Q、M、SM、T、C、V、S、L。

HSC：常量（0、1、2、3、4、5）。

MODE：常量（0、1、2、…、10、11）。

（8）高速计数器编程指令

• 为高速计数器编程 HSC：高速计数器在定义之后，高速计数器在重置（复位）时，高速计数器在更新当前值时，在更新预置值时，都要应用高速计数器编程指令 HSC 对其编程。执行 HSC 指令的目的就是使 S7-200 对高速计数器进行编程。只有经过编程，高速计数器才能运行。

• 高速计数器编程指令的表示：高速计数器编程指令由高速计数器编程指令允许端 EN、高速计数器编程指令助记符 HSC 和对高速计数器进行编程的计数器编号 N 构成。高速计数器编程指令的梯形图和语句表表示如图 6-52 所示。

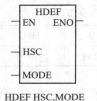

图 6-51　定义高速计数器指令

图 6-52　高速计数器编程指令

• 高速计数器编程指令的操作：当高速计数器编程指令有效时，对高速计数器 N 进行的一系列新的操作，将被 S7-200 编程。高速计数器新的功能生效。

• 数据范围：

EN：I、Q、M、SM、T、C、V、S、L。

N：常量（0、1、2、3、4、5）。

（9）高速计数器的编程步骤

为了解高速计数器的操作，用下面初始化及编程操作进行说明。在下列说明中，一直采用 HSC1 作为计数器模型。初始化过程中，假定 S7-200 刚刚进入运行（RUN）模式。如果情况与此不符，请注意进入运行模式后对各高速计数器只能执行一次 HDEF 指令。对某高速计数器执行两次 HDEF，将生成运行时错误，而且不会改变第一次执行 HDEF 指令后对计数器的设定。

① 模式 0、1 或 2 初始化　下列步骤说明如何为带内部方向的单相计数器 HSC1 进行初始化。

• 调用初始化程序：利用第一扫描内存位 SM0.1 调用初始化操作的子程序。因为使用了子程序调用，随后的扫描不再调用这个子程序，因此可降低执行时间并使程序结构化更强。

• 装载控制字：在初始化子程序内，根据所要控制操作装载控制字到 SMB47。

例如 SMB47＝16＃F8 产生下列结果：允许计数器→写入新当前数值→写入新预设数值→设定方向为向上计数→设定启动和复位输入为高电平有效。

• 执行 HDEF 指令：HSC 输入设定为 1，无外部重置或起始的模式输入设定为 0，有外部重置无起始设定为 1，有外部重置及起始设定为 2。

• 装载高速计数器的当前值：用所要当前数值装载 SMD48（双字尺寸数值，装载零进行清除）。

• 装载高速计数器的预置值：用所要预设值装载 SMD52（双字尺寸数值）。

• 设置中断：为了捕捉当前数值等于预设数值，将 CV＝PV 中断事件（事件 13）附加于中断程序，对中断进行编程。为了捕捉外部重置事件，将外部重置中断事件（事件 15）附加于中断程序，对中断进行编程。

• 启动全局中断：执行全局中断启动指令（ENI），启动全局中断。

• 对高速计数器编程：执行 HSC 指令，使 S7-200 对 HSC1 进行编程。

• 退出子程序。

② 模式 3、4 或 5 初始化　下列步骤说明如何为带外部方向的单相向上/向下计数器 HSC1 进行初始化。

• 调用初始化程序：利用第一扫描内存位 SM0.1 调用初始化操作的子程序。因为使用了子程序调用，随后的扫描不再调用这个子程序，因此可降低执行时间并使程序结构化更强。

• 装载控制字：在初始化子程序内，根据所要控制操作装载控制字到 SMB47。

例如 SMB47＝16＃F8 产生下列结果：允许计数器→写入新当前数值→写入新预设数值→设定 HSC 初始方向为向上计数→设定启动和复位输入为高电平有效。

• 执行 HDEF 指令：HSC 输入设定为 1，无外部重置或起始的模式输入设定为 3，有外部重置无起始设定为 4，有外部重置及起始设定为 5。

• 装载高速计数器的当前值：用所要当前数值装载 SMD48（双字尺寸数值，装载零进行清除）。

• 装载高速计数器的预置值：用所要预设值装载 SMD52（双字尺寸数值）。

• 设置中断：为了捕捉当前数值等于预设数值，将 CV＝PV 中断事件（事件 13）附加于中断程序，对中断进行编程。为了捕捉外部重置事件，将外部重置中断事件（事件 15）附加于中断程序，对中断进行编程。

• 启动全局中断：执行全局中断启动指令（ENI），启动全局中断。

• 对高速计数器编程：执行 HSC 指令，使 S7-200 对 HSC1 进行编程。

• 退出子程序。

③ 模式 6、7 或 8 初始化　下列步骤说明如何为双向计数器 HSC1 进行初始化。

• 调用初始化程序：利用第一扫描内存位 SM0.1 调用初始化操作的子程序。

• 装载控制字：在初始化子程序内，根据所要控制操作装载控制字到 SMB47。

例如 SMB47＝16＃F8 产生下列结果：允许计数器→写入新当前数值→写入新预设数值

→设定 HSC 初始方向为向上计数→设定启动和复位输入为高电平有效。

• 执行 HDEF 指令：HSC 输入设定为 1，无外部重置或起始的模式输入设定为 6，有外部重置无起始设定为 7，有外部重置及起始设定为 8。

• 装载高速计数器的当前值：用所要当前数值装载 SMD48（双字尺寸数值）（装载零进行清除）。

• 装载高速计数器的预置值：用所要预设值装载 SMD52（双字尺寸数值）。

• 设置中断：为了捕捉当前数值等于预设数值，将 CV＝PV 中断事件（事件 13）附加于中断程序，对中断进行编程。为了捕捉外部重置事件，将外部重置中断事件（事件 15）附加于中断程序，对中断进行编程。

• 启动全局中断：执行全局中断启动指令（ENI），启动全局中断。

• 对高速计数器编程：执行 HSC 指令，使 S7-200 对 HSC1 进行编程。

• 退出子程序。

④ 模式 9、10 或 11 初始化　下列步骤说明如何为正交计数器 HSC1 进行初始化。

• 调用初始化程序：利用第一扫描内存位 SM0.1 调用初始化操作的子程序。

• 装载控制字：在初始化子程序内，根据所要控制操作装载控制字到 SMB47。

例如 1 倍计数模式 SMB47＝16＃FC 产生下列结果：允许计数器→写入新当前数值→写入新预设数值→设定 HSC 初始方向为向上计数→设定启动和复位输入为高电平有效。

例如 4 倍计数模式 SMB47＝16＃F8 产生下列结果：允许计数器→写入新当前数值→写入新预设数值→设定初始 HSC 方向为向上计数→设定启动和复位输入为高电平有效。

• 执行 HDEF 指令：HSC 输入设定为 1，无外部重置或起始的模式输入设定为 9，有外部重置无起始设定为 10，有外部重置及起始设定为 11。

• 装载高速计数器的当前值：用所要当前数值装载 SMD48（双字尺寸数值）（装载零进行清除）。

• 装载高速计数器的预置值：用所要预设值装载 SMD52（双字尺寸数值）。

• 设置中断：为了捕捉当前数值等于预设数值，将 CV＝PV 中断事件（事件 13）附加于中断程序，对中断进行编程。为了捕捉方向改变，将方向改变中断事件（事件 14）附加于中断程序，对中断进行编程。为了捕捉外部重置事件，将外部重置中断事件（事件 15）附加于中断程序，对中断进行编程。

• 启动全局中断：执行全程中断启动指令（ENI），启动中断。

• 对高速计数器编程：执行 HSC 指令，使 S7-200 对 HSC1 进行编程。

• 退出子程序。

⑤ 在模式 0、1、2 下改变方向　下列步骤说明如何设置 HSC1，使带内部方向（模式 0、1 或 2）的单相计数器改变方向。

• 装载 SMB47，写入所要方向：

SMB47＝16＃90//启动计数器设定 HSC 方向，向下计数

SMB47＝16＃98//启动计数器设定 HSC 方向，向上计数

• 执行 HSC 指令，使 S7-200 对 HSC1 进行编程。

⑥ 装载新当前数值（任何模式）　下列步骤说明如何改变 HSC1 的计数器当前数值（任何模式）。

改变当前数值强迫计数器在进行改动的过程中处于关闭状态。计数器被关闭时，将不再

计数或生成中断。

• 装载 SMB47，写入所要当前数值：

SMB47＝16＃C0//启动计数器写入新当前数值

• 用所要当前数值装载 SMD48（双字尺寸）（装载零进行清除）。

• 执行 HSC 指令，使 S7-200 对 HSC1 进行编程。

⑦ 装载新预设数值（任何模式）　下列步骤说明如何改变 HSC1 的计数器预设数值（任何模式）。

• 装载 SMB47，写入所要预设数值：

SMB47＝16＃A0//启动计数器写入新预设数值

• 用所要预设数值装载 SMD52（双字尺寸数值）。

• 执行 HSC 指令，使 S7-200 对 HSC1 进行编程。

⑧ 关闭 HSC1 高速计数器（任何模式）　下列步骤说明如何关闭 HSC1 高速计数器（任何模式）。

• 装载 SMB47，关闭计数器：

SMB47＝16＃00//关闭计数器

• 执行 HSC 指令，关闭计数器。

上述操作说明如何逐一改变方向、改变当前数值以及改变预设数值，当然也可以按照相同步骤，适当设定 SMB47 数值并执行 HSC 指令，改变全部数值或其中任何组合。

【例 6-23】　这是一个给高速计数器编程的例子。高速计数器 1 设定为正交 4 倍速率计数器。当 HSC1 的当前值等于预置值时，引发中断，在中断程序中对变量 VW0 进行加 1 操作。VW0 的值即为 HSC1 的中断计数。具体编程如图 6-53 所示。

• OB1：从程序中可以看出，主程序 OB1 利用初次扫描 SM0.1 调用 HSC1 初始化程序。

• SBR＿0：子程序 SBR0 对 HSC1 初始化。

第一条指令是向 SMB47 传送十六进制数 0F8H。设定高速计数器为允许计数、写入新当前值、写入新预置值、设定计数器初始计数方向为向上计数、设定启动输入和复位输入高电平有效、正交 4 倍速率模式。

第二条指令是设定 HSC1 为模式 11 方式。

第三条指令是对 SMD48 送零，这是清除 HSC1 的当前值。

第四条指令是设定 HSC1 的预置值为 50。

第五条指令是连接当前值＝预置值（事件 13）与中断程序（INT0）。

第六条指令是设定允许全局中断（ENI）。

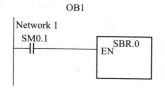

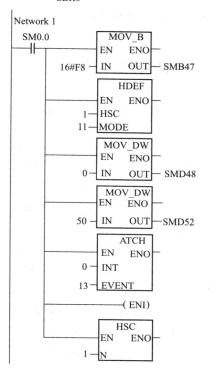

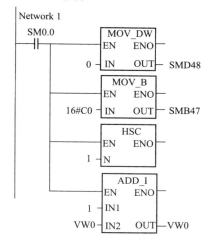

图 6-53　高速计数器编程示例

第七条指令是对 HSC1 编程。

• INT _ 0：

第一条指令是把 0 送到 SMD48 中，对 HSC1 当前值清零。

第二条指令是把 0C0H 送入 SMB47，是设定 HSC1 允许更新当前值。

第三条指令是对 HSC1 编程。

第四条指令是对 VW0 加 1，可以由 VW0 的值记录中断次数。或者说用 VW0 记录 HSC1 从 0 计数到 50 的次数。

从这个例子中可以看到，一般 HDEF 指令只能使用一次；每重新赋一次控制字都要对高速计数器用 HSC 编程。

### 思考与练习

6-1　完成 $\dfrac{(1234+4321)\times123-4665}{1234}$ 的运算，I0.0 闭合时计算，I0.1 闭合时清零，运算结果存入自定义寄存器中。

6-2　完成 $\dfrac{(1.235+4.576)\times10.84-3.67}{0.879}$ 的运算，I0.0 闭合时计算，I0.1 闭合时清零，运算结果存入自定义寄存器中。

6-3　试编写程序对 8 个小灯 L1、L2、…、L8 分别实现如下功能，要求给出 I/O 分配表和梯形图。

① 每间隔 1s，流水灯按 L1→L8 的顺序依次亮 1s。循环运行。

② 先按 L1→L8 的顺序依次亮 1s，L8 亮 1s 后，再按 L8→L1 的顺序依次亮 1s。循环运行。

③ L1→L8 依次点亮，时间间隔为 1s，L8 亮 1s 后全灭，1s 后重新开始循环运行。

④ L1→L8 依次点亮，然后再按原顺序依次熄灭。时间间隔为 1s，循环运行。

6-4　简述中断程序的编程步骤。

# 第 7 章 STEP 7-Micro/WIN 编程软件

Chapter 07

STEP 7-Micro/WIN 是西门子公司专为 SIMATIC S7-200 PLC 研制开发的编程软件，它是基于 Windows 的应用软件，功能强大、简单易学，既可用于开发用户程序，又可实时监控用户程序的执行状态。本章讲述的内容是建立在 STEP 7-Micro/WIN V4.0 SP6 版本编程软件的基础上的。

## 7.1  编程软件概述

### 7.1.1  编程软件的安装与项目的组成

（1）编程软件的安装

① 系统要求　STEP 7-Micro/WIN 软件工具包是基于 Windows 的应用软件，4.0 版本的软件安装与运行需要 Windows 2000/SP3 或 Windows XP（Home 或 Professional）操作系统，并且至少需要 100MB 的硬盘空间。为了实现 PLC 与计算机的通信，必须具备下列设备中的一种：

a. 一条 PC/PPI 电缆或 PPI 多主站电缆，它们的价格便宜，使用较多。

b. 一块插在个人计算机中的通信处理器（CP）卡和 MPI（多点接口）电缆。

② 软件安装　STEP 7-Micro/WIN 编程软件可以从西门子公司的网站上下载，也可以用光盘安装，安装步骤如下：

a. 双击 STEP 7-Micro/WIN 的安装程序 setup.exe，则系统自动进入安装向导。

b. 在安装向导的帮助下完成软件的安装。

c. 在安装过程中，如果出现"Set PC/PG Interface（设置计算机/编程器接口）"对话框，可设置通信参数，也可以单击"取消"进入下一步，安装后再设置。

d. 软件安装结束后，出现"InstallShield Wizart"对话框，显示安装成功的信息。单击"Finish"按钮退出安装程序。

e. 如果需要安装编程软件的升级包，要通过计算机的控制面板的"添加或删除程序"命令先删除安装的编程软件，然后安装新的升级包，最新的升级包可以从西门子公司网站下载。

f. 安装成功后，打开编程软件，选择菜单 Tools→Options→General→Chinese，再退出，重新打开编程软件，界面和帮助文件就变成中文了。

（2）项目组成

启动 STEP 7-Micro/WIN 编程软件，其主界面外观如图 7-1 所示。主界面一般可以分为以下几个部分：主菜单、工具栏、操作栏、指令树、用户窗口、输出窗口和状态栏。除主菜单外，用户可以根据需要通过视图菜单和窗口菜单决定其他窗口的取舍和样式的设置。

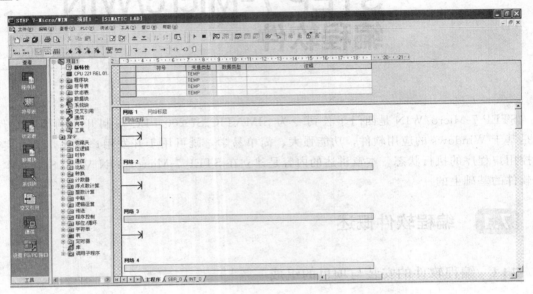

图 7-1　STEP 7-Micro/WIN 的主界面

① 主菜单　主菜单包括文件、编辑、查看、PLC、调试、工具、窗口、帮助 8 个主菜单项。

a. 文件（File）：文件菜单包括新建、打开、关闭、保存、另存、导出、导入、上载、下载、打印预览、页面设置等操作。

b. 编辑（Edit）：编辑菜单包括撤销、剪切、复制、粘贴、全选、插入、删除、查找、替换等功能操作，与 Word 软件相类似，主要用于程序编辑工具。

c. 查看（View）：查看菜单用于设置软件的开发环境。功能包括选择不同的程序编辑器 LAD、STL、FBD；可以进行数据块、符号表、状态表、系统块、交叉引用、通信参数的设置；可以选择程序注释、网络注释的显示与否；可以选择浏览栏、指令树及输出窗口的显示与否；可以对程序块的属性进行设置。

d. PLC：PLC 菜单主要用于与 PLC 联机时的操作，包括 PLC 类型的选择、PLC 的工作方式、进行在线编译、清除 PLC 程序、显示 PLC 信息等功能。

e. 调试（Debug）：调试菜单用于联机时的动态调试，具有单次扫描、多次扫描、程序状态等功能。

f. 工具（Tools）：工具菜单具有提供复杂指令向导（PID、NETR/NETW、HSC 指令），TD200 设置向导，可以设置程序编辑器的风格，在工具菜单中添加常用工具等功能。

g. 窗口（Windows）：窗口菜单的功能是打开一个或多个窗口，并提供窗口之间的不同排放形式，如水平、层叠、垂直。

h. 帮助（Help）：帮助菜单可以提供 S7-200 的指令系统及编程软件的所有信息，并提供在线帮助、网上查询、访问等功能，可按"F1"键打开。

② 工具栏 STEP 7-Micro/WIN 提供了两行快捷按钮工具栏，共有 4 种，可以通过"查看"→"工具栏"重设。

a. 标准工具栏，如图 7-2 所示，从左至右包括新建、打开、保存、打印、预览、剪切、复制、粘贴、撤销、编译、全部编译、上载、下载等按钮。

图 7-2　标准工具栏

b. 调试工具栏，如图 7-3 所示，从左至右包括 PLC 运行模式、PLC 停止模式、程序状态打开/暂停状态、图状态打开/暂停状态、状态表单次读取、状态表全部写入等按钮。

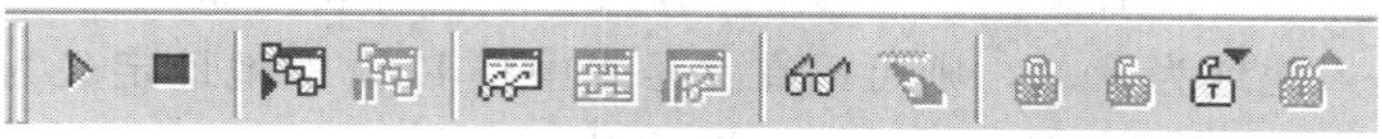

图 7-3　调试工具栏

c. 公用工具栏，如图 7-4 所示，从左至右依次为插入网络、删除网络、切换 POU 注释、切换网络注释、切换符号信息表、切换书签、下一个书签、上一个书签、清除全部书签、应用项目中的符号、建立未定义符号表。

d. LAD 指令工具栏，如图 7-5 所示，从左至右依次为插入向下直线、插入向上直线、插入左行、插入右行、插入触点、插入线圈、插入方框指令。

图 7-4　公用工具栏 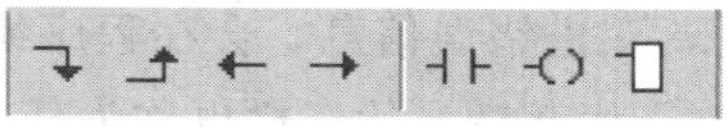　　　　　　　　图 7-5　LAD 指令工具栏

③ 操作栏 显示编程特性的按钮控制群组，包括以下两个类别：

a. "视图"：选择该类别，可以使用程序块（Program Block）、符号表（Symbol Table）、状态表（Status Chart）、数据块（Data Block）、系统块（System Block）、交叉引用（Cross Reference）、通信（Communication）功能以及设置 PG/PC 接口的按钮控制。

b. "工具"：选择该类别，显示指令向导、文本显示向导、位置控制向导、EM 253 控制面板和调制解调器扩展向导等控制按钮。

④ 指令树 指令树提供所有项目对象和为当前程序编辑器（LAD、FBD 或 STL）提供的所有指令的树形视图。可以执行的操作如下：

a. 用鼠标右键单击树中"项目"部分的文件夹，插入附加程序组织单元（POU）。

b. 可以用鼠标右键单击单个 POU，打开、删除、编辑其属性表，用密码保护或重命名子程序及中断例行程序。

c. 可以用鼠标右键单击树中"指令"部分的一个文件夹或单个指令，以便隐藏整个树。

一旦打开指令文件夹，就可以拖放单个指令，或双击，按照需要自动将所选指令插入程序编辑器窗口中的光标位置。还可以将指令拖放在自己喜爱的文件夹中，排列经常使用的指令。

⑤ 用户窗口　可同时或分别打开 6 个用户窗口，分别为交叉引用、数据块、状态表、符号表、程序编辑器、局部变量表。

a. 交叉引用（Cross Reference）：编译程序后，要想了解程序中是否已经使用和在何处使用某一符号名或存储区赋值时，可使用"交叉引用"表。"交叉引用"表识别在程序中使用的全部操作数，并指出 POU、网络或行位置以及每次使用的操作数指令上下文。

b. 数据块（Data Block）：可以对变量存储器 V 进行初始数据的赋值或修改，并可附加必要的注释。

c. 状态表（Status Chart）：用于联机调试时监视各变量的状态和当前值。只需要在地址栏中写入变量地址，在数据格式栏中标明变量的类型，就可以在运行时监视这些变量的状态和当前值。

d. 符号表（Symbol Table）：用来建立自定义符号与直接地址间的对应关系，并可附加注释，使得用户可以使用具有实际意义的符号作为编程元件，增加程序的可读性。例如，系统的停止按钮的输入地址为 I0.0，则可以在符号表中将 I0.0 的地址定义为"stop"，这样梯形图所有地址为 I0.0 的编程元件都由"stop"代替。

当编译后，将程序下载到 PLC 中时，所有的符号地址都将被转换成绝对地址。

e. 程序编辑器（Program Editor）：可以用梯形图、语句表或功能块图程序编辑器编写和修改用户程序。

f. 局部变量表（Local Variable Table）：每个程序块都对应一个局部变量表，在带参数的子程序调用中，参数的传递就是通过局部变量表进行的。

⑥ 输出窗口　用来显示 STEP 7-Micro/WIN 程序编译的结果，当输出窗口列出程序错误时，双击错误信息，会在程序编辑器窗口中显示出错的网络。

⑦ 状态栏　状态栏也称为任务栏，用来显示软件执行情况，编辑程序时显示光标所在的网络号、行号和列号，运行程序时显示运行的状态、通信波特率、远程地址等信息。

### 7.1.2　通信参数的设置与在线连接的建立

（1）PC/PPI 电缆的安装与设置

将 PPI 电缆 RS-232 端（标识为"PC"）连接到计算机的 RS-232 通信接口，连接 RS-485 端（标识为"PPI"）到 S7-200 通信接口，并拧紧两边接口的螺钉。然后进行下列设置：

① 双击指令树"通信"文件夹中的"设置 PG/PC 接口"图标，在打开的对话框中设置编程计算机的通信参数。

② 双击指令树"系统块"中的"通信端口"图标，设置 PLC 通信接口的参数，如图 7-6 所示，默认的站地址为 2，波特率为 9600bit/s。设置完成后需要把系统块下载到 PLC 后才会起作用。不能确定 PLC 通信接口的波特率时，可以选中"通信"对话框中的"搜索所有波特率"多选框。

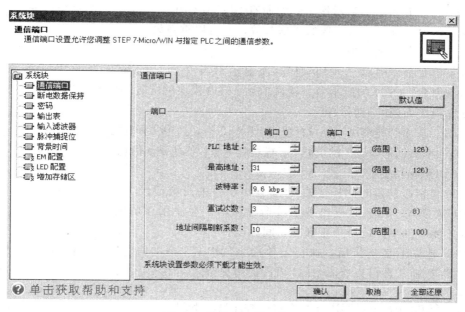

图 7-6  通信端口设置窗口

③ 通过 PPI 电缆上的 DIP 开关设置 PPI 电缆的参数。DIP 开关选择的波特率应与编程软件中设置的波特率和用系统块设置的 PLC 的波特率一致。波特率为 9600bit/s，PPI 本地模式时多主站电缆的 DIP 开关应设成 01001000。

（2）计算机与 PLC 在线连接的建立

在 STEP 7-Micro/WIN 中单击查看栏中"通信"图标，或双击指令树中的"通信"图标，或执行菜单命令"查看"→"组件"→"通信"，将出现"通信"对话框，如图 7-7 所示。在将新的设置下载到 S7-200 之前，应设置远程站的地址，使它与本地 S7-200 PLC 的地址相同。

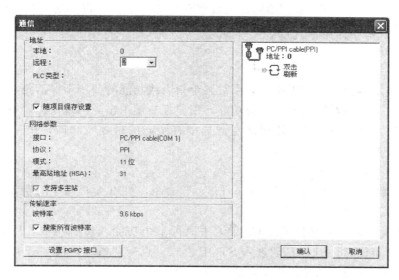

图 7-7  "通信"对话框

双击图 7-7 中"双击刷新"旁边的蓝色箭头组成的图标，编程软件将自动搜索连接在网络上的 S7-200，并用图标显示搜索到的所有 S7-200 CPU。双击要进行通信的站，在"通信建立"对话框中，可以显示所选的通信参数，也可以重新设置。

（3）PLC 中信息的读取

执行菜单命令"PLC"→"信息"，将显示出当前 PLC 的 RUN/STOP 状态、以 ms 为单位的扫描周期、CPU 的版本号、错误信息、I/O 模块的配置和状态。"刷新扫描周期"按钮用来读取扫描周期的最新数据。

如果 CPU 配有智能模块，要查看智能模块信息时，选中要查看的模块，单击"EM 信息"按钮，将出现一个对话框，显示模块类型、模块版本号、模块错误信息和其他有关的信息。

（4）CPU 事件的历史记录

S7-200 保留一份带时间标记的 CPU 主要事件的历史记录，包括什么时候上电、什么时候进入 RUN 模式、什么时候出现了致命错误等。在使用该历史记录前，应先设置实时时钟，这样才能得到事件记录中正确的时间标记。

与 PLC 建立通信连接后，执行菜单命令"PLC"→"信息"，在打开的对话框中单击"历史事件"按钮，即可以查看 CPU 事件的历史记录。

### 7.1.3  帮助功能的使用与 S7-200 的出错处理

STEP 7-Micro/WIN 软件具有强大的帮助功能，无论是初学者还是熟练的编程人员，都要学会使用并善于利用软件的帮助功能。

（1）使用帮助菜单

可以用下述的各种方法从菜单获得帮助：

① 用菜单命令"帮助"→"目录与索引"打开帮助窗口，在"目录"选项卡中，列出了帮助文档目录；"索引"选项卡中提供了查询功能，输入相应关键字，即可得到相关的帮助内容。

② 执行菜单命令"帮助"→"这是什么"后，出现带问号的光标，用它单击画面上的用户接口（如工具栏中的按钮、程序编辑器或指令树上的对象等），将会进入相应的帮助窗口。

③ 执行菜单命令"帮助"→"网上 S7-200"，可以访问为 S7-200 提供技术支持和产品信息的西门子网站。

（2）使用在线帮助

在学习、使用编程软件过程中，如果对某个指令或功能的使用不够清楚，可以使用在线帮助功能。方法一，对有疑问的指令或功能，用鼠标右键单击，出现快捷菜单，单击快捷菜单中的"帮助"命令；方法二，用鼠标左键选中有疑问的指令或功能，按"F1"键就可以得到相关的在线帮助。

（3）S7-200 的出错处理

使用 PLC 菜单中的"信息（Information）"命令，可以查看程序的错误信息。S7-200 的出错主要有以下三种：

① 致命错误  致命错误会导致 CPU 无法执行某个功能或所有功能，停止执行用户程序。当出现致命错误时，PLC 自动进入 STOP 模式，点亮"系统错误（SF）"和"STOP"指示灯，关闭输出。消除致命错误后，必须重新启动 CPU。

有些错误使 PLC 无法进行通信，此时在计算机上看不到 CPU 的错误代码。这表示硬件出错或 CPU 模块需要修理，修改程序或清除 PLC 的存储器不能消除这种错误。

在 CPU 上可以读到的致命错误代码及描述见表 7-1。

**表 7-1 致命错误代码及描述**

| 代码 | 错误描述 | 代码 | 错误描述 |
|---|---|---|---|
| 0000 | 无致命错误 | 000B | 存储器卡上用户程序检查错误 |
| 0001 | 用户程序编译错误 | 000C | 存储器卡配置参数检查错误 |
| 0002 | 编译后的梯形图检查错误 | 000D | 存储器卡强制数据检查错误 |
| 0003 | 扫描看门狗超时错误 | 000E | 存储器卡默认输出表值检查错误 |
| 0004 | 内部 EEPROM 错误 | 000F | 存储器卡用户数据、DB1 检查错误 |
| 0005 | 内部 EEPROM 用户程序检查错误 | 0010 | 内部软件错误 |
| 0006 | 内部 EEPROM 配置参数检查错误 | 0011 | 比较触点间接寻址错误 |
| 0007 | 内部 EEPROM 强制数据检查错误 | 0012 | 比较触点非法值错误 |
| 0008 | 内部 EEPROM 默认输出表值检查错误 | 0013 | 存储器卡空或 CPU 不识别该卡 |
| 0009 | 内部 EEPROM 用户数据、DB1 检查错误 | 0014 | 比较接口范围错误 |
| 000A | 存储卡失灵 | | |

② 程序运行错误 在程序正常运行中，可能会产生非致命错误（如寻址错误），此时 CPU 产生的非致命错误代码及描述见表 7-2。

**表 7-2 程序运行错误代码及描述**

| 错误代码 | 错 误 描 述 |
|---|---|
| 0000 | 无错误 |
| 0001 | 执行 HDEF 前，HSC 禁止 |
| 0002 | 输入中断分配冲突并分配给 HSC |
| 0003 | 到 HSC 的输入分配冲突，已分配给输入中断 |
| 0004 | 在中断程序中企图执行 ENI、DISI 或 HDEF 指令 |
| 0005 | 第一个 HSC/PLS 未执行完前，又企图执行同编号的第二个 HSC/PLS（中断程序中的 HSC 同主程序中的 HSC/PLS 冲突） |
| 0006 | 间接寻址错误 |
| 0007 | TODW(写实时时钟)或 TODR(读实时时钟)数据错误 |
| 0008 | 用户子程序嵌套层数超过规定 |
| 0009 | 在程序执行 XMT 或 RCV 时，通信口 0 又执行另一条 SMT/RCV 指令 |
| 000A | HSC 执行时，又企图用 HDEF 指令再定义该 HSC |
| 000B | 在通信口 1 上同时执行 XMT/RCV 指令 |
| 000C | 时钟存储卡不存在 |
| 000D | 重新定义已经使用的脉冲输出 |
| 000E | PTO 个数为 0 |
| 0091 | 范围错误(带地址信息)：检查操作数范围 |
| 0092 | 某条指令的计数域错误(带计数信息)：检查最大计数范围 |
| 0094 | 范围错误(带地址信息)：写无效存储器 |
| 009A | 用户中断程序试图转换成自由口模式 |
| 009B | 非法指令(字符串操作中起始位置指定为 0) |

③ 编译规则错误  当下载一个程序时，CPU 在对程序的编译过程中如果发现有违反编译规则的情况，则 CPU 会停止下载程序，并生成一个非致命编译规则错误代码。非致命编译规则错误代码及描述见表 7-3。

表 7-3  非致命编译规则错误代码及描述

| 错误代码 | 错误描述 |
|---|---|
| 0080 | 程序太大无法编译,须缩短程序 |
| 0081 | 堆栈溢出:必须把一个网络分成多个网络 |
| 0082 | 非法指令:检查指令助记符 |
| 0083 | 无 MEND 或主程序中有不允许的指令:加条 MEND 或删除不正确的指令 |
| 0084 | 保留 |
| 0085 | 无 FOR 指令:加上 FOR 指令或删除 NEXT 指令 |
| 0086 | 无 NEXT 指令:加上 NEXT 指令或删除 FOR 指令 |
| 0087 | 无标号(LBL、INT、SBR):加上合适标号 |
| 0088 | 无 RET 或子程序中有不允许的指令:加条 RET 或删除不正确的指令 |
| 0089 | 无 RETI 或中断程序中有不允许的指令:加条 RETI 或删除不正确的指令 |
| 008A | 保留 |
| 008B | 从/向一个 SCR 段的非法跳转 |
| 008C | 标号重复(LBL、INT、SBR):重新命名标号 |
| 008D | 非法标号(LBL、INT、SBR):确保标号数在允许范围内 |
| 0090 | 非法参数:确认指令所允许的参数 |
| 0091 | 范围错误(带地址信息):检查操作数范围 |
| 0092 | 指令计数域错误(带计数信息):确认最大计数范围 |
| 0093 | FOR/NEXT 嵌套层数超出范围 |
| 0095 | 无 LSCR 指令(装载 SCR) |
| 0096 | 无 SCRE 指令(SCR 结束)或 SCRE 前面有不允许的指令 |
| 0097 | 用户程序包含非数字编码和数字编码的 EV/ED 指令 |
| 0098 | 在运行模式进行非法编辑(试图编辑非数字编码的 EV/ED 指令) |
| 0099 | 隐含网络段太多(HIDE 指令) |
| 009B | 非法指针(字符串操作中起始位置定义为 0) |
| 009C | 超出指令最大长度 |

## 7.2  程序的编写与传送

### 7.2.1  编程的准备工作

(1) 创建新项目或打开已有的项目文件

创建新项目的方法：①可用菜单命令"文件"→"新建"按钮来完成；②可用工具栏中的"新建"按钮来完成。

新项目文件名系统默认项目1，可以通过工具栏中的"保存"保存并重新命名。每一个项目文件包括的基本组件有程序块、数据块、系统块、符号表、状态表、交叉引用及通信，其中程序块中包括1个主程序、1个子程序（SBR_0）和1个中断程序（INT_0）。

打开已有的项目文件的方法：①可用菜单命令"文件"→"打开"按钮来完成；②可用工具栏中的"打开"按钮来完成。项目存放在扩展名为 mwp 的文件中。

（2）确定 PLC 类型

在 PLC 编程之前，应正确地设置其型号，以防止创建程序时发生编程错误。执行菜单命令"PLC"→"类型"，调出"PLC 类型"对话框，可以选择 PLC 的型号。如果已经成功地建立了通信连接，单击"读取 PLC"按钮，由 STEP 7-Micro/WIN 自动读取正确的数值。单击"确认"按钮，确认 PLC 类型，对话框如图 7-8 所示。

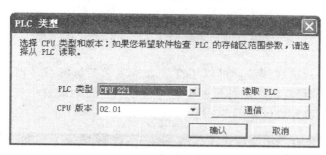

图 7-8 设置 PLC 的型号

如果指定了 PLC 型号，指令树用红色"X"表示对当前选择的 PLC 无效的指令。如果设置的 PLC 型号与 PLC 实际的型号不一致，不能下载系统块。

（3）选择编程语言与指令助记符集

执行菜单命令"工具"→"选项"命令，弹出"选项"对话框，选中左边窗口的"常规"图标，在"常规"选项卡中选择语言、默认的程序编辑器的类型，还可以选择使用 SIMATIC 编程模式或 IEC 61131-3 编程模式，一般默认选择 SIMATIC 编程模式。还可以选择使用"国际"助记符集或 SIMATIC 助记符集，它们分别使用英语和德语的指令助记符。

（4）确定程序结构

较简单的数字量控制程序一般只有主程序（OB1），系统较大、功能复杂的程序除了主程序外，可能还有子程序、中断程序和数据块。

### 7.2.2 编写与传送用户程序

（1）编写用户程序

编程元件包括线圈、触点、方框指令和导线等，梯形图每一个网络必须从触点开始，以线圈或没有 ENO 输出的方框指令结束。编程元件可以通过指令树、工具按钮、快捷键等方法输入。

① 将光标放在需要的位置上，单击工具栏中元件（触点、线圈或方框指令）的按钮，从下拉菜单所列出的元件中，选择要输入的元件单击即可。

② 将光标放在需要的位置上，在指令树窗口所列的一系列元件中，双击要输入的元件即可。

③ 将光标放在需要的位置上，在指令树窗口所列的一系列元件中，拖动要输入的元件放到目的地即可。

④ 使用快捷键：F4＝触点，F6＝线圈，F9＝方框指令，从下拉菜单所列出的元件中，

选择要输入的元件单击即可。

当编程元件图形出现在指定位置后，再单击编程元件符号的“???”，输入操作数，按回车键确定。红色字样显示语法出错，当把不合法的地址或符号改变为合法值时，红色消失。若数值下面出现红色的波浪线，表示输入的操作数超出范围或与指令的类型不匹配。

如果想编辑复杂的梯形图，单击工具栏中“上行线（Line Up）”“下行线（Line Down）”按钮即可。

如果需要对程序进行编辑，用光标选中需要进行编辑的单元，单击右键，弹出快捷菜单，可以进行剪切、复制、粘贴、删除的操作，也可以进行插入或删除行、列、垂直线或水平线的操作。可以用“Delete（删除）”或“Back Space（退格）”键删除个别单元格。

通过用“Shift”键＋鼠标单击，可以选择多个相邻的网络。单击右键，弹出快捷菜单，进行剪切、复制、粘贴或删除等操作。

（2）编写符号表

为了方便程序的调试和阅读，可以用符号表来定义变量的符号地址。单击查看栏中的“符号表”按钮，在符号表窗口的符号列中键入符号名，在地址列中键入地址，在注释列中键入注释，即可建立符号表，如图 7-9 所示。

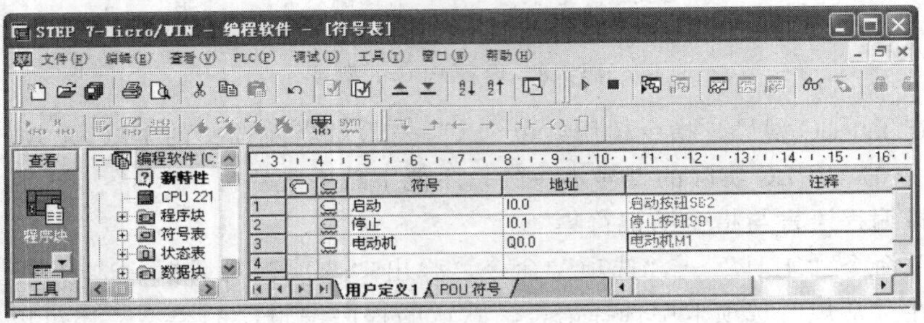

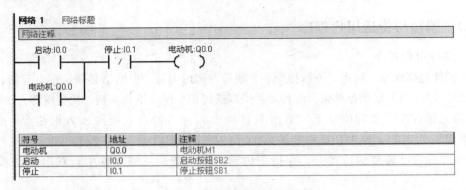

图 7-9 符号表

符号表建立后，使用菜单命令“查看”→“符号寻址”，直接地址将转换成符号表中对应的符号名；也可通过菜单命令“工具”→“选项”→“程序编辑器”标签→“符号寻址”选项来选择操作数显示的形式：“显示符号和地址”或“只显示符号”，如选择“显示符号和地址”，则对应的梯形图如图 7-10 所示。

| 符号 | 地址 | 注释 |
|---|---|---|
| 电动机 | Q0.0 | 电动机M1 |
| 启动 | I0.0 | 启动按钮SB2 |
| 停止 | I0.1 | 停止按钮SB1 |

图 7-10 带符号表的梯形图

（3）局部变量表

可以拖动分割条，展开局部变量表并覆盖程序视图，此时可设置局部变量表，如

图 7-11 所示。在符号列中写入局部变量名称，在数据类型列中选择变量类型后，系统自动分配局部变量的存储位置。局部变量有四种定义类型：IN（输入）、OUT（输出）、IN_OUT（输入输出）、TEMP（临时）。

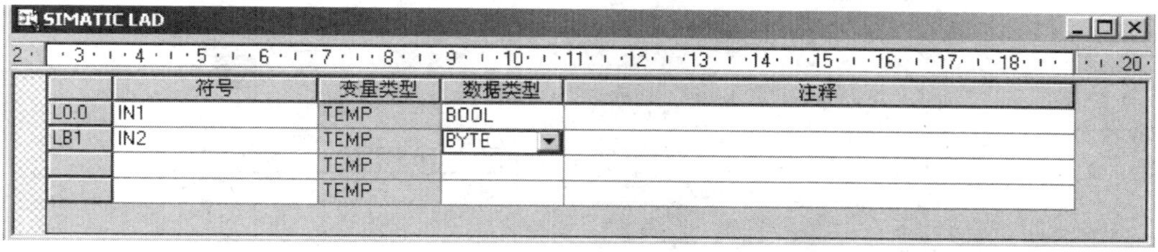

图 7-11 局部变量表

IN、OUT 类型的局部变量，由调用 POU（三种程序）提供输入参数或调用 POU 返回的输出参数。

IN_OUT 类型，由调用 POU 提供参数，经子程序修改，然后返回 POU。

TEMP 类型，临时保存在局部数据堆栈区内的变量，一旦 POU 执行完成，临时变量的数据将不再有效。

（4）程序注释

LAD 编辑器中提供了程序注释（POU）、网络标题、网络注释三种功能的解释，方便用户更好地读取程序，方法是单击绿色注释行输入文字即可，其中程序注释和网络注释可以通过"查看"菜单进行隐藏或显示。

（5）编译程序

程序文件编辑完成后，可用"PLC"菜单中的"编译（Compile）"命令，或工具栏中的"编译（Compile）"编译当前打开的程序或所有的程序。编译结束后，将在屏幕下方的输出窗口中显示编译结果：语法错误的个数、各条错误的原因和错误在程序中的位置。双击某一条错误，在程序编辑器中，光标将会自动定位到该错误所在的网络。必须改正程序中所有的错误，编译成功后，才能下载程序。对于一些逻辑错误，编译程序是不能够找到的，如果运行结果不正确，需要人工判断逻辑错误。

如果没有编译程序，在程序下载之前，编译软件将会自动地对程序进行编译，并在输出窗口显示编译的结果。

（6）下载程序

程序只有在编译正确后才能下载到计算机中。下载前，PLC 必须处于 STOP 状态。如果不在 STOP 状态，可单击工具栏中"停止（STOP）"按钮，或选择"PLC"菜单中的"停止（STOP）"命令，也可以将 CPU 模块上的模式选择开关直接扳到"停止（STOP）"位置。

为了使下载的程序能正确执行，下载前最好将 PLC 中存储的原程序清除。单击"PLC"菜单中的"清除（Clear）"命令，在出现的对话框中选择"清除全部（Clear All）"即可。

单击工具栏中的"下载"按钮，或者执行菜单命令"文件"→"下载"，将会出现"下载"对话框，如图 7-12 所示。用户可以用多选框选择是否下载程序块、数据块、系统块、配方和数据记录配置，不能下载或上载符号表或状态表。单击"下载"按钮，开始下载数据。

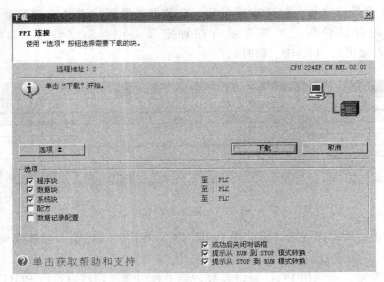

图 7-12 "下载"对话框

（7）上载程序

上载前应建立起计算机与 PLC 之间的通信连接，在 STEP 7-Micro/WIN 中新建一个空项目来保存上载的块，项目中原有的内容将被上载的内容覆盖。

单击工具栏中的"上载"按钮，或者执行菜单命令"文件"→"上载"，将会出现"上载"对话框，它与"下载"对话框的结构基本相同，只是在右下部分有"成功后关闭对话框"选项。用户可以用多选框选择是否上载程序块、数据块、系统块、配方和数据记录配置。单击"上载"按钮，开始上载数据。

### 7.2.3 数据块的使用

（1）在数据块中对地址和数据赋值

数据块用来对 V 存储器（变量存储器）赋初值，数字量控制程序一般不需要数据块。可用字节、字或双字赋值。下载时数据块中的数据被写入 EEPROM，因此需要断电保持的数据可以放在数据块中。

双击指令树的"数据块"文件夹中的"用户定义 1"图标，打开数据块。

数据块中的典型行包括起始地址以及一个或多个数据值，双前斜线（"//"）之后的注释为可选项。数据块的第一行必须包含明确的地址，以后的行可不包含明确的地址。在单地址值后面键入多个数据或键入只包含数据的行时，由编辑器进行地址赋值。编辑器根据前面的地址和数据的长度（字节、字或双字）进行赋值。数据块编辑器接受大小写字母，并允许用英语的逗号、制表符或空格作地址和数据的分隔符号。下面是数据块的例子：

VB0        255        //字节值从 VB0 开始

VW2        256        //字节值从 VW2 开始

VD4        123.9      //双字真值从 VD4 开始

VW20       2，4，8     //从 VW20 开始的 4 个字数值

（2）使用 ASCII 常量的限制

WORD（字）寻址时，常量中 ASCII 码的个数必须是 2 的整倍数。DWORD（双字）

寻址时，常量中 ASCII 码的个数必须是 4 的整倍数。BYTE（字节）寻址与未定义的寻址时，对常量中 ASCII 码的个数无限制。加上可选的地址说明，数据块中的一行最多能包含 250 个字符。

（3）输入错误的显示与处理

如果数据块位于激活窗口中，可以用菜单命令"PLC"→"编译"进行编译；如果数据块不在激活窗口中，可利用菜单命令"PLC"→"全部编译"进行编译。

编译数据块时，如果编译器发现错误，将在输出窗口显示错误。双击错误信息，将在数据块窗口显示有错误的行。

在包含错误的输入行尾键入回车键，在数据块左边的区域将用叉号显示输入错误。在重新编译之前，应改正全部输入错误。

## 7.3 用编程软件监控与调试程序

所谓"状态监控"是指显示程序在 PLC 中执行时的有关 PLC 数据的当前值和能流状态的信息。可以使用状态表监控窗口和程序状态监控窗口读取、写入和强制 PLC 数据值。在控制程序的执行过程中，PLC 数据的动态改变可用三种不同方式查看：程序状态监控、状态表监控、趋势图显示。

### 7.3.1 基于程序编辑器的程序状态监控

在运行 STEP 7-Micro/WIN 的计算机和 PLC 之间建立通信，并将程序成功地向 PLC 下载，要查看监控状态的连续更新，PLC 必须位于 RUN（运行）模式。否则，只能看到 I/O 的变化（如果有）。由于 PLC 程序不再执行，I/O 状态的改变不会对程序逻辑在"状态监控"中的显示产生预期的影响。

执行菜单命令"调试"→"开始程序状态监控"，或单击工具栏中的"程序状态监控"按钮，可以用程序状态监控功能监控程序运行的情况。

（1）梯形图程序的程序状态监控

① 运行状态的程序状态监控　必须在梯形图程序状态操作开始之前选择程序状态监控的数据采集模式，执行菜单命令"调试"→"使用执行状态"后，进入执行状态，该命令行的前面出现一个"√"号。这种状态模式，只是在 PLC 处于 RUN 模式时才刷新程序段中的状态值。

在 RUN 模式启动程序状态监控功能后，将用颜色显示出梯形图中各元件的状态（见图 7-13），左边垂直的"电源线"和与它相连的水平"导线"变为蓝色。如果位操作数为 1（ON），其常开触点和线圈变为蓝色，它们中间出现蓝色方块，有"能流"流过的"导线"也变为蓝色。如果能流流入方框指令的 EN（使能）输入端，且该指令被成功执行时，方框指令的方框变为蓝色。定时器和计数器的方框为绿色时表示它们包含有效数据。灰色表示无能流、指令被跳过、未调用或 PLC 处于 STOP 模式。

可以用菜单命令"工具"→"选项"打开选项窗口，选择"程序编辑器"选项卡，设置梯形图编辑器中栅格（即矩形光标）的宽度、字符的大小、只显示符号或同时显示符号和地址等。

只有在 PLC 处于 RUN 模式时才会显示强制状态，此时用鼠标右键单击某一元件，在

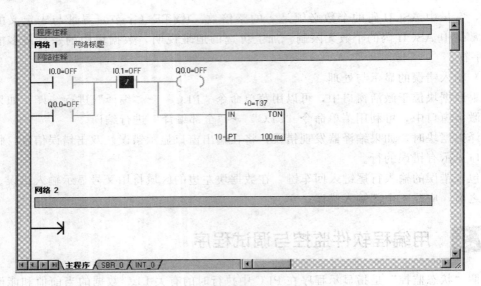

图 7-13　梯形图程序的程序状态监控

弹出的菜单中可以对该元件执行写入、强制或取消强制的操作。强制和取消强制功能不能用于 V、M、AI 和 AQ 的位操作。

② 扫描结束状态的程序状态监控　在上述的执行状态时执行菜单命令"调试"→"使用执行状态",菜单中该命令行前面的"√"号消失,进入扫描结束状态。

"扫描结束"状态显示在程序扫描结束时读取的状态结果中。这些结果可能不会反映 PLC 数据地址的所有数值变化,因为随后的程序指令在程序扫描结束之前可能会写入和重新写入数值。由于快速的 PLC 扫描周期和相对慢速的 PLC 状态数据通信之间存在的速度差别,"扫描结束"状态显示的是几个扫描周期结束时采集的数据值。

因为程序可以在采集最终"扫描结束"数值之前为相同的存储单元赋很多数值,因此,L 存储器或累加器中间的临时数值不会被显示。

(2) 语句表程序的程序状态监控

启动语句表和梯形图的程序状态监控功能的方法完全相同。当打开 STL 中的程序状态监控时,程序编辑器窗口被分为一个代码区(左侧)和一个状态区(右侧),如图 7-14 所示。可以根据希望监控的数值类型定制状态区。

| 程序注释 | | | | | | |
|---|---|---|---|---|---|---|
| **网络 1**　网络标题 | | | | | | |
| 网络注释 | | | | | | |
| | | 操作数 1 | 操作数 2 | 操作数 3 | 0123 | 字 |
| LD | I0.0 | OFF | | | 0000 | 0 |
| O | Q0.0 | OFF | | | 0000 | 0 |
| AN | I0.1 | OFF | | | 0000 | 1 |
| = | Q0.0 | OFF | | | 0000 | 0 |
| TON | T37, 10 | +0 | 10 | | 0000 | 1 |

图 7-14　语句表程序的程序状态监控

在菜单命令"工具"→"选项"打开的窗口中,选择"程序编辑器"中的"STL 状态监控"选项卡(见图 7-15),可以选择语句表程序状态监控的内容,每条指令最多可以监控17 个操作数、逻辑堆栈中 4 个当前值和 11 个指令状态位。

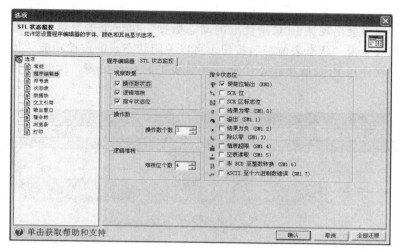

图 7-15　语句表程序状态监控的设置

状态信息从位于编辑窗口顶端的第一条 STL 语句开始显示，当向下滚动编辑窗口时，将从 CPU 获取新的信息。如果需要暂停刷新，可以单击"暂停程序状态"按钮，当前的数据保留在屏幕上，直到再次单击该按钮。

### 7.3.2　用状态表监控与调试程序

如果需要同时监控的变量不能在程序编辑器中同时显示，可以使用状态表监控功能。

（1）打开和编辑状态表

在程序运行时，可以用状态表来读、写、强制和监控 PLC 的内部变量。单击查看栏"状态表"图标，或双击指令树的"状态表"文件夹中的"用户定义 1"图标，或者执行菜单命令"查看"→"组件"→"状态表"，均可以打开状态表，并对它进行编辑。如果项目中有多个状态表，可以用状态表编辑器底部的标签切换它们。

未启动状态表的监控功能时，可以在状态表中输入要监控的变量的地址和数据类型，定时器和计数器可以分别按位或按字监控。如果按位监控，显示的是它们的输出位的 ON/OFF 状态；如果是按字监控，显示的是它们的当前值。

在状态表中执行菜单命令"编辑"→"插入"→"行"，或者用鼠标右键单击状态表中的单元，执行弹出菜单中的"插入"→"行"命令，可以在状态表中当前光标位置的上部插入新的行。将光标置于状态表最后一行中的任意单元后，按向下的箭头键，会添加一个新的行。在符号表中选择变量并将其复制到状态表中（只复制符号列），可以快速创建状态表。

（2）创建新的状态表

要建立一个新状态表，请确认"状态表监控"已经关闭，然后进行如下操作：

① 从指令树中，用鼠标右键单击"状态表"文件夹，并选择弹出菜单命令"插入（Insert）"→"状态表（Chart）"。

② 打开状态表窗口，并使用"编辑"菜单或用鼠标右键单击，调出弹出菜单，选择"插入（Insert）"→"状态表（Chart）"。

（3）启动和关闭状态表的监控功能

与 PLC 的通信连接成功后，打开状态表，执行菜单命令"调试"→"开始状态表监控"

或单击工具栏上的"状态表监控"按钮，可以启动状态表的监控功能（见图7-16），在状态表的"当前值"列将会出现从PLC中读取的动态数据。执行菜单命令"调试"→"停止状态表监控"或再次单击"状态表监控"按钮，可以关闭状态表的监控功能。状态表的监控功能启动后，编程软件从PLC收集状态信息，并对表中的数据更新，这时还可以强制修改状态表中的变量。

| | 地址 | 格式 | 当前值 | 新值 |
|---|---|---|---|---|
| 1 | I0.0 | 位 | 2#0 | |
| 2 | I0.1 | 位 | 2#0 | |
| 3 | Q0.0 | 位 | 2#0 | |
| 4 | | 有符号 | | |
| 5 | | 有符号 | | |

图 7-16　状态表监控

（4）单次读取状态信息

使用菜单命令"调试"→"单次读取"或使用"单次读取"工具栏按钮，可以从PLC收集当前的数据，并在状态表中的"当前值"列显示出来，执行用户程序时并不对它进行更新。但是如果已经启动状态表监控，"单次读取"功能则被禁止。

要连续采集状态表信息，需要启动状态表监控，使用菜单命令"调试"→"状态表监控"或使用工具栏按钮。

（5）趋势图

可以使用下列方法在状态表的表格视图和趋势视图之间切换：

① 使用菜单命令"查看"→"查看趋势图"。

② 用鼠标右键单击状态表，在弹出菜单中选择"查看趋势图"命令。

③ 单击调试工具栏的"趋势图"按钮。

趋势图（见图7-17）用随时间而变的PLC数据绘制图形以跟踪状态数据，可以把现有的状态表在表格视图和趋势视图之间切换。新的趋势数据也可在趋势视图中直接定义查看。趋势图显示的行号与状态表的行号对应。

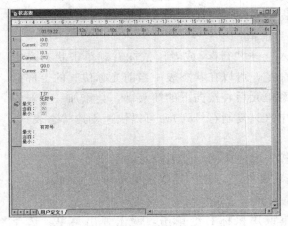

图 7-17　趋势图

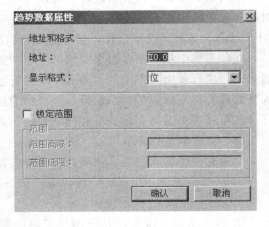

图 7-18　趋势图的属性设置

用鼠标右键单击趋势图，执行弹出菜单中的命令，可以在趋势图运行时删除被单击的变量、插入新的行和修改趋势图的时间基准（即时间轴的刻度）。可以用秒或分为单位设置趋势图的时间基准，其默认值为 0.25s。配置的时间基准会在趋势图上用 s（秒）或 m（分）显示，其显示位置为此图顶部附近的趋势窗口时间刻度内。如果更改趋势图的时间基准，整个图的数据都会被清除并用新的时间基准重新显示。执行弹出菜单中的"属性"命令，在弹出的对话框（见图 7-18）中，可以修改被单击的行变量的地址和显示格式，以及显示时的上限和下限。

单击工具栏中的"暂停趋势图"按钮，或执行菜单命令"调试"→"暂停趋势图"，可以"冻结"趋势图。实时趋势功能不支持历史趋势，即不会保留超出一个趋势窗口的时间跨度的趋势数据。

将光标放在分隔趋势行的横线上直至出现双箭头光标，按住鼠标左键，向上拖动以减少或向下拖动以增加高度行的高度。

### 7.3.3　用状态表强制改变数值

（1）强制的概念

在 RUN 模式且对控制过程影响较小的情况下，可以对程序中的某些变量强制性地赋值。

S7-200 允许对所有的 I/O 位以及模拟量 I/O（AI/AQ）强制赋值，还可强制改变最多 16 个 V 或 M 的数据，其变量类型可以是字节、字或双字。强制的数据永久性地存储在 CPU 的 EEPROM 中。

在读取输入阶段，强制值被当做输入读入；在程序执行阶段，强制数据用于立即读和立即写指令的 I/O 点；在通信处理阶段，强制值用于通信的读/写请求；在修改输出阶段，强制数据被当做输出写到输出电路。进入 STOP 状态时，输出将变为强制值，而不是系统块中设置的值。

（2）强制的操作方法

启动状态表的监控功能后，可以用"调试"菜单中的命令或工具栏中与调试相关的按钮执行下列操作：强制、取消强制、取消全部强制、读取全部强制、单次读取和全部写入。用鼠标右键单击状态表中的某个操作数，从弹出菜单中可以选择对该操作数强制或取消强制。

（3）在 STOP 模式下写入和强制输出

必须执行菜单命令"调试"→"STOP（停止）模式下写入—强制输出"，才能在 STOP 模式中启用该功能。打开 STEP 7-Micro/WIN 时，默认是不选中该菜单选项的，以防止在 PLC 处于 STOP 模式时写入或强制输出。

### 7.3.4　在 RUN 模式下编辑用户程序

在 RUN（运行）模式下执行程序编辑功能允许不必转换至 STOP（停止）模式即可对程序作出较小的改动，并将改动下载至 PLC，可进行这种操作的 PLC 有 CPU 224 和 CPU 226 两种。

在运行模式下，选择"调试"菜单中的"RUN（运行）模式下程序编辑"命令。运行模式下只能对主机中的程序进行编辑，当主机中的程序与编程软件中的程序不同时，系统会提示上载 PLC 中的程序。进入 RUN 模式编辑状态后，将会出现一个跟随鼠标移动的 PLC 图标。

再次执行菜单命令"调试"→"RUN（运行）模式下程序编辑"，将退出 RUN 模式编辑。

编辑前应退出程序状态监控，修改程序后，需要将改动下载到 PLC。下载之前一定要仔细考虑可能对设备或操作人员造成的各种影响。

激活 RUN 模式程序编辑功能后，梯形图程序中的跳变触点上面将会出现为 EU/ED 指令临时分配的编号，同时交叉引用表中的"边沿使用"选项卡列出程序中所有 EU/ED 指令的编号和性质表。P 或 N 分别表示 EU 或 ED，修改程序时可以参考该性质表，注意不要使用重复的 EU/ED 指令。

### 7.3.5　调试用户程序的其他方法

（1）使用书签

公用工具栏中的 4 个旗帜形状的按钮与书签有关，可以用它们来生成和清除书签，跳转到上一个或下一个书签所在的位置。

（2）单次扫描

从 STOP 模式进入 RUN 模式，首次扫描位（SM0.1）在第一次扫描时为 1 状态。由于执行速度太快，在程序运行状态很难观察到首次扫描刚结束时 PLC 的状态。

在 STOP 模式执行菜单命令"调试"→"首次扫描"，PLC 进入 RUN 模式，执行一次扫描后，自动回到 STOP 模式，可以观察到首次扫描后的状态。

（3）多次扫描

PLC 处于 STOP 模式时，执行菜单命令"调试"→"多次扫描"，在出现的对话框中指定执行程序扫描的次数（1～9999 次）。单击"确认"按钮，执行完指定的扫描次数后，自动回到 STOP 模式。

## 7.4　使用系统块设置 PLC 的参数

系统块配置又称为 CPU 组态，进行 STEP7-Micro/WIN 编程软件系统块配置有以下三种方法：

① 在"查看"菜单中，选择"组件"→"系统块"项。

② 在查看栏上单击"系统块"按钮。

③ 双击指令树内的"系统块"图标。

系统块配置的内容包括通信端口、断电数据保持、密码、输出表、输入滤波器、脉冲捕捉位、背景时间等。可以在系统块配置对话框中选择不同的选项卡实现上述配置。

### 7.4.1　断电数据保持的设置

（1）S7-200 保存数据的方法

S7-200CPU 中的数据存储区分为易失性的 RAM 存储区和不需要供电就可以永久保存数据的 EEPROM 存储区。前者的电源消失后，存储的数据将会丢失；后者的电源消失后，存储的数据不会丢失。CPU 在工作时，V、M、T、C、Q 等存储器的数据都保存在 RAM 中。

S7-200 用内置的 EEPROM 永久保存程序块、数据块、系统块、强制值、组态为断电保持的 V 存储器。用户也可以用编程软件来设置需要保持数据的存储器，以防止出现电源掉电时，可能丢失一些重要参数。

（2）设置 PLC 断电后的数据保存方式

单击指令树的"系统块"文件夹的"断电数据保存"图标，选择从通电到断电时希望保存的内存区域。

当电源掉电时，在 V、M、C 和 T 存储器中，最多可定义 6 个保持的存储区。对于定时器，只能保持记忆接通延时定时器（TONR），而且只有定时器和计数器的当前值可定义为保持，定时器位和计数器位是不能保持的，每次上电时定时器位和计数器位均被清除。对于 M 存储器的前 14B（MB0～MB13）的默认设置是非保持，如果被设置为保持，在 CPU 模块失去电源时将被永久地保存在 EEPROM 中。

"断电数据保持设置"对话框如图 7-19 所示。

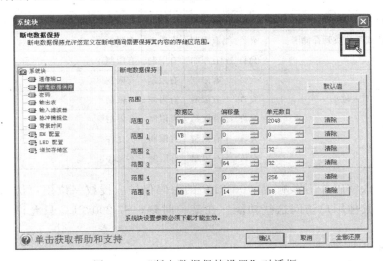

图 7-19　"断电数据保持设置"对话框

（3）开机后数据的恢复

上电后，CPU 自动检查 RAM 存储区，检查超级电容或电池是否已成功地保持存储在 RAM 中的数据。如果 RAM 数据被成功保持，RAM 存储区的保持区保持不变。永久 V 存储器（在 EEPROM 中）的相应区域被复制至 CPU RAM 中的非保持区。用户程序和 CPU 配置也从 EEPROM 恢复。CPU RAM 的所有其他非保持区均被设为 0。

上电后，如果未保存住 RAM 的内容（如长时间断电后），CPU 会清除 RAM（包括保持和非保持范围），并为上电后的首次扫描设置保持数据丢失存储区位（SM0.2）为 1，然后用户程序和 CPU 配置从 EEPROM（E2）复制到 CPU RAM。此外，EEPROM 中的 V 存储器永久区域和 M 存储器永久区域（如果被定义为保持）从 EEPROM 复制至 CPU RAM。CPU RAM 的所有其他区域均被设为 0。

### 7.4.2　创建 CPU 密码

（1）密码的级别

CPU 的密码保护的作用是授权访问功能和存储区。如果没有设置密码，S7-200 PLC 提供不受限制的访问。受密码保护时，S7-200 PLC 根据授权级别来提供操作功能限制。

所有 21x 和 22xCPU 均支持密码级别 1、2、3，只有硬件版本 2.0.1 以后的 22x CPU 能支持密码级别 4。S7-200 PLC 的默认密码级别是级别 1（不受限制的访问）。表 7-4 列出了不同授权级别允许的不同访问功能。

表 7-4  S7-200 PLC 的存取限制

| 操作说明 | 级别 1 | 级别 2 | 级别 3 | 级别 4 |
|---|---|---|---|---|
| 读取和写入控制器数据 | 允许 | 允许 | 允许 | 允许 |
| 开始、停止和启动控制器执行的复原 | 允许 | 允许 | 允许 | 允许 |
| 读取和写入实时时钟 | 允许 | 允许 | 允许 | 允许 |
| 上载程序块、数据块或系统块 | 允许 | 允许 | 有限制 | 不允许 |
| 下载程序块、数据块或系统块 | 允许 | 有限制 | 有限制 | 有限制（不能下载系统块） |
| 运行时间编辑 | 允许 | 有限制 | 有限制 | 不允许 |
| 删除程序块、数据块或系统块 | 允许 | 有限制 | 有限制 | 有限制（可以删除所有块，但不能只删除系统块） |
| 复制程序块、数据块或系统块到存储卡 | 允许 | 有限制 | 有限制 | 有限制 |
| 状态表内数据的强制 | 允许 | 有限制 | 有限制 | 有限制 |
| 单次或多次扫描功能 | 允许 | 有限制 | 有限制 | 有限制 |
| 在 STOP（停止）模式写入输出 | 允许 | 有限制 | 有限制 | 有限制 |
| 扫描速率复原 | 允许 | 有限制 | 有限制 | 有限制 |
| 执行状态监控 | 允许 | 有限制 | 有限制 | 不允许 |
| 项目比较 | 允许 | 有限制 | 有限制 | 不允许 |

在网络中输入密码并不影响 S7-200 PLC 的密码保护。授权一位用户访问受限制的功能并不意味着授权其他用户访问这些功能。在某一时刻，S7-200 PLC 只允许一位用户执行无限制访问。

（2）密码的设置

选择授权级别，输入密码后，将所做的修改下载到 CPU，就完成了密码的设置。密码不区分大小写字母，如图 7-20 所示。

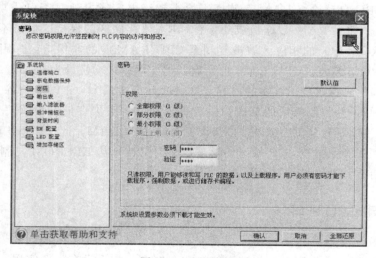

图 7-20  密码设置

（3）忘记密码的处理

如果忘记 PLC 密码，就必须清除 PLC 存储区，重新载入程序。清除 PLC 存储区使 PLC 进入 STOP（停止）模式，并将 PLC 复原为工厂设置的默认值，但 PLC 地址、波特率和实时时钟除外。

清除 PLC 中的程序可按下列步骤进行：

① 选择"PLC"→"清除"菜单命令，显示"清除"对话框。

② 选择所有的复选框，并单击"确认"按钮核实采取的措施。

③ 如果密码已被设置，STEP 7-Micro/WIN 会显示一个"密码验证"对话框。欲清除密码，在"密码验证"对话框中输入"CLEARPLC"，继续执行"全部清除"操作（CLEAR PLC 密码不区分大小写字母）。

"全部清除"操作不会从存储卡中拆卸程序。存储卡存储了密码和程序，只有重新对存储卡进行编程后，才能拆卸丢失的密码。

### 7.4.3　输出表与输入滤波器的设置

（1）输出表的设置

在系统块窗口中选择"输出表"，可以设置从 RUN 模式变为 STOP 模式后各输出点的状态。数字量输出表设置如图 7-21 所示。

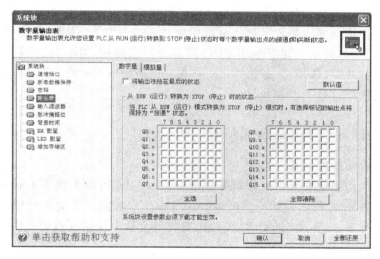

图 7-21　数字量输出表设置

① 数字量输出表的设置　在"数字量"选项卡中，选中"将输出冻结在最后的状态"选项，就可在 PLC 进行 RUN-to-STOP（运行至停止）转换时，将所有数字量输出冻结在其最后的状态。若未选中"冻结"模式，从 RUN-to-STOP（运行至停止）转换后，各输出点的状态用输出表来设置。希望进入 STOP 模式之后某一输出位为 1（ON），则单击该位，使之显示"√"，输出表的默认值是未选"冻结"模式，且从 RUN 模式变为 STOP 模式时，所有输出点的状态被置为 0（OFF）。

② 模拟量输出表的设置　"模拟量"选项卡中的"将输出冻结在最后的状态"选项的意义与数字量输出的相同。如未选中"冻结"模式，允许在 RUN-to-STOP（运行至停止）转换时将模拟量输出设置为某已知数值（-32768～32767）。

（2）输入滤波器的设置

输入滤波器用来滤除输入线上的干扰噪声，如触点闭合或断开时产生的抖动，以及模拟量输入信号中的脉冲干扰信号。在系统块窗口中单击"输入滤波器"图标，可以设置输入滤波器的参数。

① 数字量输入滤波器的设置　S7-200允许为某些或全部局部数字量输入点选择一个定义时延（如CPU 22x型可为0.2～12.8ms）的输入滤波器。从列表框中所需的输入旁选择时延（每个选项为四个输入设置时延）。输入状态改变时，输入必须在时延期限内保持在新状态，才能被认为有效，该延迟帮助过滤输入线上可能对输入状态造成不良改动的噪声。默认滤波器时间为6.4ms。

② 模拟量输入滤波器的设置（适用机型：CPU 222、CPU 224、CPU 226）　如果输入的模拟量信号是缓慢变化的信号，可以对不同的模拟量输入采用软件滤波器，进行模拟量的数字滤波设置。过滤后的值是预选采样次数的各次模拟量输入的平均值。滤波器的设置值（采样次数与死区）对所有被选择为有滤波功能的模拟量输入均是一样的。

其中三个参数需要设置：选择需要进行数字滤波的模拟量输入地址、设置采样次数和设置死区值。系统默认参数为：选择全部模拟量输入（AIW0～AIW62共32点）、采样次数为64、死区值为320。取消"√"可以关闭某些模拟输入量的滤波功能。对于没有选择输入滤波的通道，当程序访问模拟量输入时，直接从扩展模块读取模拟量值。

不应对通过模拟量字传递数字量信息或报警指示的模块使用模拟量过滤。AS-i主站模块、热电偶模块和RTD模块要求禁止CPU模拟量输入滤波功能。模拟量输入滤波的默认系统块设置为"打开"（选择）。必须禁止所有相关模拟量输入过滤（取消选择）并下载修改的系统块，才能操作这些I/O模块。

### 7.4.4　脉冲捕捉功能与后台通信时间的设置

（1）脉冲捕捉功能的设置

因为在每一个扫描周期开始时读取数字量输入，CPU可能发现不了脉冲宽度小于扫描周期的脉冲，如图7-22所示，脉冲捕捉（Pulse Catch）功能用来捕捉持续时间很短的高电平脉冲或低电平脉冲。S7-200的CPU模块内置的每个数字量输入点均可以设置为有脉冲捕捉功能。

可以设置各数字量输入点是否有脉冲捕捉功能，默认的设置为禁止所有的输入点捕捉脉冲。某一输入点启动了脉冲捕捉功能后，实际输入状态的变化被锁存并保存到下一次输入刷新（见图7-22）。脉冲捕捉功能在输入滤波器之后（见图7-23），使用脉冲捕捉功能时，必须同时调节输入滤波时间，使窄脉冲不会被输入滤波器过滤掉。

一个扫描周期内如果有多个输入脉冲，只能检测出第一个脉冲。如果希望在一个扫描周期内检测出多个脉冲，应使用上升沿/下降沿中断事件。

（2）后台通信时间的设置

在系统块中单击"背景时间"选项卡，可以设置在RUN模式下与编辑或执行状态有关的通信请求的时间与扫描周期的百分比，默认为10%，最大值为50%。增大该百分比将增大扫描周期，使控制过程变慢。

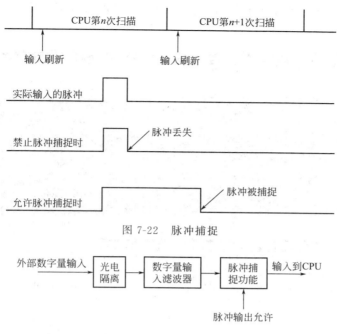

图 7-22　脉冲捕捉

图 7-23　数字量输入电路

# 7.5　S7-200 PLC 仿真软件的使用

在学习了 STEP7-Micro/WIN 之后，最重要的是能够对自己所编写的程序进行硬件联机调试，但许多读者缺乏实验条件，无法检验所编写的程序是否正确、是否满足控制要求。PLC 仿真软件是解决这一问题的理想工具。S7-300/400 PLC 有官方提供的仿真软件 PLCSIM，没有提供 S7-200 系列的仿真软件。但是，网上流行一种 S7-200 Sim 的免费绿色仿真软件，并且部分功能已经汉化，本节介绍其使用方法。

（1）打开 STEP 7-Micro/WIN

新建一个项目，按需要选择 CPU 型号，删除默认的 SBR_0（子程序）和 INT_0（中断服务程序），因为该版本还不支持子程序和中断程序，如果保留它们，也不影响仿真，只是载入仿真器后会多出许多注释。

（2）输入程序，正确编译

输入或导入一个编译正确的程序。

（3）导出程序块 OB1

在 STEP 7-Micro/WIN 中，将当前窗口设置在程序编辑窗口，执行菜单命令"文件"→"导出"，在弹出的窗口中输入一个文件名并选择保存的位置，将程序导出为.awl 文件。

（4）导出程序块 DB1

在 STEP7-Micro/WIN 中，将当前窗口设置为数据块窗口，执行菜单命令"文件"→"导出"，在弹出的窗口中输入一个文件名并选择保存的位置，将数据导出为.txt 文本文件。

（5）运行仿真器

运行仿真软件，在启动界面上单击鼠标左键后，出现密码框，按提示输入6596。仿真软件运行画面如图7-24所示。

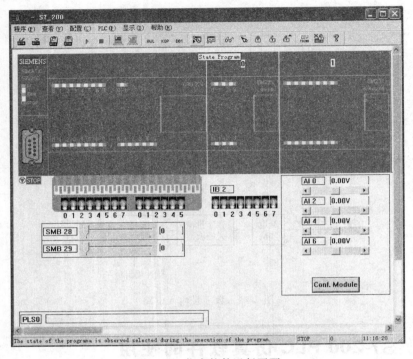

图7-24　仿真软件运行画面

（6）选择CPU

在仿真窗口中的CPU图标上双击或执行菜单命令"配置"→"CPU型号"，选择CPU型号，单击"Accept"按钮确定。

（7）配置扩展模块

根据需要对扩展模块进行配置，双击CPU右边空白框，在弹出的窗口中选择所需要的I/O扩展模块，单击"确定"按钮。如果想卸载扩展模块，则只能先卸载后面的扩展模块。

（8）载入程序和数据块

单击工具栏第二个图标或执行菜单命令"程序"→"装载程序"，打开"载入"对话框，一般选择下载全部块，单击"确定"按钮，在出现的"打开"对话框中选择要下载的.awl文件，单击"打开"命令开始下载。下载成功后，CPU模块中会出现下载程序的名称和程序代码文本框，关闭该文本框不影响仿真。

（9）开始仿真

单击工具栏上的绿三角按钮或执行菜单命令"PLC"→"运行"，将PLC切换到运行状态。用鼠标单击CPU模块下面的开关板上的小开关，可以使小开关手柄向上闭合，对应的输入点LED变绿，如果想断开开关，再次单击小开关即可。这与用实验箱做实验相同，通过观察输出点的变化，可以了解程序执行的结果，如图7-24所示。

执行菜单命令"查看"→"内存监视"，打开状态表，输入要监视的内存地址、格式，单击"开始"按钮即可监控V、M、T、C等内部变量的值，如图7-25所示。需要注意的是，数据格式一定要选择正确，否则得不到正确的显示。

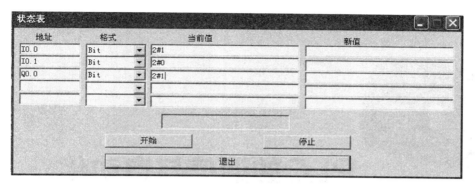

图 7-25 "变量监控"对话框

 **思考与练习**

7-1 使用 PC/PPI 电缆需要做哪些设置?

7-2 如何获得在线帮助?

7-3 状态表监控和程序状态监控这两种功能有什么区别?

7-4 怎样长期保存某些 V 存储器中的数据?

7-5 怎样设置密码?如何取消?

7-6 如何建立项目?

# 第8章 PLC的通信与自动化通信网络

Chapter 08 ▶▶

▶▶

## 8.1 计算机通信概述

### 8.1.1 串行通信

现在各式各样的可编程设备（例如工业控制计算机、PLC、DCS、机器人、数控机床等）已经被广泛使用。将不同厂家生产的这些设备连在一个网络中，相互之间进行数据通信，实现分散控制和集中管理，是计算机控制系统发展的大趋势，因此有必要了解有关工厂自动化通信网络和PLC通信方面的知识。

（1）并行通信与串行通信

并行通信是以字节或字为单位的数据传输方式，其传输线的根数多，现在已很少使用。

串行数据通信是以二进制的位（bit）为单位的数据传输方式，每次只传送一位。串行通信最少只需要两根线就可以连接多台设备，组成控制网络，可用于距离较远的场合。计算机和PLC都有通用的串行通信端口，例如RS-232C或RS-485端口，工业控制设备与计算机之间的通信几乎都采用串行通信方式。

（2）异步通信与同步通信

在串行通信中，接收方和发送方应使用相同的传输速率。接收方和发送方的标称传输速率虽然相同，它们的实际发送速率和接收速率之间总是有一些微小的差别。如果不采取措施，在连续传送大量的数据时，将会因积累误差造成发送和接收的数据错位，使接收方收到错误的信息。为了解决这一问题，需要使发送过程和接收过程同步。按同步方式的不同，串行通信分为异步通信和同步通信。

异步通信采用字符同步方式，其字符信息格式如图8-1所示，发送的字符由一个起始位、7个或8个数据位、1个奇偶校验位（可以没有）、1个或2个停止位组成。通信双方需要对采用的信息格式和数据的传输速率作相同的约定。接收方检测到停止位和起始位之间的下

图8-1　异步通信的字符信息格式

降沿后，将它作为接收的起始点，在每一位的中点接收信息。由于一个字符信息格式仅有十几位，即使发送方和接收方的收发频率略有不同，也不会因为两台设备之间的时钟周期差异产生的积累误差而导致信息的发送和接收错位。

奇偶校验用来检测接收到的数据是否出错。例如 PPI 通信协议采用偶校验，用硬件保证发送方发送的每一个字符的数据位和奇偶校验位中"1"的个数为偶数。如果数据位包含偶数个"1"，奇偶校验位将为 0；如果数据位包含奇数个"1"，奇偶校验位将为 1。这样可以保证数据位和奇偶校验位中"1"的个数为偶数。

接收方对接收到的每一个字符的奇偶性进行校验，如果奇偶校验出错，SM3.0 为 ON。如果选择不进行奇偶校验，传输时没有校验位，不进行奇偶校验。

同步通信以字节为单位（一个字节由 8 位二进制数组成），每次传送 1～2 个同步字符、若干个数据字节和校验字符。同步字符起联络作用，用它来通知接收方开始接收数据。在同步通信中，发送方和接收方应使用同一个时钟脉冲。可以通过调制解调方式在数据流中提取出同步信号，使接收方得到与发送方同步的接收时钟信号。

（3）单工通信与双工通信

单工通信方式只能沿单一方向传输数据，双工通信方式可以沿两个方向传送数据，每一个站既可以发送数据，也可以接收数据。双工方式又分为全双工方式和半双工方式。全双工方式数据的发送和接收分别用两组不同的数据线传送，通信的双方都能在同一时刻接收和发送数据（见图 8-2 和图 8-7）。

半双工方式用同一组线接收和发送数据，通信的双方在同一时刻只能发送数据或只能接收数据（见图 8-3）。通信方向的切换过程需要一定的延迟时间。

图 8-2　全双工方式　　　　　　　　　图 8-3　半双工方式

（4）传输速率

在串行通信中，传输速率（又称波特率）的单位为波特，即每秒传送的二进制位数，其符号为 bit/s 或 bps。常用的标准波特率为 300～38400bit/s 等。不同的串行通信网络的传输速率差别极大，有的只有数百比特每秒，高速串行通信网络的传输速率可达 1Gbit/s。

## 8.1.2　串行通信的端口标准

（1）RS-232C

RS-232C 是美国 EIC（电子工业联合会）在 1969 年公布的通信协议，现在已基本上被 USB 取代。工业控制中 RS-232C 一般使用 9 针连接器。RS-232C 采用负逻辑，用－15～＋5V 表示逻辑"1"状态，用＋5～＋15V 表示逻辑"0"状态，最大通信距离为 15m，最高传输速率为 20kbit/s，只能进行一对一的通信。通信距离较近时，通信双方可以直接连接，最简单的情况是不需要控制联络信号，只需要发送线、接收线和信号地线（见图 8-4），便可以实现全双工通信。

RS-232C 使用单端驱动、单端接收电路（见图 8-5），是

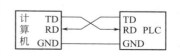

图 8-4　RS-232 的信号线连接

一种共地的传输方式，容易受到公共地线上的电位差和外部引入的干扰信号的影响。

（2）RS-422A

RS-422A采用平衡驱动、差分接收电路（见图8-6），利用两根导线之间的电位差传输信号。这两根导线称为A线（TXD/RXD-）和B线（TXD/RXD+）。当B线的电压比A线高时，一般认为传输的是数字"1"；反之认为传输的是数字"0"。能够有效工作的差动电压范围十分宽广，从零点几伏到接近10V。

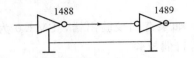

图8-5　单端驱动单端接收

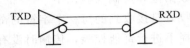

图8-6　平衡驱动差分接收

平衡驱动器相当于两个单端驱动器，其输入信号相同，两个输出信号互为反相信号，图中的小圆圈表示反相。两根导线相对于通信对象信号地的电位差称为共模电压，外部输入的干扰信号主要以共模方式出现。两根传输线上的共模干扰信号相同，因为接收器是差分输入，两根线上的共模干扰信号互相抵消。只要接收器有足够的抗共模干扰能力，就能从干扰信号中识别出驱动器输出的有用信号，从而克服外部干扰的影响。与RS-232C相比，RS-422A的通信速率和传输距离有了很大的提高。在最大传输速率（10Mbit/s）时，允许的最大通信距离为12m。传输速率为100kbit/s时，最大通信距离为1200m，一台驱动器可以连接10台接收器。RS-422A是全双工，用4根导线传送数据（见图8-7），两对平衡差分信号线分别用于发送和接收。

（3）RS-485

RS-485是RS-422A的变形，RS-485为半双工，只有一对平衡差分信号线，不能同时发送和接收信号。使用RS-485通信端口和双绞线可以组成串行通信网络（见图8-8），构成分布式系统。

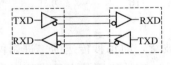

图8-7　RS-422A通信接线图

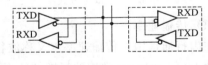

图8-8　RS-485网络

## 8.2　计算机通信的国际标准

### 8.2.1　开放系统互连模型

如果没有计算机网络通信标准，就不可能实现不同厂家生产的智能设备之间的通信。国际标准化组织ISO提出了开放系统互连模型OSI，作为通信网络国际标准化的参考模型，它详细描述了软件功能的7个层次（见图8-9）。

7层模型分为两类，一类是面向用户的第5～7层，另一类是面向网络的第1～4层。前者给用户提供适当的方式去访问网络系统，后者描述数据怎样从一个地方传输到另一个地方。发送方发送给接收方的数据，实际上是经过发送方各层从上到下传递到物理层，通过物理媒体（媒体又称为介质）传输到接收方后，再经过从下到上各层的传递，最后到达接收方的应用程序。发送方的每一层协议都要在数据报文前增加一个报文头，报文头包含完成数据传输所需的控制信息，控制信息只能被接收方的同一层识别和使用。接收方的每一层只阅读本层的报文头的控制信息，并进行相应的协议操作，然后删除本层的报文头，最后得到发送方发送的数据。下面介绍各层的功能：

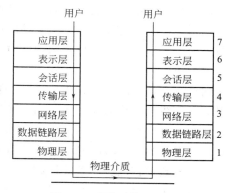

图 8-9  开放系统互连模型

① 物理层的下面是物理媒体，例如双绞线、同轴电缆和光纤等。物理层为用户提供建立、保持和断开物理连接的功能，定义了传输媒体端口的机械、电气的功能和规程的特性。RS-232C、RS-422A 和 RS-485 等就是物理层标准的例子。

② 数据链路层的数据以帧（Frame）为单位传送，每一帧包含一定数量的数据和必要的控制信息，例如同步信息、地址信息和流量控制信息。通过校验、确认和要求重发等方法实现差错控制。数据链路层负责在两个相邻节点间的链路上，实现差错控制、数据成帧和同步控制等。

③ 网络层的主要功能是报文包的分段、报文包阻塞的处理和通信子网中路径的选择。

④ 传输层的信息传送单位是报文（Message），它的主要功能是流量控制、差错控制、连接支持，传输层向上一层提供一个可靠的端到端（end-to-end）的数据传送服务。

⑤ 会话层的功能是支持通信管理和实现最终用户应用进程之间的同步，按正确的顺序收发数据，进行各种对话。

⑥ 表示层用于应用层信息内容的形式变换，例如数据加密/解密、信息压缩/解压和数据兼容，把应用层提供的信息变成能够共同理解的形式。

⑦ 应用层作为 OSI 的最高层，为用户的应用服务提供信息交换，为应用接口提供操作标准。不是所有的通信协议都需要 OSI 模型中的全部 7 层，有的现场总线通信协议只有 7 层协议中的第 1、2 和 7 层。

### 8.2.2  IEEE 802 通信标准

IEEE（国际电工与电子工程师学会）的 802 委员会于 1982 年颁布了一系列计算机局域网分层通信协议标准草案，总称为 IEEE 802 标准。它把 OSI 参考模型的底部两层分解为逻辑链路控制层（LLC）、媒体访问控制层（MAC）和物理传输层。前两层对应于 OSI 参考模型中的数据链路层，数据链路层是一条链路（Link）两端的两台设备进行通信时必须共同遵守的规则和约定。

媒体访问控制层对应于三种当时已建立的标准，即带冲突检测的载波侦听多路访问（CSMA/CD）通信协议、令牌总线（Token Bus）和令牌环（Token Ring）。

（1）CSMA/CD

CSMA/CD 通信协议的基础是 Xerox 等公司研制的以太网（Ethernet），早期的 IEEE 802.3 标准规定的波特率为 10Mbit/s，后来发布 100Mbit/s 的快速以太网 IEEE 802.3u，1000Mbit/s 的千兆以太网 IEEE 802.3z，以及 10000Mbit/s 的 IEEE 802ae。

CSMA/CD 各站共享一条广播式的传输总线，每个站都是平等的，采用竞争方式发送信息到传输线上，也就是说，任何一个站都可以随时发送广播报文，并被其他各站接收。当某个站识别到报文上的接收站名与本站的站名相同时，便将报文接收下来。由于没有专门的控制站，因此两个或多个站可能因为同时发送报文而产生冲突，造成报文作废。

为了防止冲突，发送站在发送报文之前，先监听一下总线是否空闲，如果空闲，则发送报文到总线上，称之为"先听后讲"。但是这样做仍然有产生冲突的可能，因为从组织报文到报文在总线上传输需要一段时间，在这段时间内，另一个站通过监听也可能会认为总线空闲，并发送报文到总线上，这样就会因为两个站同时发送而产生冲突。为了解决这一问题，在发送报文开始的一段时间，继续监听总线，采用边发送边接收的办法，把接收到的数据和本站发送的数据相比较，若相同则继续发送，称为"边听边讲"；若不相同则说明发生了冲突，立即停止发送报文，并发送一段简短的冲突标志（阻塞码序列），来通知总线上的其他站点。为了避免产生冲突的站同时重发它们的帧，采用专门的算法来计算重发的延迟时间。通常把这种"先听后讲"和"边听边讲"相结合的方法称为 CSMA/CD（带冲突检测的载波侦听多路访问技术），其控制策略是竞争发送、广播式传送、载体监听、冲突检测、冲突后退和再试发送。以太网首先在个人计算机网络系统，例如办公自动化系统和管理信息系统（MIS）中得到了极为广泛的应用。在以太网发展的初期，通信速率较低。如果网络中的设备较多，信息交换比较频繁，可能会经常出现竞争和冲突，影响信息传输的实时性。随着以太网传输速率的提高（100～1000Mbit/s）和采用了相应的措施，这一问题已经解决，以太网在工业控制中得到了广泛的应用，大型工业控制系统最上层的网络几乎全部采用以太网，以太网也越来越多地在底层网络使用。使用以太网很容易实现管理网络和控制网络的一体化。

以太网仅仅是一个通信平台，它包括 ISO 开放系统互联模型的 7 层模型中的底部两层，即物理层和数据链路层。即使增加上面两层的 TCP 和 IP，也不是可以互操作的通信协议。

（2）令牌总线

IEEE 802 标准中的工厂媒体访问技术是令牌总线，其编号为 802.4。它吸收了通用汽车公司支持的 MAP（Manufacturing Automation Protocol，制造自动化协议）系统的内容。在令牌总线中，媒体访问控制是通过传递一种称为令牌的控制帧来实现的。按照逻辑顺序，令牌从一个装置传递到另一个装置，传递到最后一个装置后，再传递给第一个装置，如此周而复始，形成一个逻辑环。令牌有"空"和"忙"两个状态，令牌网开始运行时，由指定的站产生一个空令牌沿逻辑环传送。任何一个要发送报文的站都要等到令牌传给自己，判断为空令牌时才能发送报文。发送站首先把令牌置为"忙"，并写入要传送的报文、发送站名和接收站名，然后将载有报文的令牌送入环网传送。令牌沿环网循环一周后返回发送站时，如果报文已被接收站复制，发送站将令牌置为"空"，送上环网继续传送，以供其他站使用。如果在传送过程中令牌丢失，则由监控站向网内注入一个新的令牌。

令牌传递式总线能在很重的负荷下提供实时同步操作，传输效率高，适于频繁、少量的数据传送，因此它最适合于需要进行实时通信的工业控制网络系统。

（3）令牌环

令牌环媒体访问方案是 IBM 公司开发的，它在 IEEE 802 标准中的编号为 802.5，有些类似于令牌总线。在令牌环上，最多只能有一个令牌绕环运动，不允许两个站同时发送数据。令牌环从本质上看是一种集中控制式的环，环上必须有一个中心控制站负责网络的工作状态的检测和管理。

（4）主从通信方式

主从通信方式是 PLC 常用的一种通信方式，它并不属于什么标准。主从通信网络只有一个主站，其他的站都是从站。在主从通信中，主站是主动的，主站首先向某个从站发送请求帧（轮询报文），该从站接收到后才能向主站返回响应帧。主站按事先设置好的轮询表的排列顺序对从站进行周期性的查询，并分配总线的使用权。每个从站在轮询表中至少要出现一次，对实时性要求较高的从站可以在轮询表中出现几次。

### 8.2.3 现场总线及其国际标准

（1）现场总线

IEC（国际电工委员会）对现场总线（Fieldbus）的定义是"安装在制造和过程区域的现场装置与控制室内的自动控制装置之间的数字式、串行、多点通信的数据总线"。它是当代工业自动化的热点之一。现场总线以开放的、独立的、全数字化的双向多变量通信取代 4~20mA 现场模拟量信号。现场总线 I/O 集检测、数据处理、通信为一体，可以代替变送器、调节器、记录仪等模拟仪表。它不需要框架、机柜，可以直接安装在现场导轨槽上。现场总线 I/O 的接线极为简单，只需一根电缆，从主机开始，沿数据链从一个现场总线 I/O 连接到下一个现场总线 I/O。使用现场总线后，可以节约配线、安装、调试和维护等方面的费用，现场总线 I/O 与 PLC 可以组成高性能价格比的 DCS（集散控制系统）。

使用现场总线后，操作员可以在中央控制室实现远程监控，对现场设备进行参数调整，还可以通过现场设备的自诊断功能诊断故障。

（2）现场总线的国际标准

① IEC 61158　由于历史的原因，现在有多种现场总线标准并存，IEC 的现场总线国际标准（IEC 61158）在 1999 年年底获得通过，经过多方的争执和妥协，最后容纳了 8 种互不兼容的协议（类型 1~类型 8），2000 年又补充了两种类型。

为了满足实时性应用的需要，各大公司和标准化组织纷纷提出了各种提升工业以太网实时性的解决方案，从而产生了实时以太网（Real Time Ethernet，RTE）。2007 年 7 月出版的 IEC 61158 第 4 版采纳了经过市场考验的 20 种现场总线（见表 8-1）。

表 8-1　IEC 61158 第 4 版的现场总线类型

| 类型 | 技术名称 | 类型 | 技术名称 |
|---|---|---|---|
| 类型 1 | TS6118 现场总线、原 IEC 技术报告 | 类型 11 | TCnet 实时以太网 |
| 类型 2 | CIP 现场总线（美国 Rockwell 公司支持） | 类型 12 | EtherCAT 实时以太网 |
| 类型 3 | PROFIBUS 现场总线（德国西门子公司支持） | 类型 13 | EthernetPowerlink 实时以太网 |
| 类型 4 | P-Net 现场总线（丹麦 ProcessData 公司支持） | 类型 14 | EPA 实时以太网 |
| 类型 5 | FFHSE 高速以太网（美国 Rosemount 公司支持） | 类型 15 | ModbusRTPS 实时以太网 |
| 类型 6 | SwiftNet（美国波音公司支持，已被撤销） | 类型 16 | SERCOS Ⅰ、Ⅱ 现场总线 |
| 类型 7 | WorldFIP 现场总线（法国 Alstom 公司支持） | 类型 17 | VENT/IP 实时以太网 |
| 类型 8 | Interbus 现场总线（德国 Phoeniscontact 公司支持） | 类型 18 | CC-Link 现场总线 |
| 类型 9 | FFHI 现场总线（美国 Rosemount 公司支持） | 类型 19 | SERCOSⅢ 实时以太网 |
| 类型 10 | PROFINET 实时以太网（德国西门子公司支持） | 类型 20 | HART 现场总线 |

其中的类型 1 是原 IEC 61158 第 1 版技术规范的内容，类型 2CIP（Common Industry Protocol，通用工业协议）包括 DeviceNet、ControlNet 和实时以太网 Ethernet/IP。

EPA（Ethernet for Plant Automation，用于工厂自动化的以太网）是我国拥有自主知识产权的实时以太网通信标准，已被列入现场总线国际标准 IEC 61158 第 4 版的类型 14。

② IEC 62026  IEC 62026 是供低压开关设备与控制设备使用的控制器电气接口标准，于 2000 年 6 月通过。它包括：

IEC 62026-1：一般要求。

IEC 62026-2：执行器传感器接口（Actuator Sensor Interface，AS-i），德国西门子公司支持。

IEC 62026-3：设备网络（Device Network，DN），美国 Rockwell 公司支持。

IEC 62026-4：Lonworks（Local Operating Networks）总线的通信协议 LonTalk，已取消。

IEC 62026-5：智能分布式系统 SDS，美国 Honeywell 公司支持。

IEC 62026-6：串行多路控制总线 SMCB，美国 Honeywell 公司支持。

## 8.3  西门子的工业自动化通信网络

PLC 的通信包括 PLC 之间、PLC 与上位计算机之间，以及 PLC 与其他智能设备之间的通信。西门子的 PLC 可以通过集成的通信端口或通过通信处理器，与计算机和其他智能设备通信，它们可以组成网络，构成集中管理的分布式控制系统。

（1）工业以太网

西门子工业自动化通信网络的顶层为工业以太网（见图 8-10），它是基于国际标准 IEEE 802.3 的开放式网络。以太网可以实现管理-控制网络的一体化，通过广域网（例如 ISDN 或 Internet），可以实现全球性的远程通信。以太网的网络规模可达 1024 站，距离可达 1.5km（电气网络）或 200km（光纤网络）。S7-200 通过以太网模块 CP 243-1 或互联网模块 CP-243-1IT 接入以太网。

西门子的 PROFINET 是基于工业以太网的现场总线国际标准，它的实时通信功能的响应时间约为 10ms。其同步实时功能用于高性能的同步运动控制，响应时间小于 1ms。

（2）PROFIBUS

西门子通信网络的中间层为工业现场总线 PROFIBUS，它已被纳入现场总线的国际标准 IEC 61158。它用于车间级和现场级，传输速率最高 12Mbit/s，响应时间的典型值为 1ms，使用屏蔽双绞线电缆（最长 9.6km）或光缆（最长 90km），最多可以接 127 个从站。

PROFIBUS 提供了下列 3 种通信协议：

① PROFIBUS-DP（分布式外部设备）：特别适合于 PLC 与现场级分布式 I/O 设备之间的通信。S7-200 通过 PROFIBUS-DP 从站模块 EM277 连接到 PROFIBUS-DP 网络。

② PROFIBUS-PA（过程自动化）：可以用于防爆区域的现场传感器和执行器的低速数据传输。PROFIIBUS-PA 使用屏蔽双绞线电缆，由总线提供电源。

③ PROFIBUS-FMS（现场总线报文规范）：已基本上被以太网取代，现在很少使用。

（3）AS-i 网络

西门子通信网络的底层包括 AS-i 和 KNX，后者是楼宇系统技术的通用总线。

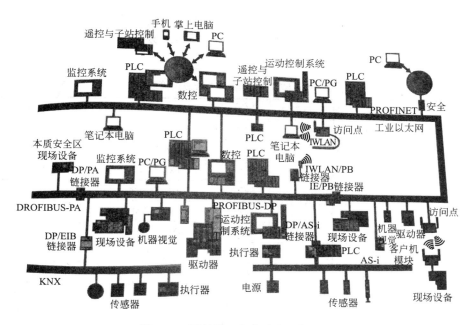

图 8-10　西门子工业自动化通信网络

AS-i 是执行器-传感器接口（Actuator Sensor Interface）的简称，是传感器和执行器通信的国际标准（IEC 62026-2），响应时间小于 5ms，使用屏蔽的或非屏蔽的双绞线，由总线提供电源。AS-i 属于主从式网络，每个网段只有一个主站。AS-i 所有分支电路的最大总长度为 100m，可以用中继器延长，最长通信距离为 300m。西门子提供多种多样的 AS-i 产品。CP 243-2 是 S7-200 的 AS-i 主站通信处理器，最多可以连接 62 个 AS-i 从站。S7-200 可以接两个 CP 243-2，每个 CP 243-2 的 AS-i 网络最多 248 点数字量输入和 186 点数字量输出。

可以用 STEP 7-Micro/WIN 中的"AS-i 向导"对 AS-i 网络组态。

## 8.4　S7-200 的通信功能与串行通信网络

### 8.4.1　S7-200 的网络通信协议

S7-200 支持多种通信协议（见表 8-2）。点对点接口（PPI）、多点接口（MPI）和 PRO-FIBUS 协议的物理层均为 RS-485，通过一个令牌环网来实现通信。它们都是基于字符的异步通信协议，带有起始位、8 位数据位、一个偶校验位和一个停止位。通信帧由起始字符、结束字符、源和目的站地址、帧长度和数据完整性校验和组成。如果波特率相同，3 个协议可以在一个 RS-485 网络中同时运行，不会相互干扰。一个网络中有 127 个地址（0～126），最多可以有 32 个主站，网络中各设备的地址不能重叠。运行 STEP 7-Micro/WIN 的计算机、HMI（人机界面）和 PLC 默认的地址分别为 0、1 和 2。

CPU 244XP 和 CPU 226 有两个 RS-485 端口，分别称为端口 0 和端口 1，它们可以在不同的模式和通信速率下工作。其他 CPU 只有一个通信端口（端口 0）。

这些协议定义了主站和从站，网络中的主站向网络中的从站发出请求，从站只能对主站发出的请求作出响应，自己不能发出请求。主站也可以对网络中的其他主站的请求作出响应，从站不能访问其他从站。安装了 STEP 7-Micro/WIN 的计算机和 HMI（人机界面）是主站，与 S7-200 通信的 S7-300/400 一般也作为主站。在多数情况下，S7-200 在通信中作为从站。

表 8-2　S7-200 支持的通信协议简表

| 协议类型 | 端口位置 | 接口类型 | 传输介质 | 通信速率/(bit/s) | 备注 |
|---|---|---|---|---|---|
| PPI | EM241 模块 | RJ11 | 模拟电话线 | 33.6k | |
| | CPU 口 0/1 | DB-9 针 | RS-485 | 9.6k,19.2k,187.5k | 主、从站 |
| MPI | | | | 19.2k,187.5k | 仅作从站 |
| | EM277 | DB-9 针 | RS-485 | 19.2k～12M | 通信速率自适应仅作从站 |
| PROFIBUS-DP | | | | 9.6k～12M | |
| S7 | CP 243-1/CP234-1IT | RJ45 | 以太网 | 10M 或 100M | 通信速率自适应 |
| AS-i | CP 243-2 | 接线端子 | AS-i 网络 | 循环周期 5/10ms | 主站 |
| USS | CPU 口 0 | DB-9 针 | RS-485 | 1200～115.2k | 主站、自由端口库指令 |
| Modbus RTU | EM241 | RJ11 | 模拟电话线 | | 主站/从站,自由端口库指令 |
| | | | | 33.6k | |
| 自由端口 | CPU 口 0/1 | DB-9 针 | RS-485 | 1200～115.2k | |

（1）点对点接口协议（PPI）

PPI（Point to Point）是主/从协议，网络中的 S7-200 CPU 均为从站，其他 CPU、编程计算机或 HMI 为主站。PPI 协议用于 S7-200CPU 与编程计算机之间、S7-200 CPU 之间、S7-200 CPU 与 HMI 之间的通信。

多主站网络中有多台主站。如果使用 PPI 多主站电缆，该电缆作为主站，并且使用 STEP7-Micro/WIN 提供给它的地址，S7-200 CPU 作为从站。对于多主站网络，应选中"多主站网络"和"高级 PPI"多选框。如果使用 PPI 多主站电缆，可以忽略这两个多选框。

如果在用户程序中激活了 PPI 主站模式，CPU 在 RUN 模式下可以作主站，用网络读（NETR）和网络写（NETW）指令读写其他 CPU 中的数据。S7-200 作 PPI 主站时，仍然可以作为从站响应来自其他主站的通信请求。

高级 PPI 功能允许在 PPI 网络中与一个或多个设备建立逻辑连接，S7-200 CPU 的每个通信口支持 4 个连接，EM277 仅支持 PPI 高级协议，每个模块支持 6 个连接。

（2）多点接口协议（MPI）

MPI（Multipoint interface）是西门子公司的 PLC、HMI 和编程器的通信端口使用的通信协议，用于建立小型通信网络。MPI 网络最多可以有 32 个站，一个网段的最长通信距离为 50m，可以通过 RS-485 中继器扩展通信距离。

MPI 的通信速率为 19.2kbit/s～12Mbit/s，连接 S7-200 CPU 集成的通信口时，MPI 网络的最高速率为 187.51kbit/s。如果要求波特率高于 187.5kbit/s，S7-200 必须使用 EM277 模块连接网络，计算机必须通过通信处理器卡（CP 卡）来连接网络。

MPI 允许主/主通信和主/从通信，S7-200 CPU 只能做 MPI 从站，S7-300/400 作为网络的主站，可以用 XGET/XPUT 指令来读写 S7-200 的 V 存储区，通信数据包最大为 76B。S7-200 不需要编写通信程序，它通过指定的 V 存储区与 S7-300/400 交换数据。

（3）PROFIBUS 协议

PROFIBUS-DP 协议通信主要用于与分布式 I/O 设备（远程 I/O）的高速通信。S7-200 CPU 需要通过 EM277 PROFIBUS-DP 从站模块接入 PROFIBUS 网络，EM277 只能作从站。主站初始化网络并核对网络中的从站设备是否与设置的相符。主站周期性地将输出数据写到从站，并读取从站的数据。

（4）TCP/IP

S7-200 配备了以太网模块 CP 243-1 或互联网模块 CP 243-1IT 后，支持 TCP/IP 以太网通信协议，计算机应安装以太网网卡。安装 STEP 7-Micro/WIN 之后，计算机上会有一个标准的浏览器，可以用它来访问 CP 243-1IT 模块的主页。

（5）用户定义的协议（自由端口模式）

在自由端口模式，由用户自定义与其他设备通信的串行通信协议。自由端口模式通过使用接收中断、发送中断、字符中断、发送指令（XMT）和接收指令（RCV），实现 S7-200 CPU 通信口与其他设备的通信。

### 8.4.2　S7-200 的通信功能

图 8-11 是 S7-200 的通信功能示意图。

（1）西门子 PLC 之间的通信

西门子 PLC 之间的通信方式见表 8-3 和表 8-4。下面的表格将 Modbus RTU 简称为 RTU，将 PROFIBUS-DP 简称为 DP。

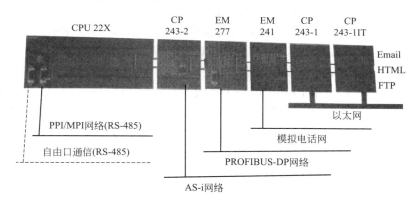

图 8-11　S7-200 的通信功能

**表 8-3　S7-200CPU 之间的通信方式**

| 通信方式 | 介质 | 本地需用设备 | 通信协议 | 数据量 | 编程方式 | 特点 |
| --- | --- | --- | --- | --- | --- | --- |
| PPI | RS-485 | RS-485 网络邮件 | PPI | 较少 | 编程向导 | 简单可靠经济 |
| Modem | 电话网 | EM241 模块，模拟音频电话线，RJ11 端口 | PPI | 大 | 编程向导 | 距离远 |
| Ethernet | 以太网 | CP 243-1 模块，RJ45 端口 | S7 | 大 | 编程向导 | 距离远 |
| 无线电 | 无线电波 | 无线电台 | 自由端口 | 中等 | 自由端口编程 | 多站时编程较复杂 |

（2）S7-200 与西门子驱动装置之间的通信

S7-200 与西门子 MicroMaster 系列和 V20 系列变频器之间可以使用指令库中的 USS 通信指令，简单方便地实现通信。S7-200 和 V20 之间还可以使用 Modbus RTU 协议通信。

表 8-4    S7-200 与 S7-300/400 之间的通信方式

| 通信方式 | 介质 | 本地需用设备 | 通信协议 | 数据量 | 本地需做工作 | 远端需做工作 | 远端需用设备 | 特点 |
|---|---|---|---|---|---|---|---|---|
| DP | RS-485 | EM227 和 RS-485 接口 | DP | 中等 | 无 | 配置和编程 | DP 模块或带 DP 口的 CPU | 可靠,速度高,仅作从站 |
| MPI | RS-485 | RS-485 硬件 | MPI | 较少 | 无 | 编程 | CPU 上的 MPI 口 | 少用,仅作从站 |
| Ethernet | 以太网 | CP243-1 (RJ45)接口 | S7 | 大 | 编程向导配置编程 | 配置和编程 | 以太网模块/带以太网接口的 CPU | 速度快 |
| RTU | RS-485 | RS-485 硬件 | RTU | 大 | 指令库 | 编程 | 串行通信模块和 Modbus 选件 | 仅作从站 |
| 无线电 | RS-485/无线电转换 | 无线电台 | 自由端口 | 中等 | 自由端口编程 | 串行通信模块 | 串行通信模块 | |
| | | | RTU | 大 | 指令库 | 指令库编程 | 串行通信模块,无线电台,Modbus 选件 | 仅作从站 |

（3）S7-200 与第三方 HMI（操作面板）之间的通信

如果第三方厂商的操作面板支持 PPI、PROFIBUS-DP、MPI、Modbus RTU 等 S7-200 支持的通信方式，就可以和 S7-200 通信。

（4）S7-200 与第三方 SCADA 软件之间的通信

如果第三方厂商的 SCADA（数据采集与监控）软件支持，可以使用 PPI、MPI、PRO-FIBUS-DP、Modbus RTU 等协议通信，也可以使用 OPC 软件 PC Access 与 S7-200 通信。

（5）S7-200 与第三方设备之间的通信

如果对方支持，可以采用 PROFIBUS-DP 或 Modbus RTU 协议通信，或采用自由端口模式，使用自定义协议，与第三方的 PLC、变频器、串行打印机、仪表等通信。如果对方是 RS-485 端口，可以直接连接；如果对方是 RS-232 端口，需要用硬件转换。

### 8.4.3    S7-200 的串行通信网络

（1）网络中继器

中继器（见图 8-12）用来将网络分段，使用中继器可以增加接入网络的设备，一个网络段最多有 32 个设备。中继器还可以隔离不同的网络段，延长网络总的距离。向网络增加一台中继器可将网络再扩展 50m，如果两台相邻的中继器中间没有其他节点，波特率为 9600bit/s 时，一个网络段最长距离为 1000m（见表 8-5）。一个网络最多可以串联 9 个中继器，但是网络的总长度不能超过 9600m。中继器为网络段提供偏置和终端匹配电阻。

图 8-12    带中继器的 PPI 网络

表 8-5　网络电缆的最大长度

| 波特率 | 非隔离的 CPU 端口 | 有中继器的 CPU 端口或 EM227 |
|---|---|---|
| 9.6~187.5kbit/s | 50m | 1000m |
| 500kbit/s | 不支持 | 400m |
| 1~1.5Mbit/s | 不支持 | 200m |
| 3Mbit/s 及以上 | 不支持 | 100m |

（2）S7-200 CPU 通信端口的引脚分配

S7-200 CPU 上的 RS-485 通信口是 9 针 D 形连接器，表 8-6 给出了通信口的引脚分配。

表 8-6　S7-200 CPU 通信口引脚分配

| 针 | PROFIBUS 名称 | 端口 0/端口 1 |
|---|---|---|
| 1 | 屏蔽 | 相壳接地 |
| 2 | 24V 返回 | 逻辑地（24V 公共端） |
| 3 | RS-485 信号 B | RS-485 信号 B |
| 4 | 发送申请 | RTS(TTL) |
| 5 | 5V 返回 | 逻辑地（5V 公共端） |
| 6 | +5V | +5V,100Ω 串联电阻 |
| 7 | +24V | +24V |
| 8 | RS-485 信号 A | RS-485 信号 A |
| 9 | 不用 | I/O 位协议选择 |
| 连接器外壳 | 屏蔽 | 相壳接地 |

（3）网络连接器和终端电阻

西门子的网络连接器用于把多个设备连接到网络中。两种连接器都有两组螺钉端子，用来连接网络的输入线和输出线。

两种网络连接器还有网络偏置和终端偏置的选择开关，该开关在 On 位置时的内部接线图如图 8-13 所示，在 Off 位置时未接终端电阻。接在网络终端处的连接器上的开关应放在 On 位置（见图 8-14），而网络中间的连接器上的开关应放在 Off 位置。图 8-13 中 A、B 线之间是终端电阻，根据传输线理论，终端电阻可以吸收网络上的反射波，有效地增强信号强度。两端的终端电阻并联后的值应基本上等于传输线相对于通信频率的特性阻抗。390Ω 的偏置电阻用于在电气情况复杂时确保 A、B 信号的相对关系，保证 0、1 信号的可靠性。

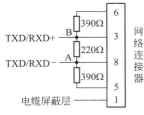

图 8-13　终端连接器接线图

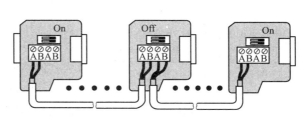

图 8-14　网络连接器

一种连接器仅提供连接到 CPU 的端口，图 8-14 左边的连接器增加了一个编程器端口。这种连接器可以把编程计算机或操作员面板接到网络中，而不用改动现有的网络连接。编程口连接器把 CPU 来的信号传到编程口，这个连接器对于连接从 CPU 获取电源的设备很有用。

## 8.5 S7-200 的通信指令

### 8.5.1 网络读写指令

（1）NETR/NETW 指令

网络读写指令用于 S7-200 PLC 之间的通信。网络读指令 NETR（Network Read，见表 8-7）初始化通信操作，通过参数 PORT 指定的通信端口，根据参数 TBL 指定的表格中的参数，接收远程设备的数据。TBL 和 PORT 均为字节型，PORT 为常数。

表 8-7　通信指令

| 梯形图 | 语句表 | 描述 | 梯形图 | 语句表 | 描述 |
|---|---|---|---|---|---|
| NETR | NETR TBL,PORT | 网络读 | RCV | RCV TBL,PORT | 接收 |
| NETW | NETW TBL,PORT | 网络写 | GET_ADDR | GPA ADDR,PORT | 读取口地址 |
| XMT | XMT TBL,POTR | 发送 | SET_ADDR | SPA ADDR,PORT | 设置口地址 |

网络写指令 NETW（Network Write）初始化通信操作，通过 PORT 指定的端口，根据参数 TBL 指定的表格中的参数，向远程设备写入数据。

NETR 和 NETW 指令分别可以读、写远程站点最多 16B 的数据。可以在程序中使用任意条数的 NETR/NETW 指令，但是在任意时刻最多只能有 8 条 NETR/NETW 指令被同时激活。

在网络读写通信中，只有主站需要调用 NETR/NETW 指令，应将主站的通信口设置为通信主站模式。主站 CPU 可以读写网络中任何其他 CPU 的数据。S7-200 作为 PPI 主站时，仍然可以作为从站响应其他主站的通信请求。

（2）用网络读写向导生成网络读写程序

可以在 S7-200 的系统手册查找到 TBL 表中各参数的定义，需要通过程序或数据块来设置 TBL 表中各参数的值，再调用网络读写指令。用 STEP 7-Micro/WIN 中的网络读写向导来生成网络读写程序，比直接调用 NETR/NETW 指令更为简单方便，向导允许用户最多配置 24 个网络操作。

【例 8-1】 2 号站为主站，3 号站为从站。要求 2 号站将本站的 VB100～VB103 的值写

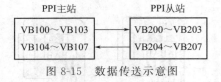

图 8-15　数据传送示意图

入 3 号站的 VB200～VB203（见图 8-15）。2 号站读取 3 号站的 VB204～VB207 的值，存放到本站的 VB104～VB107。用指令向导实现上述网络读写功能，生成一个名为"网络读写指令通信主站"的项目。

① 双击指令树的"向导"文件夹中的"NETR/NETW"，打开 NETR/NETW 指令向导，设置网络操作的项数为 2。每一页的操作完成后单击"下一步＞"按钮。

② 在第 2 页选择使用 PLC 的通信端口 0，采用默认的子程序名称"NET_EXE"。

③ 在第 3 页（网络读/写操作第 1 项/共 2 项）采用默认的操作"NETR"（见图 8-16），

从3号站读取4B的数据，本地和远程PLC的起始地址分别为VB104和VB204。每次最多可读写16GB。

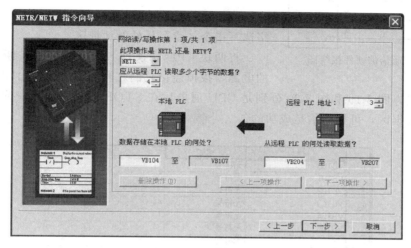

图 8-16　网络读写向导

④ 单击"下一项操作＞"按钮，在第4页（网络读/写操作第2项/共2项），设置操作为"NETW"，将4B数据写入3号站，本地和远程PLC的起始地址分别为VB100和VB200。单击"下一步＞"按钮，进入第5页。

⑤ 在第5页设置V存储区的起始地址为VB200。

⑥ 单击第6页的"完成"按钮，生成子程序NET_EXE，以及名为NET_SYMS的符号表，它给出了操作1和操作2的状态字节的地址，以及超时错误标志的地址。编译程序后，可以看到交叉引用表中向导使用的存储器。

（3）调用子程序 NET_EXE

在2号站的主程序中，首次扫描时用指令FILL_N将VB104～VB107清0。此外调用指令树的文件夹"\程序块\向导"中的NET_EXE

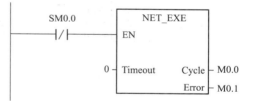

图 8-17　调用子程序 NET_EXE

（见图8-17），该子程序执行用NETR/NETW向导设置的网络读写功能。INT型参数"Timeout"（超时）为0表示不设置超时定时器，为1～32767是以秒为单位的定时器时间。每次完成所有的网络操作时，都会切换BOOL变量"Cycle"（周期）的状态。

BOOL变量"Error"（错误）为0表示没有错误，为1时有错误，错误代码在NETR/NETW的状态字节中。

（4）通信实验

将上述项目的程序块和数据块下载到2号站的CPU模块（主站）。用状态表将要发送到从站的数据写入VB100～VB103。

生成另一个名为"网络读写指令通信从站"的项目，用系统块设置其通信端口的PPI站地址为3，从站和主站通信的波特率相同。采用默认的设置，两块CPU的全部V区均被设置为有断电保持功能。从站的主程序在首次扫描时将主站要写入数据的VB200～VB203清0。将系统块和程序块下载到作从站的CPU后，站号起作用。用状态表将数据写入主站要读取的VB204～VB207。用PROFIBUS电缆连接两块CPU的RS-485端口。做实验时也

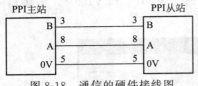

图 8-18 通信的硬件接线图

可以用普通的 9 针连接器来代替网络连接器（见图 8-18），不用接终端电阻。

通电后将两块 CPU 切换到 RUN 模式，主站执行网络读写指令，读写从站的地址区。

将两块 CPU 切换到 STOP 模式后，断开两台 PLC 的电源，拔掉连接它们之间的通信线。先后用 USB/PPI 电缆连接它们，图 8-19 和图 8-20 分别是 CPU 通电后在 STOP 模式用状态表读取的主站和从站的通信数据区，可见通信是成功的。

| | 地址 | 格式 | 当前值 |
|---|---|---|---|
| 1 | VB100 | 无符号 | 11 |
| 2 | VB101 | 无符号 | 22 |
| 3 | VB102 | 无符号 | 33 |
| 4 | VB103 | 无符号 | 44 |
| 5 | VB104 | 无符号 | 12 |
| 6 | VB105 | 无符号 | 34 |
| 7 | VB106 | 无符号 | 56 |
| 8 | VB107 | 无符号 | 78 |

图 8-19 主站的状态表

| | 地址 | 格式 | 当前值 |
|---|---|---|---|
| 1 | VB200 | 无符号 | 11 |
| 2 | VB201 | 无符号 | 22 |
| 3 | VB202 | 无符号 | 33 |
| 4 | VB203 | 无符号 | 44 |
| 5 | VB204 | 无符号 | 12 |
| 6 | VB205 | 无符号 | 34 |
| 7 | VB206 | 无符号 | 56 |
| 8 | VB207 | 无符号 | 78 |

图 8-20 从站的状态表

### 8.5.2 发送指令与接收指令

（1）自由端口模式

自由端口模式允许用户程序控制 S7-200 CPU 的通信端口。在自由端口模式，由用户自定义与其他设备通信的协议。Modbus RTU 通信协议和与西门子变频器通信的 USS 协议就是建立在自由端口模式基础上的通信协议。

可以用发送指令（XMT，见表 8-7）从 COM 端口最多发送 255 个字符。在发送完成时用发送完成中断通知用户程序。

接收字符中断通知用户程序已在 COM 端口上接收到一个字符，用户程序将根据采用的协议对该字符进行处理。

接收指令（RCV）从 COM 端口接收到完整的消息（Message）时，将会产生接收完成中断。Message 也可以翻译为报文。需要用 SM 存储器来设置根据特定的字符或时间间隔等条件开始接收和停止接收消息。

西门子的 USB/PPI 电缆和 CP 卡不支持自由端口通信。RS-232/PPI 多主站电缆和将 USB 映射为 COM 口的国产 USB/PPI 电缆支持自由端口通信。

（2）自由端口模式的参数设置

在自由端口模式，端口 0 或端口 1 由用户程序控制，可以用发送指令 XMT、接收指令 RCV、接收完成中断、字符中断和发送完成中断来控制通信过程。

只有当 CPU 处于 RUN 模式时，才能使用自由端口模式，此时 CPU 不能与 STEP 7-Micro/WIN 通信。CPU 处于 STOP 模式时，自由端口模式被禁止，自动进入 PPI 模式，可以与编程设备或人机界面通信。

SMB30 和 SMB130 分别用于设置端口 0 和端口 1 通信的波特率和奇偶校验等参数（见表 8-8）。SMB30 或 SMB130 的协议选择域 mm 为 2 # 01 时，将端口设置为自由端口模式。mm 为 2 # 00 时，为 PPI 从站模式。

表 8-8　自由端口模式的控制字节

| 端口 0 | 端口 1 | 描述 |
| --- | --- | --- |
| SMB30 的格式 | SMB130 的格式 | MSB　　　　　　　　　　　　LSB<br>7　　　　　　　　　　　　　　0<br>p　p　d　b　b　b　m　m<br>自由端口模式的控制字节 |
| SM30.6 和 SM30.7 | SM130.6 和 SM130.7 | pp:奇偶校验选择,00＝不校验,01＝偶校验,10＝不校验,11＝奇校验 |
| SM30.5 | SM130.5 | d:每个字符的数据位,0＝8 位/字符,1＝7 位/字符 |
| SM30.2～SM30.4 | SM130.2～SM130.4 | bb:自由端口的波特率(bit/s)<br>000＝38400,001＝19200,010＝9600,011＝4800<br>100＝2400,101＝1200,110＝115.1k,111＝57.6k |
| SM30.0 和 SM30.1 | SM130.2 和 SM130.1 | mm:协议选择,00＝PPI/从站模式,01＝自由端口协议<br>10＝PPI/主站模式,11＝保留(默认设置为 PPI/从站模式) |

若已启用奇偶校验，SM3.0 为 ON 指示端口 0 或端口 1 收到奇偶校验错误、帧错误、中断错误或超限错误。奇偶校验出错时应丢弃接收到的消息，或产生一个出错的返回信号。

（3）发送指令

发送指令 XMT（Transmit）用于在自由端口模式下，通过参数 PORT 指定的通信端口，将参数 TBL 指定的数据缓冲区中的消息发送出去。

XMT 指令可以发送 1～255 个字符，如果有中断程序连接到发送结束事件上，在发送完缓冲区中的最后一个字符时，CPU 集成的 RS-485（端口 0）会产生中断事件 9。发送完成状态位 SM4.5 和 SM4.6 为 ON 分别表示端口 0 和端口 1 的发送器空闲，为 OFF 表示正在发送。

TBL 指定的发送缓冲区的格式见图 8-21。第一个字节是要发送的字节数，它本身并不发送出去。起始字符和结束字符是可选项。

　字节数　　　起始字符　　消息的数据区　　结束字符
图 8-21　缓冲区格式

如果将字符数设置为 0 并执行发送指令，将产生一个以当前波特率传输 16 位数据所需时间的 BREAK（断开）状态。BREAK 发送完后，会产生发送完成中断。

（4）接收指令

接收指令 RCV（Receive）用于启动或终止接收消息的服务。通过用 PORT 指定的通信端口，将接收到的消息存储在 TBL 指定的数据缓冲区中。数据缓冲区的第一个字节用来累计接收到的字节数，它本身不是接收到的，起始字符和结束字符是可选项。RCV 指令可以接收 1～255 个字符。如果有中断程序连接到接收结束事件上，在接收完最后一个字符时，端口 0 产生中断事件 23，端口 1 产生中断事件 24。可以不使用中断，而是通过监视接收消息状态字节 SMB86（端口 0）或 SMB186（端口 1）的变化（见表 8-9）来接收消息。SMB86 或 SMB186 为非零时，RCV 指令未被激活或接收已结束。正在接收消息时，它们为 0。出现超时或奇偶校验错误时，自动中止消息接收功能。必须为消息接收功能定义一个启动条件和一个结束条件。如果出现组帧错误、奇偶校验错误、超时错误或断开错误，接收消息功能将自动终止。

**表 8-9　消息接收的状态字节**

| 端口 0 | 端口 1 | 描述 |
|---|---|---|
| SMB86 | SMB186 | MSB　　　　　　　　　　　　LSB<br>7　　　　　　　　　　　　　0　　　消息接收的状态字节<br>\| n \| r \| e \| 0 \| 0 \| t \| c \| p \|<br>n=1:用户发出禁止指令,终止接收消息功能<br>r=1:接收消息功能终止,输入参数错误,没有起始条件或结束条件<br>e=1:接收到结束字符　　　　　　t=1:接收消息功能终止,定时时间到<br>c=1:接收消息功能终止,达到最大字符数 p=1:接收消息功能终止,奇偶校验错误 |

（5）接收指令开始接收数据的条件

RCV 指令允许选择消息开始和消息结束的条件。SMB87～SMB94（见表 8-10）用于端口 0，SMB187～SMB194 用于端口 1。

**表 8-10　与消息接收有关的特殊存储器**

| | | |
|---|---|---|
| SMB87 | SMB187 | MSB　　　　　　　　　　　　LSB<br>7　　　　　　　　　　　　　0　　　消息接收的控制字节<br>\| en \| sc \| ec \| il \| c/m \| tmr \| bk \| 0 \|<br>en:0 为禁止消息接收,1 为允许消息接收,每次执行 RCV 指令检查该位<br>sc:0 为忽略 SMB88 或 SMB188,1 为使用 SMB88 或 SMB188 中的起始字符检测消息的开始<br>ec:0 为忽略 SMB89 或 SMB189,1 为使用 SMB89 或 SMB189 中的起始字符检测消息的结束<br>il:0 为忽略 SMW90 或 SMW190,1 为使用 SMW90 或 SMW190 中的起始字符检测消息的开始<br>c/m:0 为定时器是字符间定时器,1 为定时器是消息定时器<br>tmr:0 为忽略 SMW92 或 SMW192,1 为超过 SMW92 或 SMW192 中设置的时间(ms),则终止接收<br>bk:0 为忽略 BREAK(断开)条件,1 为用 BREAK 条件来检测消息的开始 |
| SMB88 | SMB188 | 消息的起始字符 |
| SMB89 | SMB189 | 消息的结束字符 |
| SMW90 | SMW190 | 以 ms 为单位的空闲线时间间隔,空闲线时间结束后接收的第一个字符是新消息的开始 |
| SMW92 | SMW192 | 以 ms 为单位的字符间/消息间定时器超时值,如果超出该时间段,停止接收消息 |
| SMB94 | SMB194 | 接收的最大字符数(1～255B),即使不用字符计数来终止消息,也应该按希望的最大缓冲区来设置 |

表 8-10 中的 il=1 表示检测空闲状态，sc=1 表示检测消息的起始字符，bk=1 表示检测 BREAK 条件。执行 RCV 指令时，有以下几种判别消息起始条件的方法：

① 空闲线检测：设置 i1=1，sc=0，bk=0，SMW90/SMW190>0。

空闲线条件定义为传输线路上的安静或空闲的时间。SMW90/SMW190 中是以毫秒（ms）为单位的空闲线时间。在该方式下，从执行接收指令开始启动空闲时间检测。在传输线空闲的时间大于等于设定的空闲线时间之后接收的第一个字符作为新消息的起始字符。接收消息功能将会忽略在空闲线时间到达之前接收到的任何字符，并会在每个字符之后重新启动空闲线定时器。

空闲线时间应大于以指定波特率传送一个字符所需的时间。空闲线时间的典型值为以指定波特率传送 3 个字符所需要的时间。传输速率为 19200bit/s 时，可设置空闲线时间为 2ms。

对于二进制协议、没有特定起始字符的协议或指定了消息之间最小时间间隔的协议，可以将空闲线检测用作开始条件。

② 起始字符检测：设置 il=0，sc=1，bk=0，忽略 SMW90/SMW190。

起始字符是消息的第一个字符，以 SMB88/SMB188 中的起始字符作为接收到的消息开始的标志。接收消息功能忽略起始字符之前收到的字符，起始字符和起始字符之后收到的所有字符都被存储在消息缓冲区中。起始字符检测一般用于 ASCII 协议。

③ 空闲线和起始字符：设置 il=1，sc=1，bk=0，SMW90/SMW190＞0。

满足空闲线条件后，接收消息功能将查找指定的起始字符。如果接收到的字符不是 SMB88/SMB188 指定的起始字符，将开始重新检测空闲线条件。在满足空闲线条件之前接收到的以及在起始字符之前接收到的字符都将被忽略。这种方式尤其适用于通信链路上有多台设备的情况。

④ BREAK 检测：设置 il=0，sc=0，bk=1，忽略 SMW90/SMW190 和 SMB88/SMB188。以接收到的 BREAK（断开）作为接收消息的开始。当接收到的数据保持为零的时间大于完整字符（包括起始位、数据位、奇偶校验位和停止位）传输的时间，表示检测到 BREAK。断开条件之前接收到的字符将被忽略，断开条件之后接收到的任意字符都会存储在消息缓冲区中。

⑤ BREAK 和起始字符：il=0，sc=1，bk=1，忽略 SMW90/SMW190。

断开条件满足后，接收消息功能将查找指定的起始字符。如果接收到的字符不是起始字符，将重新搜索断开条件。所有在断开条件满足之前以及在接收到起始字符之前接收的字符都会被忽略。起始字符与所有后续字符一起存入消息缓冲区。

⑥ 任意字符开始接收：设置 il=1，sc=0，bk=0，SMW90/SMW190=0，忽略 SMB88/SMB188 中的起始字符。因为 SMW90/SMW190 中的空闲线时间为零，接收指令一经执行，便将立即开始强制接收所有的任意字符，并将其存入消息缓冲区。

⑦ 任意字符开始，消息定时器超时则停止接收消息：令 il=1，sc=0，bk=0，SMW90/SMW190=0，忽略 SMB88/SMB188 中的起始字符。以上设置用于实现从任意字符开始接收消息。

此外设置 c/m=1，tmr=1，用 SMW92/SMW192 设置以 ms 为单位的消息超时时间，用消息定时器监视接收是否超时。如果未满足其他结束条件，在消息定时器超时的时候，将会终止接收消息功能。这对自由端口协议的主站是非常有用的。

（6）接收指令终止接收的方式

接收指令支持多种终止消息的方式。可以采用以下一种方式或几种方式的组合。

① 检测结束字符：设置 ec=1，SMB89/SMB189 中的结束字符用于指示消息结束。

开始接收之后，接收指令将检查接收到的每一个字符，并判断其是否与结束字符匹配。

接收到结束字符时，将其存入消息缓冲区，接收终止。对于所有消息均以特定字符结束的 ASCII 协议，可以使用结束字符检测。

② 字符间定时器：设置 c/m=0，tmr=1。

字符间时间是指从一个字符结束（停止位）到下一个字符结束（停止位）的时间。字符间定时器 SMW92/SMW192 用于设置以 ms 为单位的接收到的字符间的最大间隔时间。如果实际的字符间时间大于该设定时间，消息接收将终止。定时器的值必须设为大于传输一个字符所需的时间。如果协议没有特定的消息结束字符，可以使用字符间定时器终止消息。

③ 消息定时器：设置 c/m＝1，tmr＝1。

接收消息的启动条件满足时，消息定时器开始定时。若消息接收时间大于 SMW92/SMW192 设置的以 ms 为单位的时间，将强制终止接收，不能接收到全部消息。当通信设备不能保证字符之间没有时间间隔或使用调制解调器通信时，可以使用消息定时器。消息定时器的典型值为在指定的波特率下接收最长消息所需时间值的 1.5 倍。

④ 最大字符计数：当接收到的字符数大于等于 SMB94/SMB194 设置的最大字符数时，接收消息功能结束。即使最大字符计数没有被用作结束条件，接收指令仍要求用户指定最大字符计数。这是因为接收指令需要知道接收的消息的最大长度，这样才能保证消息缓冲区之后的用户数据不会被接收到的消息覆盖。

对于消息长度已知并且恒定的通信协议，可以使用最大字符计数来结束消息。最大字符计数总是与结束字符检测、字符间定时器或者消息定时器组合使用。

⑤ 奇偶校验错误：当硬件发出信号指示接收的字符有奇偶校验错误、组帧错误或超限错误时，或在消息开始后检测到断开条件时，接收指令自动终止。只有在 SMB30 或者 SMB130 中启用了奇偶校验后，才会出现奇偶校验错误。仅当停止位不正确时，才会出现组帧错误。仅当字符传输速率过快以致硬件无法处理时，才会出现超限错误。断开条件因为与硬件的奇偶校验错误或组帧错误类似的错误而终止消息。不能禁止此功能。

⑥ 用户终止：用户程序可以通过将 SMB87 或 SMB187 的最高位（en 位）设置为零的另一条接收指令来终止接收消息功能。这样可以立即终止接收消息功能。

（7）获取与设置端口地址指令

获取端口地址指令 GPA 用来读取 PORT 指定的端口 0 或端口 1 的站地址，并将数值存入 ADDR 指定的地址。

设置端口地址指令 SPA 用来将 PORT 指定的端口的站地址设置为用 ADDR 指定的数值。新地址不能永久保存，断电后又上电，端口地址仍将恢复为用系统块下载的地址。上述两条指令中的 PORT 和 ADDR 均为字节型，PORT 为常数 0 或 1。

## 8.6　使用自由端口模式的计算机与 PLC 的通信

（1）通信方式

自由端口模式为计算机或其他有串行端口的设备与 S7-200 CPU 之间的通信提供了一种廉价的和灵活的方法。本节的程序用于计算机与 PLC 的通信，为了避免通信中的各方争用通信线，采用主从方式，即计算机为主站，PLC 为从站。只有主站才有权主动发送请求消息（Request message，或称为请求报文），从站收到后返回响应消息。

下面是接收消息的工作过程：

① 在逻辑条件满足时，启动 RCV（接收）指令，进入接收等待状态。

② CPU 监视通信端口，在设置的消息起始条件满足时，进入消息接收状态。

③ 如果满足了设置的消息结束条件，CPU 结束消息的接收，退出接收状态。

启动 RCV 指令后，如果开始接收消息的条件没有满足，就一直处于等待接收的状态；如果消息接收没有结束，通信端口就一直处于接收状态。

（2）异或校验

异或校验是提高通信可靠性的重要措施之一。发送方将每一帧中的第一个字符（不包括起始字符）到该帧中正文的最后一个字符作异或运算，并将异或的结果（异或校验码）作为消息的一部分发送到接收方。接收方计算出接收到的数据的异或校验码，并与发送方传送过来的校验码比较。如果二者不同，可以判定通信有误，将校验标志位（例如 Q1.0）置为 ON；没有传输错误则将校验错误标志位复位为 OFF。若校验正确，返回接收到的数据。

（3）电缆切换时间的处理

如果使用半双工的 RS-485 进行通信，应确保不会同时执行 XMT 和 RCV 指令，在用户程序中应考虑电缆的切换时间。CPU 接收到主站的请求消息，到它发送响应消息的延迟时间必须大于等于电缆的切换时间。波特率为 9600bit/s 和 19200bit/s 时，电缆的切换时间分别为 2ms 和 1ms。可以用定时中断实现切换延时。

如果 S7-200 CPU 作为主站发送请求消息，在接收到从站的响应消息后，CPU 下一次发送请求消息的延迟时间也必须大于等于电缆的切换时间。

【例 8-2】 用 RCV 指令和接收完成中断接收数据。

接收缓冲区的数据格式如表 8-11 所示，用空闲线条件和初始字符作为消息开始的条件。用串口通信调试软件计算发送的消息中数据区各字节的异或校验码。因为接收方可能将消息中的数据误认为是结束字符，本例没有使用结束字符，而是用消息定时器来结束消息接收。最大字符数（包括异或校验码）为 20，每个字符信息格式包含一个起始位、8 个数据位和一个停止位。传输速率为 19200bit/s 时，20 个字符的传输时间为 10.4ms，设置消息定时器的定时时间为 16ms（实际的传输时间的 1.5 倍）。

**表 8-11　接收缓冲区的数据格式**

| VB100 | VB101 | VB102 | VB103- | | |
|---|---|---|---|---|---|
| 接收到的字节数 | 起始字符 | 数据字节数 | 数据区 | 校验码 | 结束字符 |

系统块中设置的波特率用于 PPI 协议通信，与自由端口通信无关。

RCV 指令的数据缓冲区的第一个字节 VB100 用来累计接收到的字节数，它本身不是接收到的。数据区的字节数等于 VB100 的值（接收到的字节数）减 2（不包括起始字符和校验码）。主程序对通信和中断初始化，并启动接收。接收到的数据的处理是在接收完成中断程序 INT_0 中完成的。为了保证程序有较好的可移植性，在中断程序 INT_0 中尽量使用临时局部变量（见图 8-22）。

| | 符号 | 变量类型 | 数据类型 | 注释 |
|---|---|---|---|---|
| LD0 | pnt | TEMP | DINT | |
| LD4 | numb | TEMP | DINT | |
| LD8 | sum1 | TEMP | DINT | |
| LD12 | sum2 | TEMP | DINT | |
| | | TEMP | | |

图 8-22　INT_0 的变量表

// 主程序

```
LD   SM0.1                 //在首次扫描时
MOVB  5, SMB30             //设置为 19200bit/s，8个数据位，无奇偶校验位，1个停止位
MOVB  16#DC, SMB87         //允许接收，空闲线时间和起始字符作为消息接收的开始条件
MOVW  +2, SMW90            //空闲线时间为 2ms
MOVB  16#FF, SMB88         //起始字符为 16#FF
MOVW  +16，SMW92           //消息定时器的定时时间为 16ms
MOVB  20，SMB94            //接收的最大字符数为 20
ATCH   INT_0, 23           //接收完成事件连接到中断程序 INT_0
ATCH   INT_2, 9            //发送完成事件连接到中断程序 INT_2
ENI                        //允许用户中断
RCVVB100,0                 //启动接收，端口 0的接收缓冲区指针指向VB100
```

// 接收完成中断程序 INT_0

```
LD  SM0.O
MOVD  0,#NUMB      //将存放数据字节数的 LD4清零
MOVB  VB100, LB7        //接收到的数据的字节数存放在 LD4最低字节
MOVD  &VB100, #PNT      //接收缓冲区的首地址送给地址指针
+D  #NUMB, #PNT       //求校验码地址
MOVB  *#PNT, #SUM1     //保存接收到的校验码
DECB   LB7
DECB   LB7             //减 2 后得到需要校验的数据区字节数
CALL   &VB102, LB7, #SUM2    //计算校验码，结果送 SUM2
LDB=   #SUM1,#SUM2      //如果校验正确
R      Q1.0, 1        //复位校验错误指示位
MOVB  5, SMB34         //设置 PPI 电缆的接收/发送切换时间为 5ms
ATCH   INT_1，10       //启动定时中断 0
CRETI                  //中断返回
NOT                    //如果有校验错误
S   Q1.0, 1           //将校验错误指示位置 1
RCVVB 100,0            //启动新的接收
```

//定时中断程序 INT_1

```
LD  SM0.O
DTCH   10              //断开定时中断 0
XMTVB 100,0            //通过端口 0 向计算机回送接收到的消息
```

//发送完成中断程序 INT_2

```
LD  SM0.O
RCVVB100,0  //启动新的接收
```

## 8.7 Modbus 协议在通信中的应用

### 8.7.1 Modbus RTU 通信协议

（1）Modbus 通信协议

Modbus 通信协议是 Modicon 公司提出的一种消息传输协议，Modbus 协议在工业控制中得到了广泛的应用，它已经成为一种通用的工业标准。许多工控产品，例如 PLC、变频器、人机界面、DCS 和自动化仪表等，都在广泛地使用 Modbus 协议。

Modbus 通信协议分为串行链路上的 Modbus 协议和基于 TCP/IP 的 Modbus 协议。

Modbus 串行链路协议是一个主-从协议，采用请求-响应方式，主站发出带有从站地址的请求消息，具有该地址的从站接收到后发出响应消息进行应答。

串行总线上只有一个主站，可以有 1~247 个从站。Modbus 通信只能由主站发起，从站在没有收到来自主站的请求时，不会发送数据，从站之间也不会互相通信。

Modbus 协议有 ASCII 和 RTU（远程终端单元）这两种消息传输模式，S7-200 采用 RTU 模式。消息以字节为单位进行传输，采用循环冗余校验（CRC）进行错误检查，消息最长为 256B。Modbus 网络上所有的站都必须使用相同的传输速率和串口参数。S7-200 可以通过 Modbus RTU 协议，实现相互之间、与其他品牌 PLC 或变频器之间的通信。

（2）使用 Modbus 协议的要求

使用 Modbus 协议通信需要 STEP 7-Micro/WIN 指令库，安装后在指令树的“库”文件夹中，可以看到用于 Modbus 主站协议通信的文件夹“Modbus Master Port 0”和“Modbus Master Port 1”，以及用于 Modbus 从站协议通信的文件夹“Modbus Slave Port 0”。Port 0 是 CPU 的第一个 RS-485 端口，Port 1（端口 1）是 CPU 224XP 和 CPU 226 的第二个 RS-485 端口。端口 1 只能作 Modbus 主站。在程序中使用 Modbus 指令时，一个或多个相关的子程序将会被自动地添加到项目中。

调用 Modbus 指令时，将会占用下列的 CPU 资源：

① 通信端口 0 或端口 1 被 Modbus 通信占用时，不能用于其他用途，包括与 HMI 的通信。为了将 CPU 的端口 0 切换回 PPI 模式，以便与 STEP 7-Micro/WIN 通信，应将 Modbus 的初始化指令的参数 Mode 设置为 0，或将 S7-200 CPU 上的模式开关切换到 STOP 模式。

② Modbus 指令影响与分配给它的端口和自由端口通信有关的所有特殊存储器 SM。

③ Modbus 主站指令使用 3 个子程序和 1 个中断程序，1620B 的程序空间和 284B 的 V 存储器块。其起始地址由用户指定，保留给 Modbus 变量使用。固件版本为 V2.0 或更高的 CPU 才支持 Modbus 主站协议库。

④ Modbus 从站指令使用 3 个子程序和两个中断程序，1857B 的程序空间和 779B 的 V 存储器块。

### 8.7.2 基于 Modbus RTU 主站协议的通信

实际中使用得最多的是 PLC 作 Modbus RTU 主站，变频器、伺服驱动器、称重仪表、流量计、智能仪表和其他 PLC 等设备作 Modbus RTU 从站。

（1）主站协议的初始化和执行时间

主站协议在每次扫描时都需要用少量的时间来执行初始化主设备指令 MBUS_CTRL。首次扫描时 MBUS_CTRL 指令初始化 Modbus 主站的时间约为 1.11ms，以后每次扫描时需要约 0.41ms 的时间来执行 MBUS_CTRL 指令。

主站向 Modbus 从站发送请求消息（简称为请求），然后处理从站返回的响应消息（简称为响应）。MBUS_MSG 指令执行请求时，扫描时间将会延长。大多数时间用于计算请求和响应的 Modbus CRC。对于请求和响应中的每个字，扫描时间会延长约 1.85ms。最大的请求/响应（读取或写入 120 个字）使扫描时间延长约 222ms。

（2）MBUS_CTRL 指令

MBUS_CTRL 指令用于初始化、监视或禁用 Modbus 通信。每个扫描周期都应执行该指令，否则 Modbus 主站协议将不能正确工作。调用 MBUS_CTRL 指令时，将会自动添加几个受保护的用于 Modbus 通信的子程序和中断程序。

输入参数 Mode（模式）用来选择通信协议，Mode 为 1 时分配 Modbus 协议并启用该协议；Mode 为 0 分配 PPI 协议并禁用 Modbus 协议。

Baud（波特率）可以设为 1200bit/s、2400bit/s、4800bit/s、9600bit/s、19200bit/s、38400bit/s、57600bit/s 或 115200bit/s。Parity（奇偶校验）应与 Modbus 从站设备的奇偶校验方式相同。数值 0、1、2 分别对应无奇偶校验、奇校验和偶校验。

参数 Timeout（超时）是等待从站作出响应的时间（1～32767ms），典型值为 1000ms（1s）。

MBUS_INIT 指令如果被成功地执行，输出位 Done（完成）为 ON。

Error（错误）输出字节包含指令执行后的错误代码，为 0 表示没有错误。

图 8-23 中的 MBUS_CTRL 指令设置端口 0 的波特率为 19200bit/s，无奇偶校验，超时时间为 1s。

（3）MBUS_MSG 指令

MBUS_MSG 指令用于向 Modbus 从站发送请求消息，以及处理从站返回的响应消息。

EN 输入和输入参数 First（首次）同时接通时，MBUS_MSG 指令向 Modbus 从站发送主站请求。发送请求、等待响应和处理响应通常需要多个 PLC 扫描周期。

EN 输入必须接通才能启用请求的发送，并且应该保持接通状态，直到 Done（完成）位被置位。

Slave 是 Modbus 从站的地址（0～247），地址 0 是广播地址，只能用于写请求。S7-200 Modbus 从站库不支持广播地址。Modbus 地址见表 8-12。

实际的有效地址范围取决于从站设备

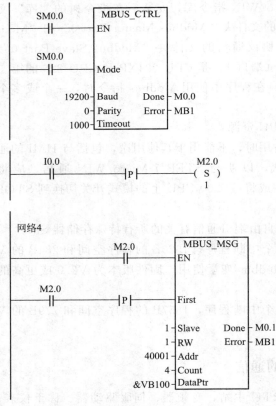

图 8-23　Modbus 主站的程序

支持的地址。参数 Count（计数）用于设置请求中要读取或写入的数据元素的个数（位数据类型的位数或字数据类型的字数）。MBUS_MSG 指令最多读取或写入 120 个字或 1920 个位（240B 的数据）。实际的上限与从站有关。

表 8-12　Modbus 地址

| 数字量输出 | 00001～09999 |
|---|---|
| 数字量输入 | 10001～19999 |
| 输入寄存器 | 30001～39999 |
| 保持寄存器 | 40001～49999 |

参数 DataPtr 是间接寻址的地址指针，指向主站 CPU 中保存与读/写请求有关的数据的 V 存储区。Modbus 地址表中的保持寄存器对应于 S7-200 的变量存储器（V 存储器），保持寄存器以字为单位寻址。例如要写入到 Modbus 从站设备的数据的起始地址为 VW100 时，DataPtr 的值为 &VB100（VB100 的地址）。对于读请求，DataPtr 指向用于存储从 Modbus 从站读取的数据的第一个 CPU 存储单元。对于写请求，DataPtr 指向要发送到 Modbus 从站的数据的第一个 CPU 存储单元。

CPU 在发送请求和接收响应时，Done（完成）输出为 OFF。响应完成或 MBUS_MSG 指令因为错误中止时，Done（完成）输出为 ON。字节 Error 中为错误代码。

程序中可以有多条 MBUS_MSG 指令，但是某一时刻只能有一条 MBUS_MSG 指令处于激活状态。如果同时启用多条 MBUS_MSG 指令，将处理执行的第一条 MBUS_MSG 指令，所有后续的 MBUS_MSG 指令将中止，并返回错误代码 6。

（4）使用 Modbus 主站协议通信的步骤

① 生成一个名为 "Modbus 主站协议通信" 的项目，OB1 中的程序如图 8-24 所示。在主程序中用 SM0.0 调用 MBUS_CTRL 指令。此外调用一条或多条 MBUS_SG 指令，用来读写从站的存储区。每次只能有一条 MBUS_MSG 指令处于活动状态。

② 执行 "文件" 菜单中的 "库存储区" 命令，打开 "库存储器分配" 对话框，为 Modbus 指令分配 284B 的 V 存储区地址。可以直接输入 V 存储区的起始地址。

③ 用电缆连接 S7-200CPU 和 Modbus 从站设备之间的 RS-485 端口，进行通信。

（5）从站的程序

用 S7-200 作 Modbus 从站，其 V 存储区（保持寄存器）的起始地址 HoldStart 为 VB200，库存储区的起始地址为 VB2200。图 8-23 中 MBUS_MSG 指令的 Modbus 地址 40001 对应于从站的 VB200；40005 对应于 VB208。

（6）程序的执行过程

每一条 MBUS_MSG 指令可以用上一条 MBUS_MSG 指令的 Done 完成位来激活，以保证所有读写指令顺序进行。下面是图 8-23 中程序的工作过程：

①首次扫描时，用内存填充指令 FILL_N 将保存读取的数据的地址区 VW108～VW114 清零，复位两条 MBUS_MSG 指令的使能标志 M2.0 和 M2.1。

②在 I0.0 的上升沿置位 M2.0（见图 8-24），开始执行第一条 MBUS_MSG 指令。该指令将主站的 VW100～VW106 的值写入保持寄存器 40001～40004，即从站的 VW200～VW206（见图 8-25）。从站的 MBUS_INIT 指令的输入参数 HoldStart 为 &VB200（见图 8-28），保持寄存器 40001 的实际地址为 VW200。

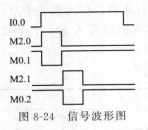

图 8-24　信号波形图

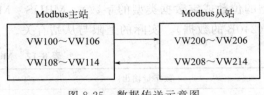

图 8-25　数据传送示意图

③ 第一条 MBUS＿SG 指令执行完时，它的输出参数 Done（M0.1）变为 ON（见图 8-24），M2.0 被复位，停止执行第一条 MBUS＿MSG 指令。M2.1 被置位，开始执行第二条 MBUS＿MSG 指令，读取保持寄存器 40005～40008。保持寄存器 40005 对应于从站的 VW208，即读取从站从 VW208 开始的 4 个字（见图 8-25），保存到主站从 VW108 开始的 4 个字。指令执行出错则置位 Q0.1。

④第二条 MBUS＿MSG 指令执行完时，它的输出参数 Done（M0.2）变为 ON（见图 8-24），M2.1 被复位，停止执行第二条 MBUS＿MSG 指令。指令执行出错则置位 Q0.2。

（7）通信实验

用 USB/PPI 电缆将用户程序和组态信息分别下载到作为 Modbus 主站和从站的两台 CPU 224。用状态表为待发送数据的地址区（主站的 VW100～VW106 和从站的 VW208～VW214）赋新值，并将新值写入 CPU。做实验时应采用默认的设置全部 V 区被设置为有断电保持功能。

断开 PLC 的电源，用 PROFIBUS 电缆连接两块 CPU 的 RS-485 端口。做实验时也可以用普通的 9 针连接器来代替网络连接器，不用接终端电阻（见图 8-18）。

接通两台 PLC 的电源，令它们运行在 RUN 模式。接通和断开主站的 I0.0 外接的小开关，先后执行图 8-23 中的两条 MBUS＿MSG 指令，将主站的 VW100～VW106 的值写入从站的 VW200～VW206（见图 8-25）。读取从站的 VW208～VW214 的值，保存到主站的 VW108～VW114。

关闭两台 PLC 的电源，断开连接它们之间的通信线。先后用 USB/PPI 电缆连接它们，图 8-26 和图 8-27 分别是重新通电后在 STOP 模式用状态表读取的主站和从站的通信数据区，可见通信是成功的。

| | 地址 | 格式 | 当前值 |
|---|---|---|---|
| 1 | VW100 | 有符号 | +1000 |
| 2 | VW102 | 有符号 | +2000 |
| 3 | VW104 | 有符号 | +3000 |
| 4 | VW106 | 有符号 | +4000 |
| 5 | VW108 | 有符号 | +5000 |
| 6 | VW110 | 有符号 | +6000 |
| 7 | VW112 | 有符号 | +7000 |
| 8 | VW114 | 有符号 | +8000 |

图 8-26　作主站的 S7-200 的状态表

| | 地址 | 格式 | 当前值 |
|---|---|---|---|
| 1 | VW200 | 有符号 | +1000 |
| 2 | VW202 | 有符号 | +2000 |
| 3 | VW204 | 有符号 | +3000 |
| 4 | VW206 | 有符号 | +4000 |
| 5 | VW208 | 有符号 | +5000 |
| 6 | VW210 | 有符号 | +6000 |
| 7 | VW212 | 有符号 | +7000 |
| 8 | VW214 | 有符号 | +8000 |

图 8-27　作从站的 S7-200 的状态表

Modbus 通信基于自由端口模式，RUN 模式时 CPU 采用自由端口模式通信。必须切换到 STOP 模式，STEP 7-Micro/WIN 才能通过 PPI 协议通信监控 PLC。

### 8.7.3　基于 Modbus RTU 从站协议的通信

（1）Modbus 从站协议的初始化和执行时间

Modbus 通信使用 CRC（循环冗余检验）确保通信消息的完整性。Modbus 从站协议使用预先计算数值的表格减少处理消息的时间，初始化该 CRC 表格约需要 240ms。通常在进入 RUN 模式后首次扫描程序时调用 MBUS_INIT 指令来完成初始化操作（见图 8-28）。如果 MBUS_INIT 指令和其他用户初始化操作需要的时间超过 500ms 的扫描监视时间，应复位监控定时器。

当 MBUS_SLAVE 子程序执行请求服务时，扫描时间会延长。由于大多数时间用于计算 Modbus CRC，对于请求和响应中的每个字节，扫描时间会延长约 $420\mu s$。最大的请求/响应（读取或写入 120 个字）使扫描时间延长约 100ms。

（2）MBUS_INIT 指令

图 8-28 是使用 Modbus 从站协议通信的 PLC 程序。主站一般是上位计算机或其他型号的 PLC。Modbus 从站指令在项目树的"\指令\库\Modbus Slave Port 0"文件夹中。插入 MBUS_INIT 指令时，在程序中自动添加几个隐藏的子程序和中断程序。

MBUS_INIT 指令用于启用、初始化或禁用 Modbus 通信。一般在首次扫描时用 SM0.1 的常开触点调用 MBUS_INIT 指令，对 Modbus 通信初始化。应当在每次改变通信状态时执行一次 MBUS_INIT 指令。输入参数 Mode（模式）、Baud（波特率）、Parity（奇偶校验）、输出参数 Done（完成）、Error（错误）的意义与 Modbus 主站协议的指令 MBUS_CTRL 的同名参数相同。

Addr（地址）用于设置从站地址（1～247）。

Delay（延时）是以 ms 为单位（0～32767ms）的 Modbus 消息结束的延迟时间，在有线网络上运行时，该参数的典型值为 0。

MaxIQ 是 Modbus 主设备可以访问的 I 和 Q 的点数（0～128），建议设置为 128。

MaxAI 是 Modbus 主设备可以访问的模拟量输入字（AIW）的个数（0～32）。建议值如下：CPU 221 为 0，CPU 222 为 16，其他 CPU 为 32。

MaxHold 是主设备可以访问的保持寄存器（V 存储器字）的最大个数。

HoldStart 是 V 存储区内保持寄存器的起始地址，Modbus 主设备可以访问 V 存储区内地址从 HoldStart 开始的 MaxHold 个 V 存储器字。

MBUS_INIT 指令如果被成功地执行，输出位 Done（完成）为 ON。

Error（错误）输出字节包含指令执行后的错误代码，为 0 表示没有错误。

图 8-28 中 OB1 的程序在首次扫描时执行一次 MBUS_INIT 指令，初始化 Modbus 从站协议。设置从站地址为 1，端口 0 的波特率为 19200bit/s，无奇偶校验，延迟时间为 0，允许访问所有的 I、Q 和 AI，允许访问从 VB200 开始的 1000 个保持寄存器字（2000 个字节）。

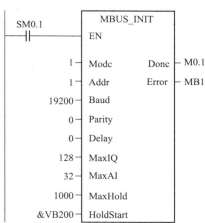

图 8-28 Modbus 从站通信程序

（3）MBUS_SLAVE 指令

MBUS_SLAVE 指令用于处理来自 Modbus 主站的请求服务，用 SM0.0 的常开触点调用 MBUS_SLAVE 指令，每次扫描都调用该指令。程序中只能使用一条 MBUS_SLAVE 指令，该指令没有输入参数。

当 MBUS _ SLAVE 指令响应 Modbus 请求时，输出位 Done（完成）为 ON。如果没有服务请求，Done 为 OFF。输出字节 Error（错误）包含执行该指令的结果，该输出只有在 Done 为 ON 时才有效。

（4）分配库存储器

执行"文件"菜单中的"库存储区"命令，打开"库存储区分配"对话框，为 Modbus 指令分配 780B 的 V 存储区地址。为了不与 MBUS _ INIT 指令中用 HoldStart 和 MaxHold 参数分配的 V 存储区重叠，库存储区的起始地址应在该 V 存储区之外，本例程设置为 VB2200。如果存储区重叠，MBUS _ INIT 指令的输出参数 Error 返回错误代码 5。

（5）ModbusRTU 通信帧的结构与 Modbus 从站协议功能

Modbus 主站的计算机软件［例如集散控制系统（DCS）的上位机软件或组态软件］的编程人员为了编写实现 Modbus 通信的程序，首先需要了解 Modbus RTU 的消息结构。PLC 的编程人员可能需要为上位机软件的编程人员提供 Modbus 消息结构的资料和 PLC 有关的信息。本节下面的内容主要供上位计算机软件的编程人员编写 Modbus 主站通信程序时使用，属于 Modbus 通信比较高层次的内容。

图 8-29 是 Modbus RTU 通信帧的基本结构，从站地址为 0～247，它和功能码均占一个字节，主站发出的命令帧中 PLC 地址区的起始地址和 CRC 各占一个字，数据以字或字节为单位（与功能码有关）。以字为单位时高字节在前，低字节在后，与 S7-200 的规定相同。但是值得注意的是消息中 CRC 的低字节在前，高字节在后（见图 8-29）。表 8-13 给出了 S7-200 支持的 Modbus 从站协议功能。

| 站地址 | 功能码 | 数据1 | … | 数据n | CRC低字节 | CRC高字节 |
|--------|--------|-------|---|-------|-----------|-----------|

图 8-29　RTU 通信帧的基本结构

表 8-13　S7-200 支持的 Modbus 从站协议功能

| 功能 | 描述 |
|------|------|
| 1 | 读单个或多个线圈（数字量输出）的状态，返回任意数量输出点（Q）的 ON/OFF 状态 |
| 2 | 读单个或多个触点（数字量输入）的状态，返回任意数量输入点（I）的 ON/OFF 状态 |
| 3 | 读单个或多个保持寄存器，返回 V 存储区的内容，保持寄存器以字为单位，再一次请求中最多读 120 个字 |
| 4 | 读单个或多个模拟量输入寄存器，返回模拟量输入值 |
| 5 | 写单个线圈（数字量输出），将数字量输出置为指定的值，用户程序可以改写 Modbus 请求写入的值 |
| 6 | 写单个保持寄存器，将单个保持寄存器的值写入 S7-200 的 V 存储区 |
| 15 | 写多个线圈，将数字量输入值写入 Q 映像寄存器区，起始输出点必须是一个字节的最低位（例如 Q0.0 或 Q2.0），写入的输出点数必须是 8 的整数倍。这些点不是被强制的，用户程序可以改写 Modbus 请求写入的值 |
| 16 | 将多个保持寄存器的值写入 S7-200 的 V 存储区，在一个请求中最多可以写 120 个字 |

（6）Modbus 地址与 S7-200 地址的映射

S7-200 系统手册中给出的 Modbus 地址（见表 8-14）是基于 1 的地址，即同类元件的首地址为 1。而 S7-200 采用基于 0 的地址，即同类元件的首地址为 0。所以 Modbus 消息中 S7-200 的 Modbus 地址也应采用基于 0 的地址。

表 8-14 地址映射关系

| Modbus 地址 | S7-200 的地址 | Modbus 地址 | S7-200 的地址 |
|---|---|---|---|
| 00001～00128 | Q0.0～Q15.7 | 30001～30032 | AIW0～AIW62 |
| 10001～10128 | I0.0～I15.7 | 40001～4××× | HoldStart＋(×××-1) |

S7-200 系统手册中的 Modbus 地址的最高位用来表示地址区的类型，例如 I0.0 的 Modbus 地址为 10001，最高位的 1 表示输入。因为地址区类型的信息已经包含在通信帧的功能码中了（见表 8-13），消息中 S7-200 的 I0.0 的 Modbus 地址不是 10001，而是 0。消息中其他地址区的 Modbus 地址也应按相同的原则处理。例如当 S7-200 从站保持寄存器的 V 区起始地址为 VB200 时，VW200 对应的保持寄存器在消息中的 Modbus 地址为 0，而不是 40001。

 **思考与练习**

8-1 什么是全双工通信方式和半双工通信方式？

8-2 RS-232 和 RS-485 各有什么特点？

8-3 简述以太网防止多站争用总线采取的控制策略。

8-4 MPI 通信有几种通信方式？

8-5 什么是主从通信方式？

8-6 自由口通信有什么特点？如何完成数据的收发？

# 第 9 章

# PLC基本实验

本章实验的主要目的是熟悉 S7-200 的基本指令和程序设计方法，提供程序供上机参考。

## 9.1 继电器类指令实验

### 9.1.1 实验目的

掌握可编程控制器以及实验设备的使用方法，熟悉继电器类指令的编程方法。

### 9.1.2 实验任务

① 设计照明灯的两地控制电路。
② 设计照明灯的三地控制电路。
③ 设计圆盘正反转控制电路。
④ 设计小车直线行驶自动往返控制电路。

### 9.1.3 实验步骤

（1）设计照明灯的两地控制电路

I/O 分配表：

输入信号　I0.0 1 号开关；I0.1 2 号开关。

输出信号　Q0.0 照明灯。

参考梯形图如图 9-1 所示。

（2）设计照明灯的三地控制电路

I/O 分配表：

输入信号　I0.0 1 号开关；I0.1 2 号开关；I0.2 3 号开关。

输出信号　Q0.0 照明灯。

参考梯形图如图 9-2 所示。

（3）设计圆盘正反转控制电路

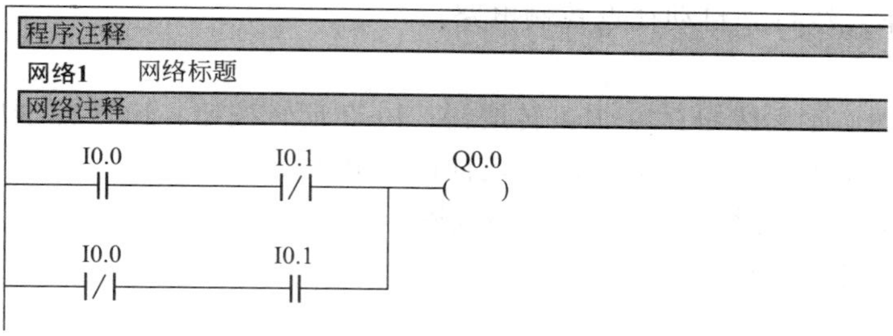

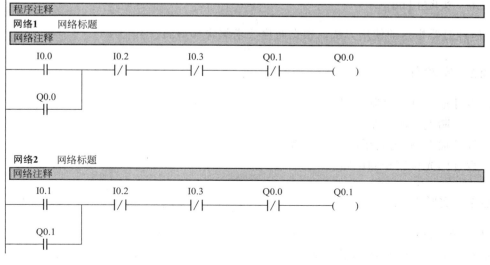

图 9-1　照明灯两地控制

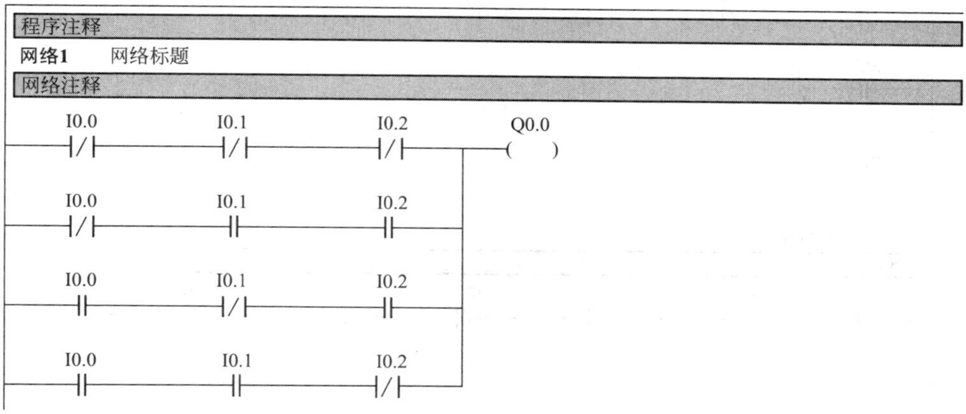

图 9-2　照明灯三地控制

I/O 分配表：

输入信号　I0.0 正转按钮；I0.1 反转按钮；

　　　　　0.2 停止按钮；I0.3 热继电器。

输出信号　Q0.0 正转线圈；Q0.1 反转线圈。

参考梯形图如图 9-3 所示。

图 9-3　圆盘正反转控制

（4）设计小车直线行驶自动往返控制电路

I/O 分配表：

输入信号　I0.0 停止按钮；I0.1 正转按钮；I0.2 反转按钮；I0.3 热继电器；
　　　　　I0.4 正向限位开关；I0.5 反向限位开关。

输出信号　Q0.0 正转线圈；Q0.1 反转线圈。

参考梯形图如图 9-4 所示。

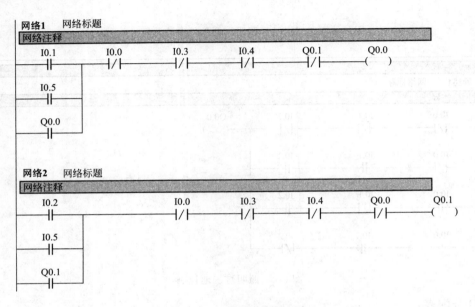

图 9-4　自动往返控制电路

## 9.2　计时器类指令实验

### 9.2.1　实验目的

掌握计时器指令的使用方法，根据时序要求编辑梯形图。

### 9.2.2　实验任务

① 设计通电延时控制电路。

② 设计断电延时控制电路。

③ 设计通电/断电均延时控制电路。

④ 设计闪光报警控制电路。

### 9.2.3　实验步骤

I/O 分配表：

输入信号　I0.0 启动/停止开关。

输出信号　Q0.0 控制信号灯或蜂鸣器。

（1）设计通电延时控制电路

控制要求：开关闭合延时 2s 后，信号灯亮；开关
断开，信号灯立即熄灭，如图 9-5 所示。参考梯形图如
图 9-6 所示。

（2）设计断电延时控制电路

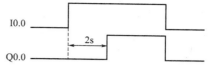

图 9-5　通电延时控制时序图

控制要求：开关闭合，信号灯立即被点亮；开关断开，延时 2s 后信号灯熄灭，如图 9-7
所示。参考梯形图如图 9-8 所示。

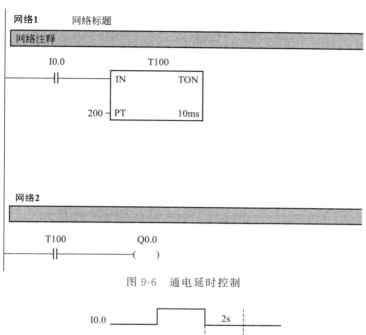

图 9-6　通电延时控制

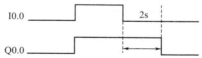

图 9-7　断电延时控制时序图

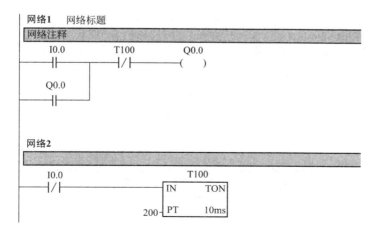

图 9-8　断电延时控制

（3）设计通电/断电均延时控制电路

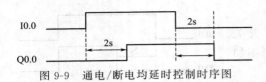

控制要求：开关闭合，信号灯延时 2s 点亮；开关断开，延时 2s 后信号灯熄灭，如图 9-9 所示。参考梯形图如图 9-10 所示。

图 9-9　通电/断电均延时控制时序图

（4）闪光报警控制电路

控制要求：开关闭合后，信号灯按 2s 的周期连续闪烁；开关断开，信号灯熄灭，如图 9-11 所示。参考梯形图如图 9-12 所示。

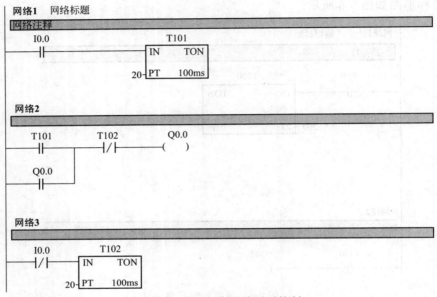

图 9-10　通电/断电均延时控制

图 9-11　闪光报警控制时序图

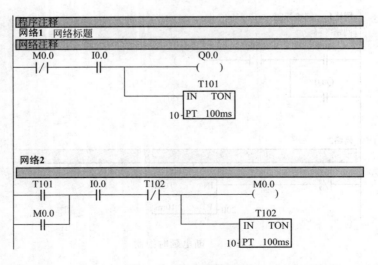

图 9-12　闪光报警控制

## 9.3  计数器指令实验

### 9.3.1  实验目的

掌握计数器指令的使用方法，根据时序要求编辑梯形图。

### 9.3.2  实验任务

① 根据按钮动作的次数控制信号灯。
② 设计圆盘计数、定时旋转控制电路。
③ 设计 PLC 扫描周期测量电路。

### 9.3.3  实验步骤

（1）根据按钮动作的次数控制信号灯

I/O 分配表：

输入信号　I0.0 控制按钮。

输出信号　Q0.0 控制信号灯。

计数器：C0、C1 记录按钮动作次数。

按钮按下 3 次，信号灯亮；再按 2 次，灯灭，循环运行，如图 9-13 所示。参考梯形图如图 9-14 所示。

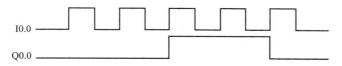

图 9-13　由按钮次数控制信号灯的时序图

（2）设计圆盘计数、定时旋转控制电路

I/O 分配表：

输入信号　I0.0 启动按钮；I0.1 停止按钮；I0.2 光电开关脉冲信号。

输出信号　Q0.0 控制圆盘正转线圈。

计数器：C0 光电脉冲计数。

计时器：T100 延时 1s 计时器。

控制功能：圆盘启动后，旋转一周（对应光电开关产生 8 个计数脉冲）后停止。延时 1s 后，继续旋转一周，以此规律重复运行，直到按下停止按钮时为止。参考梯形图如图 9-15 所示。

（3）设计 PLC 扫描周期测量电路

I/O 分配表：

输入信号　I0.0 测量按钮；SM0.6 PLC 扫描周期信号。

计数器　C0 保存每秒扫描个数。

计时器：T100 延时 2s 计时器。

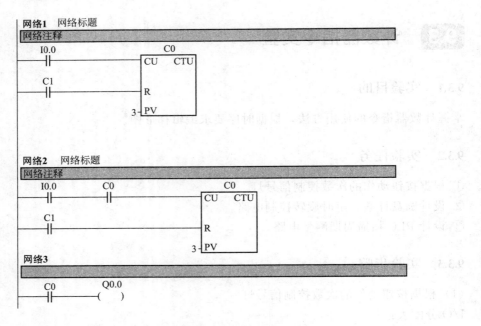

图 9-14　根据按钮动作的次数控制信号灯状态

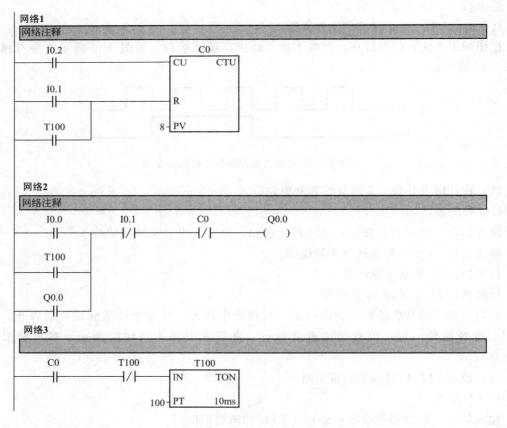

图 9-15　圆盘计数、定时旋转控制

工作原理：S7-200 的特殊位存储器 SM0.6 为扫描周期时钟信号，本次扫描为 1，下次扫描为 0。使用进位计数器统计，可以求出 PLC 实际运行的扫描周期。因加法计数器仅能捕捉 SM0.6 的上升沿，所以计时器选择 2s。按下测量按钮，计数器和计时器均被复位；

松开测量按钮后，它的下降沿启动测量程序，延时 2s，C0 的数值即为每秒 PLC 扫描次数，由此可以计算出 PLC 的扫描周期。参考梯形图如图 9-16 所示。

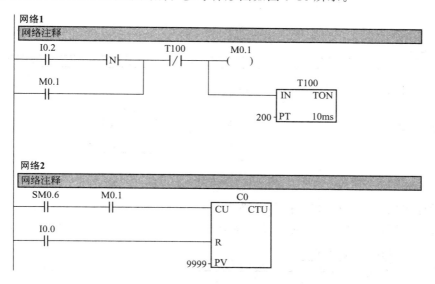

图 9-16　扫描周期测量

## 9.4　微分指令、锁存器指令实验

### 9.4.1　实验目的

熟悉微分指令、锁存器指令的使用方法，根据控制要求编辑梯形图。

### 9.4.2　实验任务

① 设计正微分指令控制电路。
② 设计正微分/负微分指令控制电路。
③ 设计单输入按钮/单输出信号灯控制电路。
④ 设计单输入按钮/双输出信号灯控制电路 1。
⑤ 设计单输入按钮/双输出信号灯控制电路 2。

### 9.4.3　实验步骤

I/O 分配表：

输入信号　I0.0 启动/停止按钮。

输出信号　Q0.0 控制信号灯或蜂鸣器。

（1）设计正微分指令控制电路

控制要求：按钮闭合的时间无论长短，蜂鸣器均发出 1s 声响。参考梯形图如图 9-17 所示。

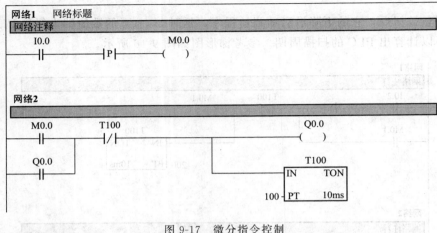

图 9-17　微分指令控制

（2）设计正微分/负微分指令控制电路

控制要求：按钮闭合或断开时，蜂鸣器均发出 1s 声响。参考梯形图如图 9-18 所示。

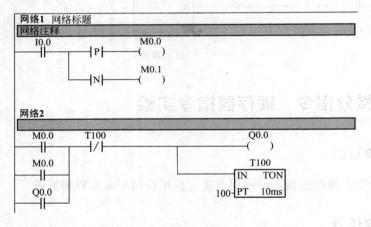

图 9-18　正微分/负微分指令控制电路

（3）设计单输入按钮/单输出信号灯控制电路

控制要求：用一个按钮控制一盏灯，第一次按下按钮时灯亮，第二次按下时灯灭，即奇数次灯亮，偶数次灯灭。参考梯形图如图 9-19 所示。

（4）设计单输入按钮/双输出信号灯控制电路 1

控制要求：用一个按钮控制两盏灯。第一次按下时，第一盏灯亮；第二次按下时，第一盏灯灭，同时第二盏灯亮；第三次按下时，两盏灯灭，按此规律循环执行。参考梯形图如图 9-20 所示。

（5）设计单输入按钮/双输出信号灯控制电路 2

控制要求：用一个按钮控制两盏灯。第一次按下时，第一盏灯亮；第二次按下时，第一盏灯灭，同时第二盏灯亮；第三次按下时，两盏灯同时亮；第四次按下时，两盏灯同时灭，按此规律循环执行。参考梯形图如图 9-21 所示。

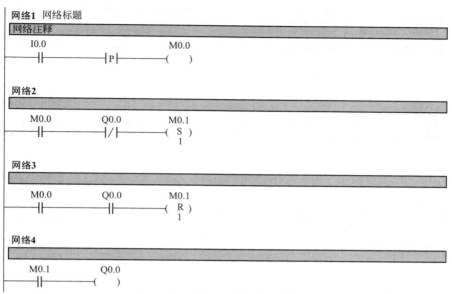

图 9-19　单输入/单输出控制电路

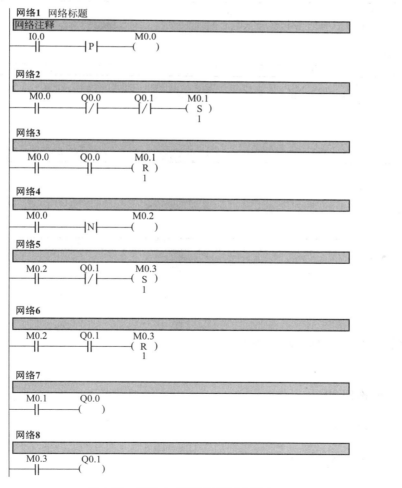

图 9-20　单输入/双输出控制电路 1

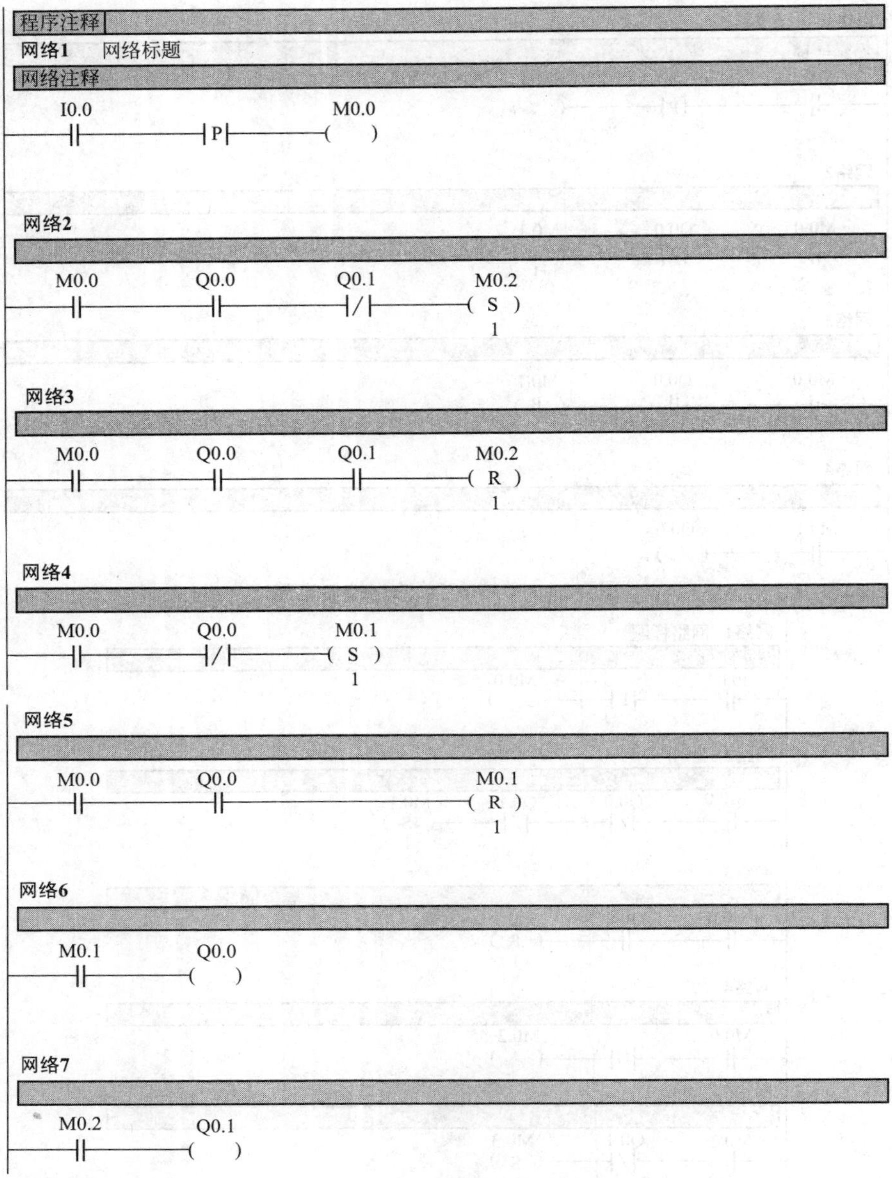

| 程序注释 |
| 网络1    网络标题 |
| 网络注释 |

```
    I0.0                               M0.0
 ────┤├──────────────┤P├──────────────(    )


网络2
    M0.0          Q0.0          Q0.1          M0.2
 ────┤├────────────┤├────────────┤/├────────(  S  )
                                              1


网络3
    M0.0          Q0.0          Q0.1          M0.2
 ────┤├────────────┤├────────────┤├──────────(  R  )
                                              1


网络4
    M0.0          Q0.0          M0.1
 ────┤├────────────┤/├──────────(  S  )
                                  1


网络5
    M0.0          Q0.0                        M0.1
 ────┤├────────────┤├────────────────────────(  R  )
                                              1


网络6
    M0.1          Q0.0
 ────┤├──────────(    )


网络7
    M0.2          Q0.1
 ────┤├──────────(    )
```

图 9-21　单输入/双输出控制电路 2

## 9.5　移位指令实验

### 9.5.1　实验目的

熟悉移位指令的编程方法。

### 9.5.2　实验任务

① 信号灯单方向顺序通断控制。

② 信号灯单方向顺序单通控制。
③ 信号灯正序导通、反序关断控制。

### 9.5.3　实验步骤

（1）信号灯单方向顺序通断控制

I/O 分配表：

输入信号　I0.0 运行按钮；I0.1 停止按钮。

输出信号　Q0.0～Q0.7 8 个信号灯。

计时器：T100 控制信号灯依次通断的延时时间。

控制要求：8 个信号灯用两个按钮控制，一个作为移位按钮，一个作为停机复位按钮。移位按钮按下时，信号灯从第一个开始依次向后逐个被点亮；按钮松开时，信号灯从第一个依次向后逐个熄灭。位移间隔时间为 0.5s。当停止按钮按下时，灯全部熄灭。参考图如图 9-22 所示。

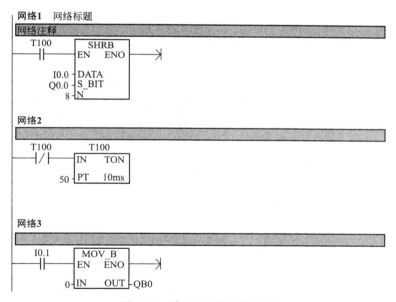

图 9-22　单方向顺序通断控制

（2）信号灯单方向顺序单通控制

I/O 分配表：

输入信号　I0.0 点动按钮；I0.1 连续运行按钮；I0.2 停止按钮。

输出信号　Q0.0～Q0.7 8 个信号灯。

控制要求：8 个信号灯用 3 个按钮控制，实现单方向逐个按顺序亮，每次只有一个灯亮，所以称为单方向顺序单通控制。亮灯的移位方式有两种，一种为点动移位，用点动按钮实现，按钮每按下一次，亮灯向后移动 1 位；另一种为连续移位方式，按钮按下即可使亮灯连续向右移位，移位的间隔时间 1s（用内部特殊存储位 SM0.5 控制），亮灯移位可以重复循环。按下停止按钮，信号灯全部熄灭。参考梯形图如图 9-23 所示。

（3）信号灯正序导通、反序关断控制

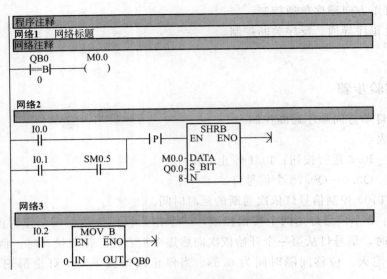

图 9-23　信号灯单方向顺序单通控制

I/O 分配表：

输入信号　I0.0 启动按钮；I0.1 停止按钮。

输出信号　Q0.0～Q0.5 6 个信号灯控制开关。

控制要求：6 个信号灯用两个按钮控制，一个为启动按钮，一个为停止按钮。按下启动按钮时，6 个信号灯按正方向顺序逐个被点亮；按下停止按钮时，6 个信号灯按反方向顺序逐个熄灭。灯亮或灯灭移位间隔 1s（用内部特殊存储位 SM0.5 控制）。参考梯形图如图 9-24所示。

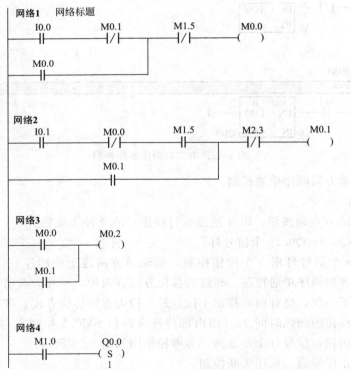

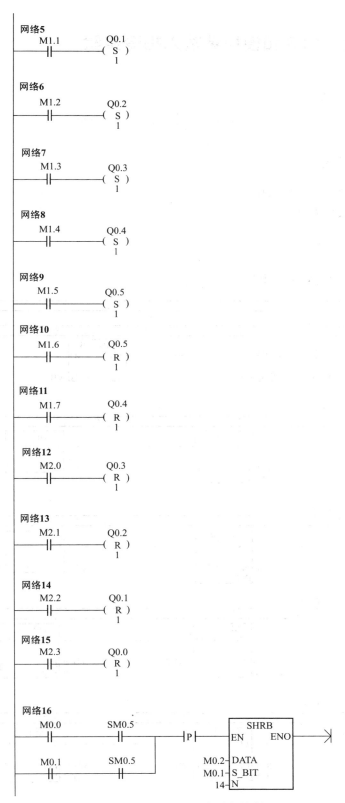

图 9-24　正序导通、反序关断控制

## 9.6 算术指令和模拟量输入指令实验

### 9.6.1 实验目的

熟悉算术指令、数学函数指令以及模拟量输入指令的编程方法。

### 9.6.2 实验任务

① 计算可控整流的输出电压。
② 热电阻的数据处理。

### 9.6.3 实验步骤

（1）计算可控整流的输出电压

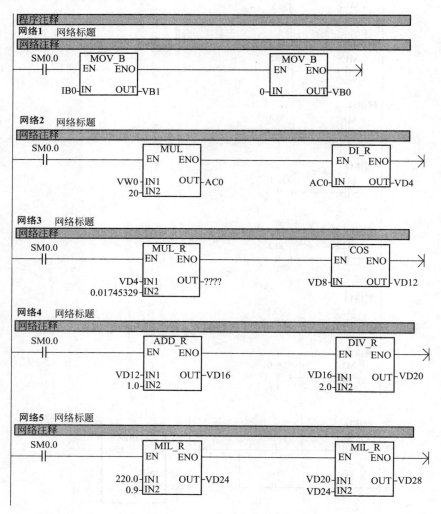

图 9-25　计算可控整流输出电压

I/O 分配表：

输入信号　IB0 的低 4 位从拨码开关输入，乘 20 得到控制角，即 0，20，40，…，180。

控制要求：单相半控桥式可控整流电路的输出电压平均值的计算公式为 $0.9U_2(1+\cos\alpha)/2$，编写输入电压为 220V 的计算程序。

为方便读图和调试，在参考梯形图 9-25 中，每个计算步骤采用独立变量保存结果。网络 1、2 完成角度值的采集，转换存入 VD4；网络 3 将角度转换成弧度后计算余弦值并存入 VD12；最后将直流输出电压的平均值存入 VD28。

（2）热电阻的数据处理

在温度检测系统中，测温元件有热敏电阻、热电偶等。PT100 热敏电阻作为测温元件，测温范围为 0～400℃。温度变送器将热敏电阻测得的温度转换成 4～20mA 模拟量电流。模/数转换器（A/D）EM235 可以把 0～20mA 电流转换成 12 位二进制数，该数据存于 AIW0 的第 3～14 位。

当测得温度达到上限（400℃）时，温度转换器的电流应该为 20mA，AIW0 的数值约为 32767。每 1mA 对应的 A/D 值约为 32767/20。测得温度为最低温度（0℃）时，温度转换器的电流应该为 4mA，A/D 值约为（32767/20）×4＝6553.4。被测温度从 0° 变化到 400℃时，AIW0 的对应值为 6553.4～32767。可以算出，1℃ 对应的 A/D 值大约为（32767－6553.4）/400＝65.534。

把 AIW0 的数值转换为实际温度的计算公式为

$$VD0 值＝（AIW0 值－6553.4）/65.534$$

参考梯形图 9-26 中，当 I0.0＝1 时，执行求实际温度的计算程序。网络 1 采用整数的近似运算，实际温度值的计算结果存于 VW2。网络 2 采用实数运算，实际温度值计算结果存于 VD4。比较运算结果可以看出，实数运算的精确度远高于整数运算。

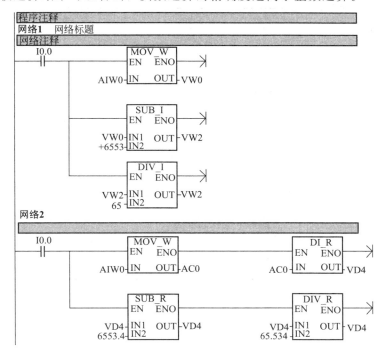

图 9-26　热电阻的数据处理

### 9.7 特殊功能指令实验

#### 9.7.1 实验目的

熟悉可逆计数器指令、传送指令、数码转换指令、译码指令和编码指令。

#### 9.7.2 实验任务

① 可逆计数器当前值数码显示。
② 译码指令。
③ 编码指令。

#### 9.7.3 实验步骤

（1）可逆计数器当前值数码显示

I/O 分配表：

输入信号　I0.0 加按钮；I0.1 减按钮；I0.2 复位按钮。

输出信号　Q0.0 数码管 1 端；Q0.1 数码管 2 端；Q0.2 数码管 4 端；Q0.3 数码管 8 端。

控制要求：将可逆计数器的当前值转换成 BCD 编码，用数码管显示个位值。参考梯形图如图 9-27 所示。

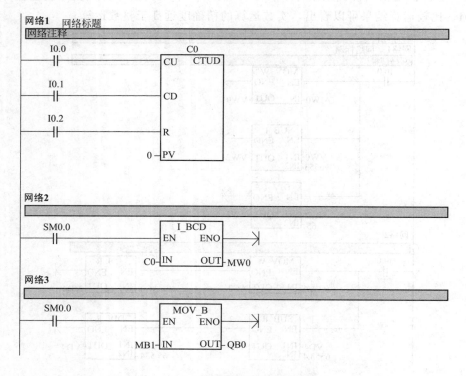

图 9-27　可逆计数器当前值数码显示

（2）译码指令

I/O 分配表：

输入信号　I0.0 计数脉冲输入；I0.1 清零按钮。

输出信号　QB0 显示译码输出的低 8 位；QB1 显示译码输出的高 8 位。

计数器：C1 十六进制加法计数。

程序功能：计数器按十六进制循环运行，计数值的低 4 位 0～F 传送到 VB1 中。译码的输出是 16 位二进制数，存放于 VW2 中，则 VB2 存高 8 位，VB3 存低 8 位。为观察输出结果，将它们送到 VW0，当计数的值从 0 增加到 F 时，VW0 的发光二极管从左到右依次被点亮。参考梯形图如图 9-28 所示。

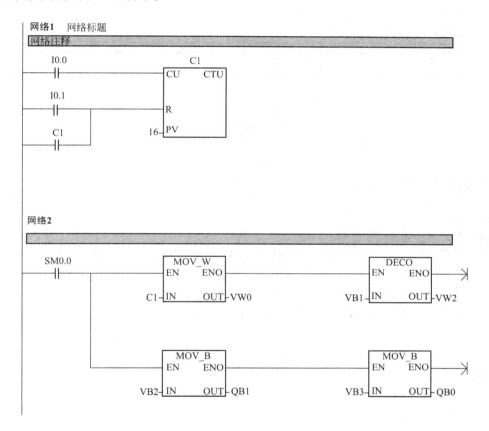

图 9-28　译码指令实验

（3）编码指令

I/O 分配表：

输入信号　IB0 编码输入的低 8 位；IB1 编码输入的高 8 位。

输出信号　Q0.0～Q0.3 显示编码输出值。

程序功能：编码可以看作是译码的逆运算，即用半个字节对一个字的 16 位二进制数，将从低位开始的首个 "1" 进行编码。实验程序从 IW0 输入信号，编码的结果送到 QB0 低 4 位显示。例如，若 I0.7 闭合，QB0 显示 "11100000"；如果 I0.7 和 I0.4 同时按下，QB1 显示 "00100000"。参考梯形图如图 9-29 所示。

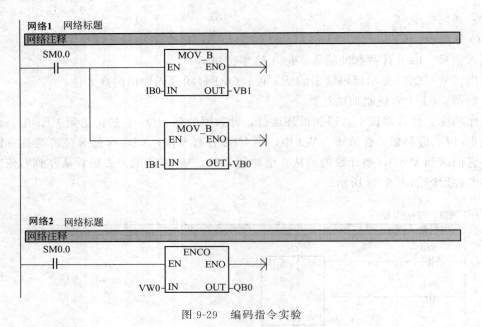

图 9-29　编码指令实验

📖 **思考与练习**

9-1　可编程控制器系统设计一般分几步？

9-2　如何选择合适的 PLC 类型？

9-3　如果 MW4 中的数小于等于 IW2 中的数，令 M0.1 为 1 并保持，反之将 M0.1 复位为 0，设计语句表程序。

9-4　用实时时钟指令完成路灯的定时接通与断开，20：00 开灯，06：00 时关灯。

9-5　用字节逻辑运算指令，将 VB0 的高 4 位置为 2#1001，低 4 位不变。

第 (10) 章

Chapter 10

# WinCC flexible入门

## 10.1 WinCC flexible 概述

### 10.1.1 WinCC flexible 简介

（1）ProTool 与 WinCC flexible

西门子的人机界面过去用组态软件 ProTooL 组态，WinCC flexible 是在 ProTool 的基础上发展起来的，并且与 ProTool 保持了兼容性，还支持多种语言，可以全球通用。WinCC flexible 综合了 WinCC 的开放性和可扩展性，以及 ProTool 的易用性。计划在以后的版本中，V6 版的 WinCC 可以和 WinCC flexible 一起使用。

WinCC flexible 提出了新的设备级自动化概念，可以显著地提高组态效率。它可以为所有基于 Windows CE 的 SIMATIC HMI 设备组态，从最小的微型面板到最高档的多功能面板，还可以对西门子的 C7（人机界面与 S7-300 相结合的产品）系列产品组态。

除了用于 HMI 设备的组态外，WinCC flexible 高级版的运行软件还可以用于 PC，将 PC 作为功能强大的 HMI 设备使用。

ProTool 适用于单用户系统，WinCC flexible 可以满足各种需求，从单用户、多用户到基于网络的工厂自动化控制与监视。从 ProTool 到 WinCC flexible 的过渡期已经结束，可以用 ProTool 组态的 HMI 产品已经停产，它们被新一代用 WinCC flexible 组态的 HMI 产品代替，可以非常简便地将 ProTool 组态的项目移植到 WinCC flexible。

西门子的全集成自动化（TIA）是指控制系统使用统一的通信协议、统一的数据库和统一的编程组态工具。WinCC flexible 是 TIA 的重要组成部分，它可以与西门子的工业控制软件 STEP 7、IMap 和 Scout 集成在一起。

WinCC flexible 具有开放简易的扩展功能，带有 Visual Basic 脚本功能，集成了 ActiveX 控件，可以将人机界面集成到 TCP/IP 网络。

WinCC flexible 简单、高效，易于上手，功能强大。在创建工程时，通过点击鼠标便可以生成 HMI 项目的基本结构。基于表格的编辑器简化了对象（例如变量、文本和信息）的生成和编辑。通过图形化配置，简化了复杂的配置任务。

WinCC flexible 带有丰富的图库，提供大量的图形对象供用户使用，其缩放比例和动态性能都是可变的。使用图库中的元件，可以快速方便地生成各种美观的画面。

用户可以增减图库中的元件，也可以建立自己的图库。用户生成的可重复使用的对象可以分类储存在库中，也可以将绘图软件绘制的图形装入图库。根据用户和工程的需要，还可以将简单的图形对象组合成面板，供本项目或别的项目使用。

WinCC flexible 与 CBA（基于组件的自动化）一起支持 PROFINET。可以针对控制和 HMI 任务创建共享的标准化组件，将 HMI 组件（面板）和控制组件组成一个 CBA 目标，该目标能使用 SIMATIC IMap 工程设计工具与其他 CBA 目标进行图形化互联。

（2）WinCC flexible 的组件

① WinCC flexible 工程系统　WinCC flexible 工程系统是用于处理组态任务的软件。WinCC flexible 采用模块化设计，为各种不同的 HMI 设备量身定做了不同价格和性能档次的版本，随着版本的逐步升高，支持的设备范围以及 WinCC flexible 的功能得到了扩展。

WinCC flexible 分为功能不同的微型版、压缩版、标准版和高级版，高级版用于组态面板 PC 和标准 PC。西门子先后推出了 WinCC flexible 2004、2005 和 2007，WinCC flexible 2005 和 2007 有中文的标准版。

② WinCC flexible 运行系统　WinCC flexible 运行系统是用于过程可视化的软件。运行系统在过程模式下执行项目，实现与自动化系统之间的通信、图像在屏幕上的可视化、各种过程操作、记录过程值和报警事件。运行系统支持一定数量的过程变量（Powertags），该数量由许可证确定。

③ WinCC flexible 选件　WinCC flexible 选件可以扩展 WinCC flexible 的标准功能，每个选件需要一个许可证。

④ 学习 WinCC flexible 的建议　WinCC flexible 是一种大型软件，功能非常强大，使用也很方便，但是需要花较多的时间来学习，才能掌握它的使用方法。

学习大型软件的使用方法时，一定要动手使用软件，如果只是限于阅读手册和书籍，不可能掌握软件的使用方法，只有边学边练习，才能在短时间内学好用好软件。

首先在计算机上安装 STEP7（V5.3.1 或更高的版本）和配套的仿真软件 PLCSIM，然后安装 WinCC flexible 2007 中文版。通过它们可以在计算机上同时模拟 S7-300/400 PLC 和西门子的 HMI 设备的运行，模拟系统与实际的硬件系统的性能基本上相同。

### 10.1.2　WinCC flexible 的安装

（1）安装 WinCC flexible 的计算机的推荐配置

WinCC flexible 支持所有兼容 IBM/AT 的个人计算机。下面是安装 WinCC flexible 2007 时推荐的系统配置。

① 操作系统：Windows 2000 SP4 或 Windows XP Professional SP2 的专业版。

② Internet 浏览器：MS Internet Explorer V6.0 SP1 或更高的版本。

③ 图形/分辨率：1024×768 像素或更高，256 色或更多。

④ 处理器：Pentium Ⅵ 或大于等于 1.6GHz 的处理器。

⑤ 主内存（RAM）：1GB 或更大。

⑥ 硬盘上的空闲空间：1.5GB 或更大。

⑦ PDF 文件的显示：Adobe Acrobat Reader 5.0 或更高的版本。

（2）安装 Microsoft 工具和服务包

双击安装软件文件夹中的 Setup. exe，在出现的对话框中，确认安装程序语言为简体中文，点击各对话框的"下一步＞"按钮，进入下一对话框。

在"许可证协议"对话框选中"我接受本许可证协议的条款"。

在"要安装的程序"对话框（见图 10-1）确认要安装的软件（用打勾表示）。已安装的软件左边的复选框（小方框）为灰色。

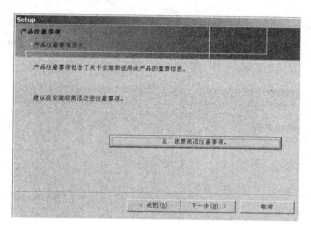

图 10-1　确定要安装的程序

出现图 10-2 中的对话框后，开始安装软件。

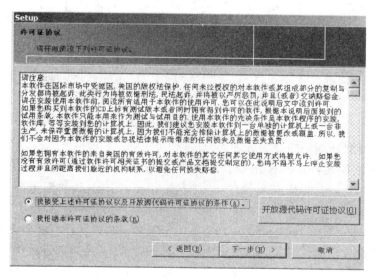

图 10-2　显示要安装的程序

（3）安装 WinCC flexible 2008

安装好 Microsoft 工具和服务包后，开始安装 WinCC flexible 2008。点击各对话框中的"下一步＞"按钮，进入下一对话框。

在"许可证协议"对话框选中"我接受本许可证协议的条款"。

点击图 10-3 中的"完整安装"4 个字（不是它左边的复选框），出现下面的目标目录，点击"浏览"按钮，可修改安装的路径，例如将 C 盘改为 D 盘，一般不要将软件安装在 C

盘。点击图 10-3 中的"运行系统/仿真"几个字，用同样的方法修改安装它的目标目录。点击"下一步＞"按钮，出现图 10-4 所示对话框，开始安装 WinCC flexible。安装完成后，出现的对话框显示"安装程序已在计算机上成功地安装和组态了软件"，点击"完成"按钮，立即重新启动计算机。

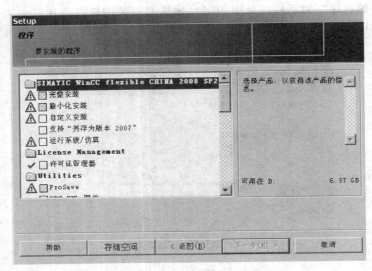

图 10-3　修改安装的目标文件夹

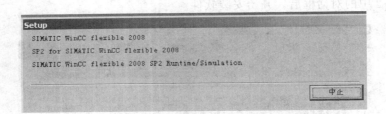

图 10-4　显示安装的文件

（4）安装软件时遇到的问题的处理

① 可以如上面所述，直接双击文件夹中的 Setup.exe。在安装时将会用一个对话框同时显示图 10-2 和图 10-4 中的待安装软件，先安装 Microsoft 工具和服务包，然后自动安装 WinCC flexible。

② 在安装 Microsoft.Net Framework V1.1 SP1 时，杀毒软件可能会提示"进程试图注册它的副本为开机自动运行对象，这种行为是木马的特征"。这时如果选择"终止"，将会要求重新启动系统，启动后出现"数据执行保护"对话框，不能关闭它，否则系统无法正常运行。如果选择"允许"安装，可以正常安装和运行 WinCC flexible，安装后用杀毒软件扫描检查，并没有发现木马病毒。

③ 西门子技术支持网站的网页 http://support.automation.siemens.com/CN/view/zh/22054701，可以找到安装 WinCC flexible 时遇到的问题的解决方法。

④ 安装 WinCC flexible 2005 时，可能在显示"发布产品信息"时停止不前。退出安装后，将计算机的控制面板的"区域和语言选项"对话框的"高级"选项卡的语言由"中文"临时设置为美国英语，安装好后改回到"中文"。

⑤ 安装英文版的 STEP 7 V5.3 之前，也应对计算机的语言作上述处理。

### 10.1.3　WinCC flexible 的用户接口

（1）菜单和工具栏

菜单和工具栏是大型软件应用的基础，初学时可以建立一个项目，对菜单和工具栏进行各种操作，通过操作了解菜单中的各种命令和工具栏中各个按钮的使用方法。

菜单中浅灰色的命令和工具栏中浅灰色的按钮在当前条件下不能使用。例如只有在执行了"编辑"菜单中的"复制"命令后，"粘贴"命令才会由浅灰色变为黑色，表示可以执行该命令。

用鼠标右键点击工具栏，在出现的快捷菜单中，可以打开或关闭选择的工具栏。

（2）项目视图

图 10-5 中左上角的窗口是项目视图，包含了可以组态的所有元件。生成项目时自动创建了一些元件，例如名为"画面_1"的画面和画面模板等。

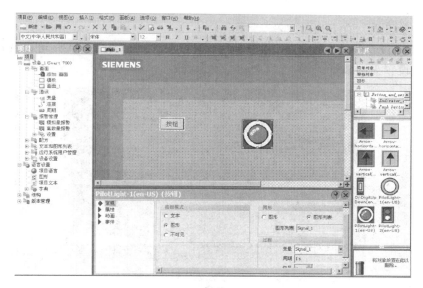

图 10-5　WinCC flexible 的用户接口

项目中的各组成部分在项目视图中以树形结构显示，分为 4 个层次：项目、HMI 设备，文件夹和对象。项目视图的使用方式与 Windows 的资源管理器相似。

作为每个编辑器的子元件，用文件夹以结构化的方式保存对象。在项目窗口中，还可以访问 HMI 设备的设置、语言设置和版本管理。

（3）工作区

用户在工作区编辑项目对象，除了工作区之外，可以对其他窗口（例如项目视图和工具箱等）进行移动、改变大小和隐藏等操作。同时打开多个编辑器时，点击图 10-5 中编辑器工作区上部的标签，可以打开对应的编辑器，最多可以同时打开 20 个编辑器。

（4）属性视图

属性视图用于设置在工作区中选取的对象的属性，输入参数后按回车键生效。属性视图一般在工作区的下面。

在编辑画面时，如果未激活画面中的对象，在属性对话框中将显示该画面的属性，可以对画面的属性进行编辑。

出现输入错误时，将显示出提示信息。例如允许输入的最大画面编号为32767，若超出32767，将会显示"只允许介于1～32767之间的数值！"。如果按回车键或点击其他视图，输入的数字将自动变为32767。

（5）工具箱中的简单对象

工具箱中可以使用的对象与HMI设备的型号有关。

工具箱包含过程画面中需要经常使用的各种类型的对象。例如图形对象或操作员控制元件，工具箱还提供许多库，这些库包含许多对象模板和各种不同的面板。

可以使用"查看"菜单中的"工具箱"命令显示和隐藏工具箱视图。可以将工具箱视图移动到画面上的任何位置。

根据当前激活的编辑器，"工具箱"包含不同的对象组。打开"画面"编辑器时，工具箱提供的对象组有简单对象、增强对象、图形和库。不同的人机界面可以使用的对象也不同。

在简单对象组中，有下列对象：

① 线：可以设置线的宽度，图10-6中设置起点或终点是否有箭头，可以选择实线或虚线，端点可以设置为圆弧形。

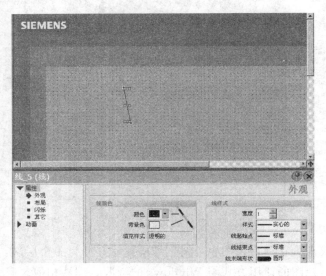

图10-6　线的组态

② 折线：折线由相互连接的线段组成，折线线型、宽度和端点等属性的设置与线的属性设置基本相同。

③ 多边形：多边形的转角点按照其创建的顺序被编号，与折线一样，可以修改或删除各转角点，双击鼠标结束多边形的输入。可以用颜色或样式填充多边形内部的区域。

④ 椭圆和圆：可以调节椭圆的大小和两个轴的比例，可以使用一种颜色或图形样式填充它们。

⑤ 矩形：可以使用一种颜色或样式填充矩形，可以圆整矩形的转角。

⑥ 文本域：可以在文本域中输入一行或多行文本，并定义字体和字体颜色。可以为文

本域添加背景色或样式。

⑦ 图形视图：用于在画面上显示用外部图形编程工具创建的图形。可以显示下列格式的图形：＊.emf、＊.wmf、＊.dib、＊.bmp、＊.jpg、＊.jpeg、＊.gif 和 ＊.tif。在"图形视图"中，还可以将其他图形编程软件编辑的图形集成为 OLE（对象链接与嵌入）对象。可以直接在 Visio、Photoshop 等软件中创建这些对象，或者将这些软件创建的文件插入项目，以便用创建它的软件来打开它。

（6）工具箱中的其他对象

① 增强的对象：提供增强的功能，这些对象的用途之一是显示动态过程，例如配方视图、报警视图和趋势图等。

② 用户特定的控件：在该对象组中，可以将 Windows 操作系统中的 ActiveX 控件添加到工具箱，从而将它们集成到项目中。

不同的 HMI 设备的工具箱中有不同的对象，例如 TP 170A 的"增强对象"中仅有报警视图，而 TP 177A 的"增强对象"中有用户视图、趋势视图、配方视图和报警视图。

③ 库：库是工具箱视图的元件，是用于存储常用对象的中央数据库。只需对库中存储的对象组态一次，以后便可以多次重复使用。可以通过多次使用或重复使用对象模板来添加画面对象，从而提高编程效率。

WinCC flexible 的库分为全局库和项目库。全局库存放在 WinCC flexible 的安装目录下的一个文件夹中，全局库可以用于所有的项目。不同的人机界面可以打开和使用的库有很大的差别。项目库只能用于创建它的项目，它存储在项目的数据库中，可以将项目库中的元件复制到全局库。可以在这两种库中创建文件夹，为它们包含的对象建立一个结构。

④ 面板：预先组态的一组对象，面板中的对象的某些属性可以在组态时作为面板的属性。保存的面板可以在本项目或其他项目中多次使用，可以减少组态的工作量，保证项目设计的一致性。

（7）输出视图

输出视图用来显示在项目投入运行之前自动生成的系统报警信息，例如组态中存在的错误。

（8）对象视图

图 10-5 左下角的对象窗口用来显示在项目视图中指定的某些文件夹或编辑器中的内容，例如画面或变量的列表。执行菜单命令"视图"→"对象"，可以打开或关闭对象视图。对象视图的位置是浮动的，可以用鼠标改变它的位置和大小。在项目视图中单击"画面"文件夹或"变量"编辑器，它们中的内容将显示在对象视图中。双击"对象"视图中的某个对象，将打开对应的编辑器。

（9）对窗口和工具栏的操作

WinCC flexible 允许自定义窗口和工具栏的布局。可以隐藏某些不常用的窗口以扩大工作区。

点击输出视图右上角的"操作杆"按钮，按钮中的"操作杆"的方向将会变化。位于垂直方向时，输出视图不会隐藏。位于水平方向时，点击输出视图之外的其他区域，该视图被隐藏，同时在屏幕左下角出现相应的图标（见图 10-5）。将鼠标放到该图标上，将会重新出现输出视图。

点击图 10-5 中对象视图右上角"取消"的按钮，对象视图被关闭。执行菜单命令"视图"→"对象视图",该视图将会重新出现。

执行"视图"菜单中的"重新设置布局"命令,窗口的排列将会恢复到生成项目时的初始状态。

(10) 帮助功能的使用

当鼠标指针移动到 WinCC flexible 中的某个对象(例如工具栏中的某个按钮)上时将会出现该对象最重要的提示信息。如果提示信息中有一个"问号"图标,按"F1"键可以显示出该对象的帮助信息。如果光标在该对象上多停留几秒钟,将会自动出现该对象的帮助信息。可以用这种方法来快速了解工具栏中各个按钮和各种对象的功能。也可以通过"帮助"菜单中的命令获取帮助信息。

(11) 组态界面设置

执行菜单命令"选项"→"设置",在出现的对话框中,可以设置 WinCC flexible 的组态界面(见图 10-7)。其中最重要的是设置 WinCC flexible 的菜单、对话框等组态界面使用的语言。如果安装了几种语言,可以切换它们。

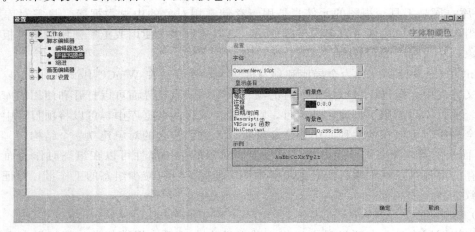

图 10-7 "设置"对话框

### 10.1.4 鼠标的使用方法与技巧

人机界面的组态软件采用"所见即所得"的先进功能,使用者可以在屏幕上看到画面设计的结果,屏幕上显示的画面与实际的人机界面显示的画面一样。鼠标是使用组态软件时最重要的工具,画面的组态主要是用鼠标来完成的。使用者用鼠标生成画面设计工作区中的元件,可以用鼠标将元件拖放到任意位置,或者改变元件的外形和大小。

鼠标可能有 2 个或 3 个按键,绝大多数情况下只使用其中的一个按键,Windows 默认为左键方式。

(1) 单击鼠标左键

单击鼠标左键是使用得最多的鼠标操作,简称为"单击"或"点击",即点击鼠标左键,以选取某一功能或元件,常用来激活某一对象、执行菜单命令或拖放等操作。

例如单击图形编辑器中的按钮后,在按钮的四角和矩形各边的中点出现 8 个小的空心正方形(见图 10-8),表示该元件被选中,可以作进一步的操作,例如删除、复制和剪切等操作(见表 10-1)。

表 10-1　鼠标常见的操作

| 功能 | 作　　用 |
|---|---|
| 单击鼠标左键 | 激活任意对象，或者执行菜单命令和拖放等操作 |
| 单击鼠标右键 | 打开右键快捷菜单 |
| 双击鼠标左键 | 在项目视图或对象视图中启动编辑器，或者打开文件夹 |
| 鼠标左键＋拖放 | 在"项目视图"中生成对象的副本 |
| Ctrl＋鼠标左键 | 在"对象视图"中逐个选择若干个单个对象 |
| Shift＋鼠标左键 | 在"对象视图"中选择使用鼠标绘制的矩形框内的所有对象 |

（2）双击鼠标左键

连续快速地用鼠标的左键点击同一个对象两次，将执行或进入该对象对应的功能，例如双击项目视图中的"变量"图标时，将会打开变量编辑器。

（3）用鼠标左键的拖放功能创建对象

鼠标拖放功能可以简化组态工作，常用于移动对象或调整对象的大小。拖放功能可以用于"工具箱"和"对象视图"中的所有对象，也可以用于 Windows 中的窗口。拖动过程中鼠标指针显示的图形用来表示当前位置是否能放置拖放的对象。将工具箱内的"按钮"对象拖放到画面编辑器的操作过程如下：

在画面中的适当位置放开鼠标的左键，该按钮对象便被放置到画面中当时所在的位置。放置的对象的四周有 8 个小矩形，表示该对象处于被选中的状态。

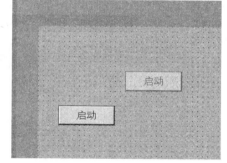

图 10-8　对象的移动与缩放

（4）用鼠标拖放功能改变对象的位置

用鼠标左键单击图 10-8 中的"启动"按钮，并按住鼠标左键不放，按钮四周出现 8 个小正方形，同时鼠标的光标变为图中虚线框内的十字箭头图形。按住左键并移动鼠标，将选中的对象拖到希望的位置（图中虚线矩形框所在的位置），松开左键，对象即被放置在该位置。

（5）用鼠标拖放功能改变对象的大小

用鼠标左键单击图 10-8 中的"启动"按钮，按钮四周出现 8 个小正方形，用鼠标左键选中某个角的小正方形，鼠标的箭头变为 45°的双向箭头，按住左键并移动鼠标，将选中的对象拖放到图中虚线矩形框所示的大小，松开左键，对象被放大或缩小为虚线框所示的大小。

如果鼠标左键选中某条边中点的小正方形，鼠标的箭头变为水平或垂直的双向箭头，按住左键并移动鼠标，将选中的对象沿水平方向或垂直方向拖放到图中虚线矩形框所示的大小，松开左键，对象被扩大或缩小为虚线框所示的大小。鼠标的光标功能见表 10-2。

（6）用鼠标拖放功能改变窗口的位置

点击图 10-5 中组态软件右上角的"最大化"按钮，可以将窗口最大化，即令窗口占据全屏。在全屏时点击该按钮，窗口还原为全屏之前的大小和位置。在非全屏状态用鼠标左键按住窗口最上面蓝色的标题栏不放，可以将窗口拖放到需要的位置。

（7）用鼠标拖放功能改变窗口的大小

将鼠标的光标放在非最大化的窗口的某条边上，光标变为水平方向或垂直方向的双向箭头，此时用拖放功能可以沿水平方向或垂直方向将窗口放大或缩小。将鼠标的光标放在窗口的某个角上，光标变为 45°的双向箭头，此时用拖放功能可以同时改变窗口的宽度和高度。

**表 10-2　鼠标的光标功能**

| 鼠标指针 | 名　称 | 功能说明 |
|---|---|---|
| ↖ | 箭头指针 | 在移动鼠标时显示鼠标目前所在位置 |
| ↔ ↕ ↗ ↘ | 调整对象的大小 | 在调整窗口或元件大小时显示 |
| ✛ | 移动对象的指针 | 在移动对象时显示 |
| I | I 形指针 | 点击与文字有关的对象时，箭头指针变为"I"形，此时可以输入数字或文字 |

（8）单击鼠标右键

在 WinCC flexible 中，用鼠标右键单击任意对象，可以打开与对象有关的右键快捷菜单，右键快捷菜单列出了相关状况下最常用的命令。

（9）复选框与单选框

单击图 10-9 中"文本域"右侧的复选框，将会使框中的"√"出现或消失。出现"√"表示选中了该选项（或称该选项被激活），"√"消失表示未选中该选项（激活被取消）。因为可以同时选中多个这样的选项，所以称为复选框。

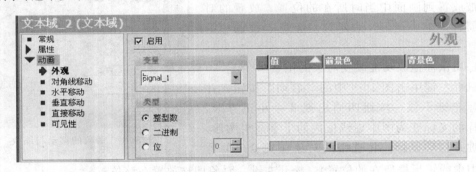

图 10-9　复选框与单选框

图 10-9 的"文本域"有三个选项，同时只能选中其中的一个选项，所以称为单选框。点击单选框中的小圆圈或它右侧的文字，小圆圈中出现一个圆点时，表示该选项被选中。点击单选框的另一个选项，原来选中的选项左侧小圆圈中的圆点自动消失。

## 10.2　一个简单的例子

### 10.2.1　创建项目

项目是组态用户界面的基础，在项目中可创建画面、变量和报警等对象。画面用来描述被监控的系统，变量用来在人机界面设备和被监控设备（PLC）之间传送数据。报警用来指示被监控系统的某些运行状态。

（1）启动 WinCC flexible

安装好 WinCC flexible 后，在 Windows 桌面将会生成 WinCC flexible 的图标，双击该图标，将打开 WinCC flexible 项目向导。

项目向导有 5 个选项，选择"创建一个空项目"选项。在出现的"设备选择"对话框（见图 10-10）中，用鼠标双击 5.7in 的单色触摸屏 TP 170A 的图标。点击"确定"按钮，创建一个新的项目。在项目视图中，将项目的名称修改为"入门例程"。执行菜单命令"文件"→"另存为"，设置保存项目的文件夹。

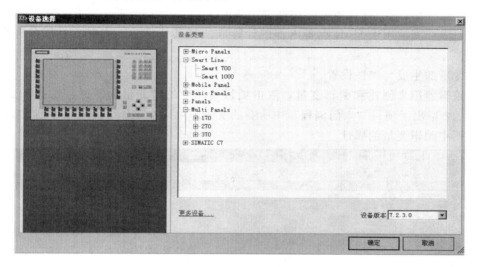

图 10-10　选择 HMI 设备的型号

（2）建立连接

点击项目视图的"通信"文件夹中的"连接"图标，打开连接编辑器（见图 10-11），然后点击连接表中的第一行，将会自动出现与 S7-300/400 的连接，连接的默认名称为"连接 _ 1"。连接表的下方是连接属性视图。图中的参数为默认值，是项目向导自动生成的。一般可以直接采用默认值，用户也可以修改这些参数。

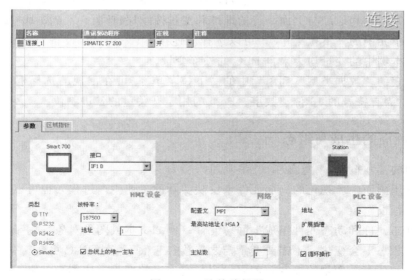

图 10-11　连接编辑器

### 10.2.2 变量的生成与组态

（1）变量的分类

变量（Tag）分为外部变量和内部变量，每个变量都有一个符号名和数据类型。外部变量是操作单元（人机界面）与 PLC 进行数据交换的桥梁，是 PLC 中定义的存储单元的映像，其值随 PLC 程序的执行而改变。可以在 HMI 设备和 PLC 中访问外部变量。

内部变量存储在 HMI 设备的存储器中，与 PLC 没有连接关系，只有 HMI 设备能访问内部变量。内部变量用于 HMI 设备内部的计算或执行其他任务。内部变量用名称来区分，没有地址。

（2）变量的生成与属性设置

变量编辑器用来创建和编辑变量。双击项目视图中的"变量"图标，将打开变量编辑器。图 10-12 给出了项目"入门例程"中所有的变量，可以在工作区的表格中或在表格下方的属性视图中编辑变量的属性。

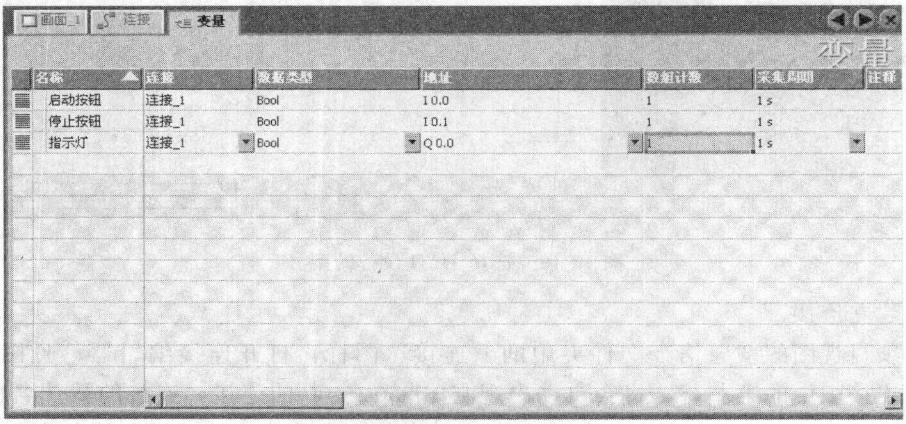

图 10-12　变量编辑器

双击变量表中最下方的空白行，将会自动生成一个新的变量，其参数与上一行变量的参数基本相同，其名称和地址与上面一行的地址和变量按顺序排列。点击图 10-12 中的变量表的"连接"列单元中的"下拉菜单"，可以选择"连接 _ 1"（HMI 设备与 PLC 的连接）或"内部变量"，本例中的变量均为来自 PLC 的外部变量。

点击变量表的"数据类型"列单元中的"下拉菜单"，可在出现的选择框中选择变量的数据类型。Int 为有符号的 16 位整数字，Bool 为用于开关量的二进制位。

### 10.2.3 画面的生成与组态

（1）画面的基本概念

人机界面用画面中可视化的画面元件来反映实际的工业生产过程，也可以在画面中修改工业现场的过程设定值。

画面由静态元件和动态元件组成。静态元件（例如文本或图形对象）用于静态显示，在运行时它们的状态不会变化，不需要变量与之连接，它们不能由 PLC 更新。

动态元件的状态受变量的控制，需要设置与它连接的变量，用图形、字符、数字趋势图和棒图等画面元件来显示 PLC 或 HMI 设备存储器中的变量的当前状态或当前值。PLC 和

HMI 设备通过变量和动态元件交换过程值和操作员的输入数据。

（2）打开画面

生成项目"入门例程"后，系统将自动生成一个名为"画面 _ 1"的画面。用鼠标右键点击项目视图中该画面的图标，在出现的快捷菜单中执行"重命名"命令，将该画面的名称改为"初始画面"。双击项目视图中的"初始画面"图标，打开画面编辑器。

打开画面后，可以使用工具栏中的放大按钮 🔍 和缩小按钮 🔍 ，或放大倍数选择框（25％～400％），来放大或缩小显示的画面。

在画面编辑器下方的属性对话框的"常规"选项卡中，可以设置画面的名称、编号和背景颜色。点击"背景色"选择框中的 ▼ ，在出现的颜色列表中选择画面的背景色为白色。点击画面下方的属性视图（见图 10-5）中的"使用模板"复选框，使其中的"√"消失，则选择在组态时不显示模板中的对象。

## 10.2.4  指示灯与文本域的生成和组态

（1）打开库文件

在工具箱内，没有用于显示位变量 ON/OFF 状态的指示灯对象，下面介绍使用对象库中的指示灯的方法。

选中工具箱中的"库"文件夹（见图 10-13），用鼠标右键点击库工作区中的空白处，在弹出的快捷菜单中执行命令"库..."—"打开"。在出现的对话框中，打开文件夹"\SIMATIC WinCC flexible \ WinCC flexible Support \ Libraries \ System-Libraries"，双击打开按钮与开关库文件"Button _ and _ switches. wlf"

（2）指示灯的组态

在工具箱中选中"库"组，打开刚刚装入的"Button _ and _ switches"库（见图 10-13），因为 TP 170A 是单色触摸屏，双击该库中的文件夹"\ Monochrom（单色）\Indicator _ switches（指示灯/开关）"，将其中的圆形指示灯图标拖放到画面工作区。

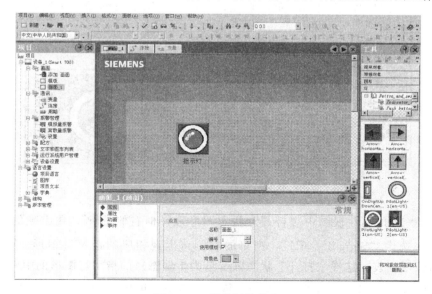

图 10-13  指示灯的组态

选中画面中的指示灯，画面下方是指示灯的属性视图（见图10-13）。属性视图左侧有一个树形结构，可以用它来选择各种属性类别。其中的"常规"用来设置最重要的属性；"属性"常用于静态设置，例如文本的字体和大小、对象的位置和访问授权等；"动画"用于对象外观或位置的动态设置，用变量接口来实现；"事件"用于设置在特定的事件发生时执行的系统函数。双击画面编辑器中的对象，可以打开或关闭它的属性视图。

选中的属性（例如图10-9中的"常规"属性）用属性视图左侧窗口向右的箭头表示，已设置的属性用加粗的字体显示。属性视图的右侧区域用于对当前所选属性子类别进行组态。

（3）对象列表

在属性视图的"常规"对话框中，设置对象的格式为"通过图形切换"。

① 选择对象：这是对象列表最主要的功能。用鼠标点击表中的某个对象，或者用鼠标选中（不是点击）对象列表中的某个对象，其背景色变深，选中该对象，同时对象列表被关闭。

② 关闭对象列表：点击对象列表中的"关闭" ![X]按钮，可以在没有选择任何对象的情况下关闭对象列表。

③ 新建对象：点击对象列表中的"新建"按钮，将打开新对象的属性视图，设置好新对象的参数后，点击"确定"按钮，将创建一个新的对象。

④ 修改对象的属性：选中图10-13中的变量"指示灯"，该变量所在行最右侧将出现属性图标，点击该图标，在出现的该变量的属性视图中修改它的属性。修改好后，点击"确定"按钮。

（4）指示灯图形的组态

两个图形 Signall _ on1 和 Signall _ off1 用来表示指示灯的点亮（对应的变量为1状态）和熄灭（对应的变量为0状态）状态。

图形 Signall _ onl 的中间部分为深色，图形 Signall _ offl 的中间部分为浅色（见图10-14）。一般习惯用浅色表示指示灯点亮，所以需要用下面的操作来交换属性视图中两个状态的图形。

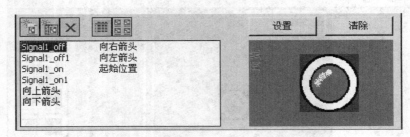

图 10-14　图形列表

点击图10-13的属性视图中"打开"状态图形选择框右侧的 ▼，在出现的图形列表中（见图10-14）选中"Signall _ off1"，窗口的右侧将出现相应的指示灯图形。点击"设置"按钮，关闭图形列表。这样"打开"状态（变量为1状态）的指示灯图形的中间部分变为浅色。用同样的方法，设置"关闭"状态（0状态）指示灯的图形为 Signall _ on1（中间部分为深色）。

（5）文本域的组态

工具箱中的"文本域"（见图 10-5）用于输入一行或多行文本，可以定义字体和字的颜色，还可以为文本域添加背景色或样式。

为了在刚生成的指示灯的下面添加文字说明"指示灯"，将工具箱中的"文本域"图标拖放到画面编辑器的工作区内，默认的文本为 Text。双击生成的文本域，输入需要的文字。也可以在属性视图的"常规"对话框中输入文字。

在属性视图中，可以设置文本的字体、大小、颜色、背景颜色、填充式样、边框的有无和颜色、垂直放置或水平放置、水平和垂直方向居中或偏向某一方等。

某些型号的 HMI 设备还可以设置文本的特殊格式，例如加粗体、斜体、下画线和闪烁等。如果需要生成大量的具有相同格式的文本，可以复制和粘贴已经设置好的文本，然后修改其中的文字内容。

### 10.2.5 按钮的生成与组态

（1）按钮的生成

图 10-13 中的按钮与接在 PLC 输入端的物理按钮的功能相同，主要用来给 PLC 提供开关量输入信号，通过 PLC 的用户程序来控制生产过程。画面中的按钮元件不能与 S7 系列 PLC 的数字量（即开关量）输入（例如 I0.0）连接，应与存储器位（例如 M0.0）连接。

点击工具箱中的"简单对象"组，出现常见的画面元件的图标。将其中的"按钮"图标拖放到画面中，拖动的过程中鼠标的光标变成十字形，按钮图标跟随十字形光标一起移动，十字形光标的中心在画面中的 $x$、$y$ 轴的坐标（$x/y$）和按钮的宽、高（$w/h$）尺寸（均以像素为单位）也跟随光标一起移动。放开鼠标左键，按钮被放置在画面上，其左上角在十字形光标的中心。按钮的四周有 8 个小正方形，可以用前面介绍的鼠标使用方法，根据需要来移动和放大、缩小按钮。

（2）按钮的属性设置

选中某个按钮后，在工作区下方的属性视图（见图 10-15）中，选中左侧树形结构中的"常规"，在右侧的对话框中选择按钮的模式为"文本"。在"文本"域的单选框中，选中"文本"。

图 10-15　按钮的常规属性组态

如果选中复选框"按下时"，可以分别设置"按下时"和"弹起时"的文本。未选中该复选框时，按钮按下时和弹起时显示的文本相同。

在工作区的画面中央生成两个按钮，其文本分别为"启动"和"停止"。

选中属性视图左侧窗口的"属性"类中的"外观"（见图 10-16），"外观"左侧的正方形图标变为指向右侧的箭头。在右侧的对话框中，将按钮的背景色修改为浅灰色。

图 10-16 中的"焦点颜色"和"选择宽度"用来设置表示焦点的虚线框的属性，一般采用默认的设置（需要说明的是，在运行时如果点击了按钮，则该按钮的周围将出现一个方框，按钮上的文字周围也将出现一个虚线框，将这种状态下的按钮称为"焦点"）。

图 10-16  按钮的外观组态

选中"属性"类的"其它"子类，可以修改按钮的名称，设置对象所在的"层"，一般使用默认的第 0 层。

图 10-17 是按钮属性视图的"属性"类的"布局"对话框，如果选中"自动调整大小"复选框，系统将根据按钮上的文本字数和字体大小自动调整按钮的大小。一般在工作区画面上可直接用鼠标设置画面元件的位置和大小，这样比在"布局"对话框中修改参数更为直观。可以用"文本格式"对话框（见图 10-18）定义包含静态文本或动态文本的画面对象中的文本外观，例如可以选择字的样式和大小，或者设置下画线等附加效果。有的 HMI 设备不能使用某些字体和样式，将字体改为 12 个像素的大小。

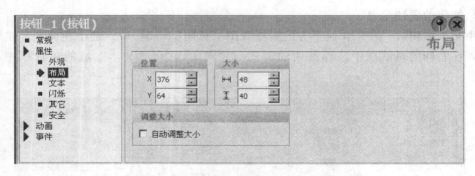

图 10-17  按钮的布局组态

在图 10-18 中设置的样式（粗体、斜体等）和效果（删除线、下画线）等文本格式将用于该画面对象中的整个文本。例如可以用粗体格式显示整个标题，但是不能以粗体格式显示标题中的部分字符或单词。

（3）按钮功能的设置

选中文本为"启动"的按钮，打开属性视图的"事件"类的"按下"对话框（见图 10-19），点击视图右侧最上面一行，再点击它的右侧出现的 ▼（在点击之前它是隐藏的），在出现的系统函数列表中选择"编辑位"文件夹中的函数"SetBit"（置位）。

图 10-18　按钮的文本格式组态

图 10-19　组态按钮按下时执行的函数

直接点击函数列表中第 2 行右侧隐藏的 ▾，在出现的变量列表中选择变量"指示灯"（见图 10-20），在运行时按下该按钮，将变量"指示灯"置位为 1 状态。

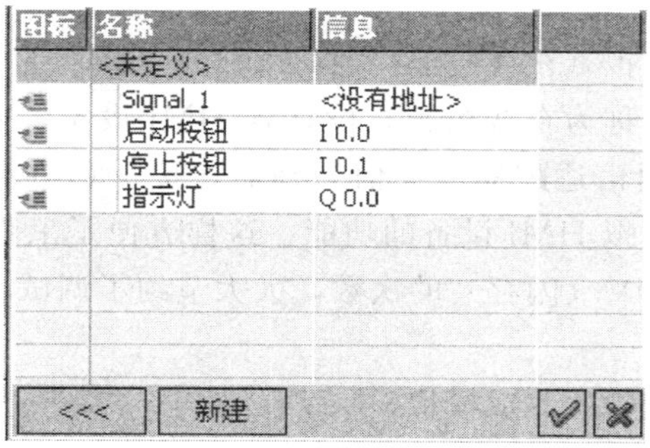

| 图标 | 名称 | 信息 | |
|---|---|---|---|
| | <未定义> | | |
| 组 | Signal_1 | <没有地址> | |
| 组 | 启动按钮 | I 0.0 | |
| 组 | 停止按钮 | I 0.1 | |
| 组 | 指示灯 | Q 0.0 | |

| <<< | 新建 | ✓ | ✕ |

图 10-20　组态按钮按下时操作的变量

用同样的方法生成对变量"指示灯"复位的"停止"按钮。选择的系统函数为"编辑位"文件夹中的函数"Reset︶it"（复位）。

## 10.3　项目的运行与模拟

### 10.3.1　WinCC flexible 运行系统简介

WinCC flexible 运行系统（Runtime）用来在计算机上运行 WinCC flexible 组态的项目，并查看进程，还用于在组态用的计算机上测试和模拟编译后的项目文件。WinCC flexible 运行系统使用类似于 Windows 的用户界面，方便地实现了控制过程的可视化。

运行在 Windows 平台上的组态软件 WinCC flexible 高级版用来在 PC（个人计算机）上创建用户自己的项目数据。

WinCC flexible 运行系统的功能与使用的 HMI 设备的型号有关，例如内存容量和功能键的数目等。功能的范围和性能（例如变量的个数）由授权和许可证类型决定。

如果在标准 PC（个人计算机）或 Panel PC（面板式 PC）上安装 WinCC flexible 运行系统软件，需要授权才能无限制地使用。如果授权丢失，WinCC flexible 运行系统将以演示模式运行。在演示模式下，将会定期提示安装授权的信息。如果在安装运行系统软件时没有许可证，也可以在以后安装。

如果在 PC 上运行，授权随 WinCC flexible 运行系统提供。如果在 Panel PC 上运行，授权和 WinCC flexible 运行系统随设备一起提供。

### 10.3.2　模拟调试的方法

WinCC flexible 提供了一个模拟器软件，在没有 HMI 设备的情况下，可以用 WinCC flexible 的运行系统模拟 HMI 设备，用它来测试项目，调试已组态的 HMI 设备的功能。模拟调试也是学习 HMI 设备的组态方法和提高动手能力的重要途径。有下列 3 种模拟调试的方法：

（1）不带控制器连接的模拟（离线模拟）

不带控制器连接的模拟又称为离线模拟，如果手中既没有 HMI 设备，也没有 PLC，可以用离线模拟功能来检查人机界面的部分功能。可以在模拟表中指定标志和变量的数值，它们由 WinCC flexible 运行系统的模拟程序读取。

因为没有运行 PLC 的用户程序，离线模拟只能模拟实际系统的部分功能，例如画面的切换和数据的输入过程。

（2）带控制器连接的模拟（在线模拟）

带控制器连接的模拟又称为在线模拟，设计好 HMI 设备的画面后，如果没有 HMI 设备，但是有 PLC，可以用通信适配器或通信处理器连接计算机和 S7-300/400 的通信接口，进行在线模拟，用计算机模拟 HMI 设备的功能。这样方便了工程的调试，可以减少调试时刷新 HMI 设备的 Flash ROM（闪存）的次数，大大节约了调试时间。在线模拟的效果与实际系统基本上相同。

（3）在集成模式下的模拟（集成模拟）

可以将 WinCC flexible 的项目集成在 STEP 7 中，用 WinCC flexible 的运行系统来模拟 HMI 设备，用 S7-300/400 的仿真软件 S7-PLCSIM 来模拟与 HM 设备连接的 S7-300/400 PLC。这种模拟不需要 HMI 设备和 PLC 的硬件，比较接近真实系统的运行情况。

### 思考与练习

10-1　完成模拟调试的方法有几种？

10-2　如何设置按钮的功能？

10-3　画面如何生成？

10-4　如何使用帮助功能？

# 参 考 文 献

［1］ 张运波. 工厂电气控制技术［M］. 北京：高等教育出版社，2001.

［2］ 程周. 电气控制技术与应用. 福州：福建科学技术出版社，2004.

［3］ 刘玉敏. 机床电气线路原理及故障处理［M］. 北京：机械工业出版社，2005.

［4］ 熊幸明. 机床电路原理与维修［M］. 北京：人民邮电出版社，2001.

［5］ 付家才. 工业控制工程实践技术［M］. 北京：化学工业出版社，2003.

［6］ 王宇. PLC电气控制与组态设计［M］. 北京：电子工业出版社，2010.

［7］ 刘美俊. 西门子 S7 系列 PLC 的应用与维护［M］. 北京：机械工业出版社，2008.

［8］ 廖常初. S7-200 PLC 基础教程［M］. 北京：机械工业出版社，2007.

［9］ 钟肇新. 可编程控制器原理及应用［M］. 广州：华南理工大学出版社，2008.

［10］ 刘美俊. 西门子 PLC 编程及应用［M］. 北京：机械工业出版社，2011.

［11］ 廖常初. S7-200 PLC 编程及应用［M］. 北京：机械工业出版社，2007.

［12］ 西门子（中国）有限公司编. 深入浅出西门子人机界面［M］. 北京：北京航空航天大学出版社，2009.

［13］ 陈丽. PLC 控制系统编程与实现［M］. 北京：中国铁道出版社，2010.

［14］ 史国生. 电气控制与可编程控制器技术［M］. 北京：化学工业出版社，2004.

［15］ 李辉. S7-200 PLC 编程原理与工程实训［M］. 北京：北京航空航天大学出版社，2008.